国家自然科学基金项目(41572145 和 41802182)资助

西南地区高硫煤洁净过程中有害元素的分配特征

段飘飘　王文峰　著

中国矿业大学出版社
·徐州·

图书在版编目(CIP)数据

西南地区高硫煤洁净过程中有害元素的分配特征/段飘飘，王文峰著. —徐州：中国矿业大学出版社，2019.10

ISBN 978-7-5646-1960-2

Ⅰ. ①西… Ⅱ. ①段…②王… Ⅲ. ①高硫煤—清洗技术—有害元素—研究 Ⅳ. ①TD94

中国版本图书馆 CIP 数据核字(2019)第 238273 号

书　　名 西南地区高硫煤洁净过程中有害元素的分配特征
著　　者 段飘飘　王文峰
责任编辑 张　岩
出版发行 中国矿业大学出版社有限责任公司
（江苏省徐州市解放南路　邮编 221008）
营销热线 (0516)83884103　83885105
出版服务 (0516)83995789　83884920
网　　址 http://www.cumtp.com　**E-mail**:cumtpvip@cumtp.com
印　　刷 江苏凤凰数码印务有限公司
开　　本 787 mm×1092 mm　1/16　**印张** 12.25　**字数** 233 千字
版次印次 2019 年 10 月第 1 版　2019 年 10 月第 1 次印刷
定　　价 39.00 元

前 言

西南地区是我国重要的煤炭产地。随着国民经济的发展，经济建设对西南地区煤炭的需求量加大，然而西南地区的大部分煤具有高硫的特点，并伴生高含量的砷、汞、铀等有害微量元素，从而在使用过程中引发环境问题。前人对煤的洁净利用主要关注脱硫降灰，对于煤中有害元素研究得较少。同时，西南地区地质背景特殊，高硫煤中有害元素的成因比较复杂，这些元素分选脱除比较困难。在高硫煤利用前，有效脱除其中的有害元素，是降低其污染的关键。

本书以国家重点基础研究发展计划课题“煤分选过程中有害元素的迁移分配”(2014CB238905)和江苏省研究生创新工程“贵州高硫煤分选过程中有害元素的分配规律研究”(KYZZ15_0369)为依托，以云南热水河的C_5^b煤与砚山干河的吴家坪组煤以及贵州荣阳的龙潭组煤作为研究对象，通过模拟重选和浮选试验，采用先进的测试方法，充分运用煤地质学、微量元素地球化学、煤岩学、矿物学、选矿学等学科的理论知识，探索高硫煤中伴生有害元素地球化学特征及分选分配规律。研究成果对环境保护、人类健康及发展洁净煤技术等具有重要意义。

本书是作者在博士学位论文的基础上进一步研究创作而成的。内容包括：绪论，研究区地质背景，高硫煤中主要矿物的赋存特征，高硫煤中有害元素的地球化学特征，高硫煤分选过程中有害元素的分配规律，有害元素分选分配的地球化学控制，研究结论。本书取得的新认识主要包括以下4个方面。

(1) 揭示了西南地区高硫煤矿物学特征，发现了有害元素的赋存与微细粒矿物的关系。

(2) 阐释了西南地区高硫煤中伴生有害微量元素地球化学特征及其与

成煤环境的关系。

(3) 明确了西南地区高硫煤中伴生有害微量元素在分选过程中的分配规律。

(4) 揭示了高硫煤中伴生有害微量元素分选脱除的控制机理。

在研究过程中,得到了中国矿业大学朱炎铭教授、姜波教授、郭英海教授、韦重滔教授、吴财芳教授、汪吉林教授、李巨龙副教授、周效志副教授,中国矿业大学(北京)代世峰教授,中国地质大学(北京)唐书恒教授,美国得克萨斯州立大学的罗伯特·芬克尔曼(Robert Finkelman)教授,加拿大阿尔哥玛大学的徐绍春教授,澳大利亚昆士兰大学的王国雄教授,澳大利亚昆士兰技术大学的蒂姆·莫尔(Tim Moore)教授等的指导和帮助。

在采样过程中,得到了中国矿业大学桑树勋教授、中国矿业大学(北京)唐跃刚教授和云南省地质勘查院的刘筱华工程师提供的帮助;实验过程中,中国矿业大学周长春教授、王永田教授、刘铖博士、杨景超硕士、朱春辉硕士在模拟选煤实验提供了帮助;制样过程中,得到了马萌芽博士、梁斌博士、熊武侯硕士、徐蕾硕士的协助;测试分析过程中,中国矿业大学(北京)代世峰教授在微量元素测试方面给予了指导,中国矿业大学分析测试中心于冰老师、王帅老师、谢卫宁老师、卢兆林老师、周涛老师、魏华老师等在透射电镜、电子探针、激光剥蚀 ICP-MS、扫描电镜、X 射线光电子能谱、X 射线荧光光谱等测试中提供了帮助。

本书的出版获得了国家自然科学基金面上项目“煤中微细粒矿物的赋存与演化特征”(41572145)、国家自然科学基金青年项目“高硫煤中有害元素组 U—V—Cr—Mo 的富集机理及协同脱除研究”(41802182)的资助,此外,中国矿业大学出版社的领导和编辑对本书的出版给予了极大的支持和帮助。

藉本书出版之际,作者对以上各位专家和学者的支持和帮助表示衷心感谢!

限于作者水平和条件,书中难免存在一些不妥之处,敬请读者和同行提出宝贵意见,以便修改完善。

著　者

2019 年 5 月

目　录

1 绪　论

1.1 高硫煤中有害元素及其研究意义

1.1.1 高硫煤中有害元素

煤中元素包括主体元素和伴生元素。伴生元素是指除了C、H、O、N和S这几个主体元素之外的所有元素。目前，科学家已经从煤、煤层气和煤灰中检测出86种元素。煤中的C、H、O、N、Na、Mg、Al、Si、S、K、Ca、Ti、P和Fe等14种元素的含量一般超过0.1%，称之为常量元素[1]，其他元素在大多数煤中的含量低于0.1%，称之为微量元素或痕量元素。煤中的有害微量元素在煤炭开采出地表以后会对环境造成污染[2]，在煤炭的存储、运输、分选、燃烧及其他加工利用过程中会发生迁移变化，可能会渗入土壤和含水层，对土壤和地表水造成污染；这些微量元素也可能以飘尘的形式释放到大气中，对人们的身体健康和生态环境产生危害。

到目前为止，人们对煤中硫元素对环境造成的巨大危害已经有了一定认识。然而，对煤中有害微量元素的了解，如哪些微量元素对环境与人类健康具有潜在危害，还没有统一的认识。表1-1是国内外的科研组织和专家按照对环境的危害程度对有害元素的分类。

西南地区高硫煤中除了硫元素外，还伴生高含量的有害微量元素铍、氟、砷、硒、汞、铅、铀等[4-8]。例如，贵州兴仁煤中富集砷、汞等有害元素[9]；贵州贞丰煤中富集铍、砷等有害元素[10]；云南宣威雁塔煤中富集铍、铬、铅、锑等有害元素[11]；贵州贵定，云南砚山、临沧，广西扶绥、合山，四川古叙等煤中富集氟、钒、铬、硒、钼、铀等有害元素[12-17]。

表 1-1 煤中微量元素对环境的危害程度分类[3]

	Ⅰ①	Ⅱ①	Ⅲ①	Ⅳ①	Ⅴ①	Ⅵ①
美国科学院(NAS),1980	As; B; C; Cd; Hg; Mo; N; Pb; Se;S	Cr;Cu;F;Ni;Sb;V;Zn	Al;Ge;Mn	Po; Ra; Rn; Th;U	Ag;Be;Sn;Tl	上述元素之外
PECH②,1980	As; B; Cd; Hg; Mo;Pb;Se	Cr;Cu;F;Ni;V;Zn	Ba;Br;Cl;Co;Ge;Li;Mn;Sr	Po; Ra; Rn; Th;Ba;U	Ag;Be;Sn;Tl	上述元素之外
	Ⅰ					Ⅱ
Finkelman,1995	Ag;As;B;Ba;Be;Cd;Cl;Co;Cr;Cu;F;Hg;Mn;Mo;Ni;P;Pb;Sb;Se;Sn;Th;Tl;U;V;Zn					上述元素之外
赵峰华,1997	Ag;As;Ba;Be;Cd;Cl;Co;Cr;Cu;F;Hg;Mn;Mo;Ni;Pb;Se;Sb;V;Zn;Tl;Th;U					上述元素之外

注:①从Ⅰ类到Ⅴ类危害程度降低,Ⅳ为无害元素;②PECH,美国地球化学委员会下属“煤炭资源开发与人类健康有关的微量元素地球化学组”。

1.1.2 研究意义

中国是世界上最大的煤炭生产国和消费国[18]。我国煤炭资源虽然成煤时代多、分布范围广,但也存在明显的分布不平衡现象、北多南少的现象,而高硫煤又多分布在煤炭资源较少的南方地区[19]。

西南地区的云、贵、川、渝三省一市的煤炭资源较为丰富,是我国南方的主要产煤区[20-21]。2005 年西南地区煤炭可采储量为 1.8×10^7 万 t,占同期全国煤炭可采储量的 10%。然而,西南地区大部分煤具有高硫的特点,中高硫煤占西南地区煤的比重为 17.4%,高硫煤和特高硫煤占西南地区煤的比重为 43.61%[22]。

高硫煤燃烧产生的 SO_2 会对环境造成极大的污染。空气中的 SO_2 引起的酸雨对环境的污染主要表现在 3 个方面:对植被的影响,主要表现为 SO_2 对树木和农作物造成的危害;对建筑设施的影响;对人体健康的影响,煤烟中的 SO_2 会诱发呼吸道疾病和肺癌。

西南地区与燃煤有关的地方性疾病曾引起世界关注[23-26]。例如,贵州省织金县燃煤造成的地方性中毒问题,调查发现造成燃煤中毒的主要原因是使用煤对潮湿的粮食进行烘烤。由于当地使用的煤中某些微量元素含量普遍较高,燃煤排出的颗粒中含有大量的有害元素及其化合物，这些有害物与室内水汽结合生成的气溶胶或其他物质都易于被人体和粮菜等吸收和黏附[27]。砷是环境中具有较强致癌性和危害性的元素之一，煤中的砷在燃烧过程中发生迁移和转化，尤其是形成剧毒氧化物，进入大气、水及土壤中，可引起环境污染；燃煤污染型氟中毒在中国已经成为"地方病"，其主要症状为氟斑牙症和氟骨病症；地方性硒中毒的主要症状为头发和指甲缺损，并伴随有神经系统的大量症状[28]。

煤炭需求量的增加使得必须开采西南地区的高硫煤，而目前的工业选煤方法很难将高硫煤中的硫脱选到合理的程度。高硫煤除了富集硫之外，还富集很多其他有害元素，这些有害元素在选煤过程中是随硫的脱除而脱除，还是富集在精煤中也是大家关心的问题。高硫煤中有害元素与硫以及含硫组分的地球化学关系不清楚，它们在脱硫降灰的分选过程中的分配规律也不清楚，即分选过程中有害元素与煤颗粒、载体矿物的相互作用及在水岩界面中的分配规律尚未研究透彻，分选产物中有害元素的化学形态、物理赋存及与其他组分之间的定量关系也不清楚，这些问题都对煤洁净带来操作上的困难。

高硫煤的深度分选脱硫是世界性难题，其分选分配规律尚不清楚。对原煤进行分选是减少煤利用过程中有害元素引发的问题行之有效的方法。因此，研究中国西南地区高硫煤中有害微量元素的分选分配规律及地球化学控制，对环境保护、人类健康及发展洁净煤技术等具有重要意义。

1.2　国内外研究现状

1.2.1　高硫煤中有害元素的研究现状

近年来，有关煤中微量元素地球化学基础研究主要集中在考察不同成煤时代和不同聚煤区煤中微量元素含量分布及赋存状态、微量元素在煤层中的富集成因机制、影响元素迁移的地质因素等[29-39]。另外，随着人们对煤中微量元素研究重视程度的加强，对微量元素的测试精确度的要求也更高，更多的测试方法被应用于煤中微量元素测试。

目前，国内外的学者对高硫煤中有害元素的研究主要集中在以下 4 个方面。

（1）有害元素的测试方法

对于煤中全硫的测定，可以使用艾士林法、库仑滴定法和高温燃烧中和法，其中库仑滴定法是使用最多的一种测硫方法,艾士林法也在一些研究中被广泛使用[40]。煤中磷的测定方法较多,包括钼光蓝分光光度法、微波消解-电感耦合等离子体发射光谱法[41]。一些学者对煤中的其他微量元素的测试方法进行了评定和对比。氟测定主要采用氟离子选择电极法、高温燃烧热解法等[17,31,42-43]。砷测定采用氢化物发生法、砷钼蓝分光光度法、原子荧光法、ICP-CCT-MS方法等[44-46]。ICP-CCT-MS方法测定砷可以有效减少Ar基多原子离子$^{40}Ar^{35}Cl$对^{75}As、$^{40}Ar^{38}Ar$对^{78}Se的光谱干扰[44]。冯立品[47]总结了使用分光光度法、原子吸收法、原子荧光法、色谱法、电化学法、中子活化法等测试煤中Hg的优缺点。除上述元素外,煤中其他微量元素的测试多采用电感耦合等离子体质谱方法[48-54]。

(2) 高硫煤中有害元素的分布规律、赋存状态,微量元素在煤层中的富集成因机制以及影响元素迁移的地质因素等

近年来,国内外的专家、学者对不同成煤时代、不同聚煤区中的煤中有害元素的分布规律进行了研究[55-64]。

对于西南地区高硫煤,学者们着重研究了As、Hg、Se、Co、Ni、Pb、U等有害元素的分布特征,例如,Dai等[9]和Zhang等[65-66]对贵州晚二叠纪煤中的有害元素As、Hg、Se、F等的分布特征进行了分析;Dai等[14]和陈健等[67]对云南临沧煤中Be、As、U等有害元素的分布特征进行了研究;陈吉等[68]对贵州煤炭中Pb含量水平及空间分布特征进行了分析;Dai等[12-17]研究了贵州贵定,云南砚山、临沧,广西扶绥、合山,四川古叙等煤中V、Cr、Se、Mo、U等有害元素的分布特征。

国内外对煤中微量元素赋存状态的研究比较成熟[47,63,66,69-73]。如图1-1所示,煤中微量元素的赋存状态包括有机结合态和无机结合态,其中有机结合态包括络合物和其他吸附态;无机结合态包括独立矿物、类质同象和吸附态等[74]。高硫煤中汞主要赋存在硫化物矿物和黏土矿物高岭石中,其次是细分散矿物和有机质中[75-76]。我国煤中砷有硫化物态、有机态、砷酸盐态、硅酸盐态、水溶态[1]。高砷煤中的砷主要分布于以单独颗粒状分布的黄铁矿中,在细粒浸染状产出的黄铁矿中含量较低[77]。高硫煤中铀赋存主要以铝硅酸盐结合态为主,其次是碳酸盐态和有机态[78]。

综上所述,煤中不同元素地球化学性质不同,在煤中赋存状态不同。同一元素由于成煤等各种地质因素不同,在不同煤中赋存状态也常常不同。

煤中微量元素的富集是多因素综合作用的结果。陆源区母岩性质、沉积环

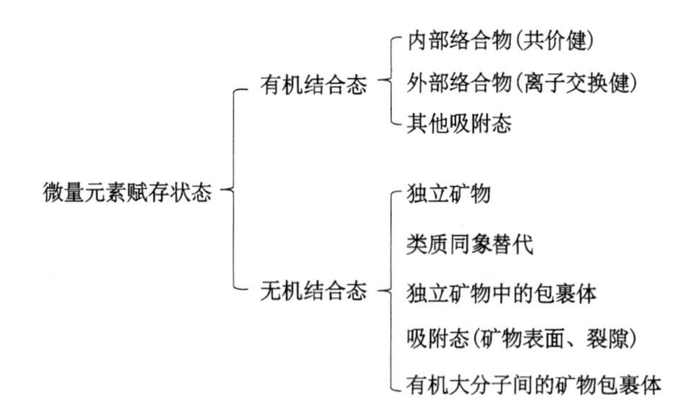

图 1-1　煤中微量元素的赋存状态[74]

境、成煤植物种类、岩浆活动、地下水活动等因素都可以影响煤中微量元素的富集[1,38,71,73,79-85]。

西南地区高硫煤由于受到特殊的沉积环境、构造活动以及岩浆热液的影响，煤中微量元素的富集成因比较复杂。吴艳艳等[86-87]研究认为贵州凯里煤中微量元素的富集受多沼泽环境、成煤植物等影响。程伟等[88]认为贵州毕节地区煤中微量元素富集与沉积环境、构造活动和成煤后热液改造作用有关。陶振鹏等[10]对贵州贞丰龙头山煤中微量元素的研究表明，微量元素的富集与峨眉山玄武岩影响的物源区岩石的风化剥蚀产物的供给、岩浆热液和成煤环境有关。Seredin 和 Dai 等[8,89]总结了高硫煤中有害元素 V、Cr、Mo、As、Se、Re、Hg、U 等的成因类型，包括后生热液、同生和早期成岩时期的渗出和渗入热液，其中云南砚山[13]，广西合山[16]、宜山[90]，贵州贵定[12]、兴仁[9]煤中富集的微量元素来源于早期的渗出热液，煤层一般发育在海相碳酸盐台地之上。

从上面的论述可以看出，煤中微量元素的控制因素是多种多样的，具体到某一个煤层，煤中微量元素分布是多种因素多期综合作用的结果。不同微量元素，甚至同一种微量元素具有不同的成因类型。目前，人们对高硫煤中微量元素迁移富集的地质因素及机理研究尚待深入。

(3) 高硫煤中有害元素在煤炭加工利用过程中的迁移转化规律以及对环境的影响

煤在利用过程中一些有害微量元素会释放到环境中，对大气、水以及土壤造成污染，进而危害人类健康[60,91-98]。国内外已有很多专家、学者对煤燃烧、热解、气化过程中有害微量元素的迁移规律以及对环境的影响进行了研究[3,99-106]。

燃煤造成的煤烟型污染，不仅可能通过排放有害气体造成酸雨和 SO_x、NO_x 污染，其中的有害微量元素还可能以不同形式运移至大气圈、水圈或土壤圈，从而危害人类和其他生物的生存安全[102]。煤炭液化过程中生成的致癌气体和易挥发性有害微量元素如 As、Se、Hg 会向大气中迁移[3]。易挥发性元素 Hg、As 和 Se 更容易在燃烧过程中以气态迁移到大气中[107-108]。鉴于有害元素对环境的污染，陈健[109]对涡阳花沟西煤中微量元素对环境的影响进行了评价；王文峰等[110-111]首次提出了煤中有害元素潜在污染综合指数，建立了煤炭洁净评价方法以及煤中有害元素对环境和人体健康影响较为全面的评价体系。

除了一些常规性有害元素外，一些煤中还含有放射性元素，例如，煤中 U 由于具有放射性会对环境造成污染。在煤中 U 含量不高的情况下，经过燃烧，80％的 U 会集中在底灰，10％的 U 会转移到飞灰中[112]，富含 U 的煤在燃烧以后会富集分布于燃煤产物中，U 在灰分中富集后，放射性水平会远远高于煤[113-114]；伴生放射性煤矿如铀锗矿床的开采会引起区域放射性安全问题[115-117]。我国学者对全国煤和矸石的放射性进行了评价，发现中国煤天然放射性核素水平要高于美国煤[118]。

从上述研究可以看出，前人虽然对煤中有害元素的可选性做过某些研究，但对高硫煤中有害元素在煤炭加工利用过程中的迁移转化规律以及对环境的影响缺少系统研究。

(4) 煤中有害微量元素的分选脱除和污染控制

国内外对通过分选控制煤中有害元素的研究还相对较少，对高硫煤中有害元素的分选分配规律的研究资料更为稀缺。因此，研究高硫煤中有害元素的分选分配和脱除规律非常重要和迫切。

1.2.2 高硫煤的分选

(1) 高硫煤对大气的污染

含硫量大于 3％的煤为高硫煤[119]。高硫煤直接燃烧会产生 SO_2。SO_2 是有毒气体，并且具有腐蚀性。酸雨会对环境造成极大污染和破坏；在生产过程中，SO_2 还会腐蚀锅炉、地下管道、金属装置及采矿设备等[120]。因此，在高硫煤利用前，有必要脱除其中的硫。高硫煤是我国重要的煤炭资源，结合其分布特点综合开发和利用，仍是我国煤炭利用中要长期关注和重点解决的问题。

目前，已有很多专家、学者对高硫煤的分布、利用和环境污染防治、硫的赋存状态及地质成因进行了研究。戴和武等[121]和王显政[122]对高硫煤的利用、分选和对环境的污染提出了建设性的意见。陈鹏[123]和刘英杰等[124]对不同地区、不同时代、不同煤种的煤中硫的分布、硫的分布形态以及脱硫现状进行了研究。戴和武和陈文敏[125]研究了中国高硫煤的分布特征及硫的组成成分和高硫煤在燃烧、气化及炼焦过程中的各种脱硫方法,同时还介绍了高硫煤中硫铁矿资源的回收利用。

(2) 高硫煤分选研究现状

对于高硫煤脱硫技术的研究,从 20 世纪初至今已有 100 多年的历史了。国内外许多专家、学者对高硫煤的脱硫技术进行了评价,对相关的环境污染防治进行了研究[120,126-139]。

根据脱硫原理的不同,高硫煤脱硫技术可分为物理法、化学法、微生物法。

物理脱硫法是根据煤与含硫矿物的物理性质如密度、电磁性能以及可浮性的不同将含硫矿物与煤分开的脱硫方法,常用的方法有重选、浮选、磁选、电选等方法[120,140]。重选是指利用颗粒间相对密度、粒度、形状的差异及其在介质中运动速率和方向的不同,使被分选矿物彼此分离的选矿方法[141]。重选入料量比较大、成本低、对环境的污染小,但是也有一些缺陷。这种选煤方法对细粒煤的分选效果很差,进行重选分离矿物的最小粒度为 0.2 mm,因此,脱除煤中粒度大于 0.2 mm 的硫铁矿,可以选择重选[142]。浮选是根据矿物颗粒表面物理化学性质的不同,从矿石中分离有用矿物的技术方法[141]。对细粒高硫煤进行浮选脱硫的有效途径在于添加药剂使体系充分分散,减少黄铁矿与煤的静电吸附和降低煤系黄铁矿的含碳量[143],浮选对于脱除高硫煤中黄铁矿硫效果较好[144-145]。此外,联合脱除法的脱硫效果更好,采用电解还原法对高硫煤预处理后,再进行浮选脱硫能够明显地降低浮选精煤中的硫分[146];应用“重介质旋流器+干扰床分选机(teeter bed separator,TBS)+旋流静态微泡浮选柱”三段式煤炭分选工艺表明,TBS 分选粗煤泥脱硫(降灰)效果明显,并对煤样具有广泛的适应性[147],而且,干法选煤对环境的污染较小[148]。虽然物理选煤方法的脱硫效果相对较好,但是对细粒和微细嵌布的黄铁矿目前尚没有特别经济有效的方法,是当前选煤技术中的一大难题。

化学脱硫法是利用不同的化学反应,将煤中硫转变为可以从煤中分离的不同形态,使之分离的方法[120,149]。对高硫煤使用空气和水蒸气在高温条件下进行氧化,基本上能脱除煤中全部的硫铁矿,全硫脱除率很高[150-151]。烟煤中大部分黄铁矿和硫酸盐硫能通过过氧化氢得到脱除,溶液中加入 H_2SO_4 后,硫铁矿硫和硫酸盐硫基本上能够脱除[152]。Li 和 Cho[153]通过对高硫煤脱硫的试验发现，在 90 ℃时，用次氯酸钠和氢氧化钠混合溶液浸出煤中硫，硫铁矿的脱除率很高。程建光等[154]使用化学脱硫法，从煤粒度、化学试剂的浓度、用量以及反应时间等角度对脱硫效果进行了研究。

通过上述文献可以看出，虽然化学脱硫法能够有效地脱除煤中的无机硫和有机硫，但是化学脱硫法是在强酸性或者强碱性以及高温高压的条件下进行的。即使煤中硫得到了有效脱除，净化后的煤的用途也会受到限制，降低了煤的利用价值。另外，脱硫过程也会对环境造成二次污染。

微生物脱硫法是采用某些微生物脱除煤中的硫化矿物硫及有机硫，且不会影响煤的性质的方法。微生物脱硫法对高硫煤的脱硫率可以达到 50％以上[155]。张杰芳等[156]通过微生物脱除硫的试验研究表明，影响脱硫率的因素包括煤预处理时间、粒径、煤中硫含量及形态等。目前，国内外对于采用微生物脱除煤中硫，研究较多的是针对脱除煤中的黄铁矿硫，仅限于实验室小型试验。

1.2.3 煤中有害元素分选分配的研究现状

煤中有害微量元素在煤利用过程中迁移释放会对环境带来极大负面影响。它们呈气态排入大气，富集于煤灰及飞灰中，对工业设备、人体健康和生态环境均可造成很大危害。燃煤过程中有害微量元素继二氧化硫、氮氧化物、二氧化碳等众多污染物之后引起了世界范围内的广泛关注。有关微量元素及其化合物的排放控制研究已成为一个新兴而前沿的研究领域。美国 1990 年颁布的《洁净空气补充法案》列出了 189 种有害空气污染物前体（hazardous air pollutant precursors，HAPPs），其中包括 12 种元素（As、Be、Cd、Cl、Co、Cr、Hg、Mn、Ni、Pb、Sb、Se）。国外一些学者从 20 世纪 90 年代开始，主要考虑以上 12 种元素的分选脱除规律。

20 世纪 90 年代以来，我国虽然对煤中有害微量元素的赋存、含量特征以及燃烧、挥发、迁移规律做过一系列研究，但是在有害微量元素的前期脱除方面所做的工作较少。目前，分选是在煤炭利用之前脱除有害微量元素的重要途径。随着环保法规的日益严格，有害微量元素的抑制性研究已成为煤洁净与高效利用技术的重要内容。国内外还没有成熟、可靠的燃煤有害微量元素污染控制技术，相关研究工作基础总体较薄弱。相对污染物的燃中和燃后控制技术而言，选煤技术成本低廉，工艺相对成熟。

近年来，国内外使用不同的选煤方法对煤中有害元素进行脱除。随着科学技术的发展，煤中有害元素的分选脱除有了进一步的发展，详见文献[75]、[157-160]。

常规分选一般包括重选和浮选等，煤中微量有害元素的脱除效果受到元素与无机矿物的亲和性以及无机矿物在煤中的赋存状态的影响。其中，有机亲和性指数较低的元素，脱除率一般较高；有机亲和性指数较高的元素，脱除率一般较低。不同元素的脱除率，主要是其在不同煤中赋存状态不同而造成的[47,111,161-170]，例如，由于 As、Hg 等赋存在硫铁矿中，Mn 赋存在成灰矿物中，常规分选可以有效脱除[171]，而 U 等元素由于赋存在有机质和微细粒矿物中，比较难以脱除[78,168]。

使用常规的选煤方法，只能分离赋存在容易与有机质分离的大颗粒矿物里的微量元素，而嵌布在有机组分中的微小矿物颗粒分离不出来[172]。煤中大部分有害微量元素主要呈细分散状分布在无机矿物中，赋存状态决定了微量有害元素在煤炭分选过程中的迁移行为，但是微量元素在煤中赋存方式的多样性，造成了它们在选煤过程中迁移和富集的复杂性[7,171]。此外，有害元素的脱除效果还与选煤方法、入料原煤的粒度、微量元素成因的类型有关[168]。

从以上学者的研究结果可以发现，使用常规的浮选和重选分选方法对煤进行脱硫和脱灰的同时，可以不同程度地脱除大部分的有害元素；大部分赋存在有机矿物中的微量元素难以脱除；赋存在大颗粒或后生矿物中的有害元素容易脱除；对原煤进行粉碎可以更加有效地脱除煤中的有害元素；采用常规的选煤方法对于以有机态存在或者赋存于微细粒矿物中的有害元素分选效果不好。

除了常规的选煤方法外，还有电选和磁选可脱除煤中的有害元素。Hower 等[173]基于干法静电选煤试验研究了显微组分的行为，认为镜质组显微组分优先进入精煤，而惰质组分、壳质组分和矿物组分优先进入尾煤。

煤的磁选是利用煤（逆磁性）和煤系黄铁矿及其他矿物质（顺磁性）磁性质的差异实现两者之间分离的，使用磁选方法可以降低煤中的灰分和硫分[174]，因此可以使用磁选进行煤中有害元素的脱除。Brander 等[175-176]利用磁选机对煤中有害元素的脱除进行了研究，并且提出对磁选得到的尾煤中的有害元素进行回收利用。尽管使用磁选可以有效地脱除煤中的有害元素，同时能够在一定程度上避免常规的选煤方法带来的弊端，但是有害元素的磁选效果受到多种因素的控制，因此有必要对磁选的机理进行研究，优化磁选的条件，为提高磁选效率提供理论依据。

1.3 现存不足

纵观国内外高硫煤的研究现状，虽然已经取得了很大的进步，但仍存在以下几个方面的问题需要加强。

(1) 随着煤炭需求量的增加，必须开采高硫煤，而目前的工业选煤方法很难将高硫煤中的硫脱除到合理的程度。

以前学者的研究成果表明，西南地区的煤大部分为高硫煤，且部分地区含有较多的有机硫。无机硫用常规分选方法大部分可以脱除，而有机硫用常规分选方法很难脱除，用化学法脱除的话，操作费用和设备投资费用高，而且反应条件较为强烈，破坏了煤的结焦性和膨胀性。生物脱硫技术的难点在于生物化学过程往往反应太慢，微生物要求温度又过于敏感；对煤粒径要求非常严格。此外，高硫煤中一些硫化物矿物粒度较小，属于微细粒矿物，分选脱除比较困难。

(2) 高硫煤分选过程中有害元素与硫和含硫组分的地球化学关系还不清楚。

高硫煤中有害元素的赋存比较复杂，赋存状态决定了有害微量元素在煤炭分选过程中的迁移行为。高硫煤中微量元素在煤中赋存方式的多样性，造成它们在选煤过程中迁移和富集的复杂性。另外，有害元素在脱硫降灰的分选过程中的分配规律也不清楚，即分选过程中有害元素与煤颗粒、载体矿物的相互作用及在水岩界面中的分配规律尚不清楚，分选产物中有害元素的化学形态、物理赋存及与其他组分之间的定量关系也不知道。因此，研究高硫煤中有害元素在分选过程中的分配规律，可以为有害元素的分选脱除提供理论支撑。

(3) 缺乏对西南地区高硫煤中有害微量元素的分选分配规律的系统研究。

中国西南地区的煤普遍具有高硫的特点，同时也富集一些有害微量元素，例如云南和贵州的部分高硫煤中富含 As、Se、Hg、U 等有害微量元素。前人主要注重煤中硫脱除方面的研究，或者对煤中有害元素的脱除进行研究，目前还没有学者对西南地区的典型高硫煤中有害微量元素的分选分配规律进行研究。

1.4　研究内容和方案

1.4.1　研究思路

本书在研究方法上注重多学科交叉,综合运用煤地质学、地球化学、煤岩学、矿物学、岩石学、选矿学、地球化学等学科的理论知识;在测试方法上,采用常规方法和先进的技术手段进行分析测试。

通过查阅国内外专家、学者对煤中有害元素的研究的相关文献,总结出不足和有待加强的方面,制定出研究方案和研究内容,筛选研究区,通过野外地质考察、样品采集、室内实验获得初步的实验数据,并结合地质背景和多学科综合分析得到研究结论。

(1) 研究区的选择。通过文献调研,选择云南省镇雄县的热水河煤矿和砚山县的干河煤矿、贵州省兴仁县的荣阳煤矿作为研究区。热水河煤具有高黄铁矿硫和高有害元素 As、Hg 等的特点;干河煤具有高有机硫和高 U、V、Cr、Mo 的特点;荣阳煤具有高黄铁矿硫、高硫酸盐硫和高有害元素 U、V、Cr、Mo 的特点。这几种煤在西南地区具有代表性,硫含量较高,硫的赋存方式各异,并且每种煤富集不同有害元素。

(2) 研究思路。以研究区富 As、Hg、U、V、Cr、Mo 的高硫煤为研究对象,探讨有害元素在煤层垂向上的分布规律和成因类型,矿物的形貌、粒度和赋存方式,选煤过程中矿物和有害元素的分配规律,并且分析有害元素脱除与成煤环境、元素的成因类型以及赋存形态的关系,揭示有害元素的地球化学特征和在分选过程中的迁移规律。

研究思路如图 1-2 所示。

1.4.2　研究目标

(1) 揭示西南高硫煤中有害微量元素的地球化学特征。

(2) 查明西南高硫煤中有害元素的赋存状态、成因类型、载体矿物形态和成煤环境对分选效果的影响。

(3) 对高硫煤中有害元素在分选过程中的分配规律进行研究,揭示煤分选过程中有害元素的释放、迁移特征与脱除机制。

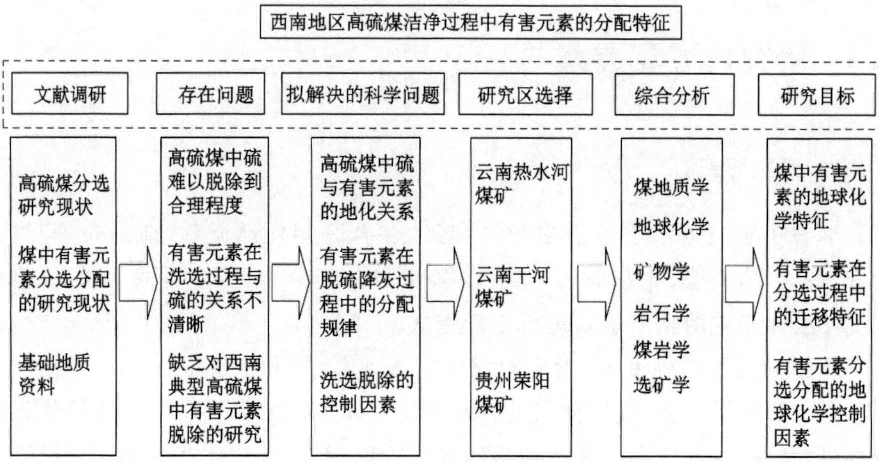

西南地区高硫煤洁净过程中有害元素的分配特征

文献调研	存在问题	拟解决的科学问题	研究区选择	综合分析	研究目标
高硫煤分选研究现状 煤中有害元素分选分配的研究现状 基础地质资料	高硫煤中硫难以脱除到合理程度 有害元素在洗选过程与硫的关系不清晰 缺乏对西南典型高硫煤中有害元素脱除的研究	高硫煤中硫与有害元素的地化关系 有害元素在脱硫降灰过程中的分配规律 洗选脱除的控制因素	云南热水河煤矿 云南干河煤矿 贵州荣阳煤矿	煤地质学 地球化学 矿物学 岩石学 煤岩学 选矿学	煤中有害元素的地球化学特征 有害元素在分选过程中的迁移特征 有害元素分选分配的地球化学控制因素

图 1-2　研究思路

1.4.3　研究内容

（1）西南地区高硫煤中有害元素的分布赋存和富集机理

煤中有害元素在水平方向、垂直方向上的含量水平、分布规律和伴生元素间的共生组合关系。选择典型煤层剖面，结合地质背景和矿物、微量元素的组成，研究成煤微环境在垂直方向上的演化特征。

（2）西南地区高硫煤中有害元素分选分配特征

研究入选原煤的各粒度级和密度级中有害元素的含量、组合关系与富集特征，查明各粒度级和密度级中有害元素的主要载体矿物及其赋存状态。

根据典型选煤工艺（重介选煤、浮选等）的产品按粒度和密度分配的原理，查明不同选煤工艺条件下有害元素的释放与迁移特征。

（3）西南地区高硫煤中有害元素分选分配的地球化学控制

通过对有害元素的赋存方式、载体矿物的嵌布方式、成煤微环境与有害元素分选脱除效率的关系的研究，揭示煤中有害元素地球化学特征与分选分配行为之间的内在联系。

1.4.4　研究方法和技术路线

（1）样品采集、制备及测试分析

在西南地区进行高硫煤煤样的采集，样品采自云南省镇雄县热水河煤矿、砚山县干河煤矿和贵州省兴仁县荣阳煤矿。根据不同的分选工艺对原料煤的需求进行煤样制备。

① 现场样品采集。在煤矿井下、选煤厂进行现场取样(原煤及各分选产品),使用分析仪器获得各样品中有害微量元素的含量与赋存形态。

② 开展煤样的多层次深度分析与表征:煤的工业分析、元素分析及煤岩成分分析等;煤中全硫、形态硫分析;煤灰成分、煤中矿物学分析;微区分析。

③ 使用的主要方法和仪器:电子探针、X射线衍射仪(XRD)、X射线荧光光谱仪(XRF)、装有磁撞反应池的电感耦合等离子体质谱仪(ICP-CCT-MS)、冷原子吸收光谱仪(CV-AAS)、氟离子选择电极法(ISE)、扫描电镜结合X射线能谱仪(SEM-EDX)、X射线光电能谱(XPS)、透射电镜-能谱仪(TEM-EDX)。

(2) 选煤试验

在实验室将高硫煤样按照粒度、密度进行分级,测定不同粒度级、密度级中有害元素的含量;利用浮选机等分选设备开展重选、浮选试验,研究有害元素在分选过程中的迁移规律。

① 有害元素在不同粒度级煤炭中的分布特征。

利用手筛、标准套筛、超声波细筛或连续水析仪等手段,研究有害元素等在不同粒度级煤炭中的分布规律、组合关系与富集特征。

② 有害元素在不同密度级煤炭中的分布特征。

利用浮沉试验查明各密度级煤炭中有害元素的主要载体矿物及其赋存状态,揭示有害元素与不同显微组分(特别是基质镜质体、丝质体和半丝质体)的内在联系。

(3) 机理分析

将实验室研究结果与现场采样测试结果进行对照分析,明确煤中有害元素的基本释放规律及其变迁机理;基于各分选产品中的矿物分析,探讨影响有害微量元素迁移的控制因素,揭示高硫煤中有害元素与煤中硫以及含硫组分的地球化学关系,以及有害元素在脱硫降灰的分选过程中的分配规律;查明分选产物中有害元素的化学形态、物理赋存及与其他组分之间的定量关系;查明有害微量元素的有机亲和性(与镜质组、丝质组和壳质组的关系)。

具体的技术路线见图1-3,本书中主要的研究工作及测试单位(个人)见表1-2。

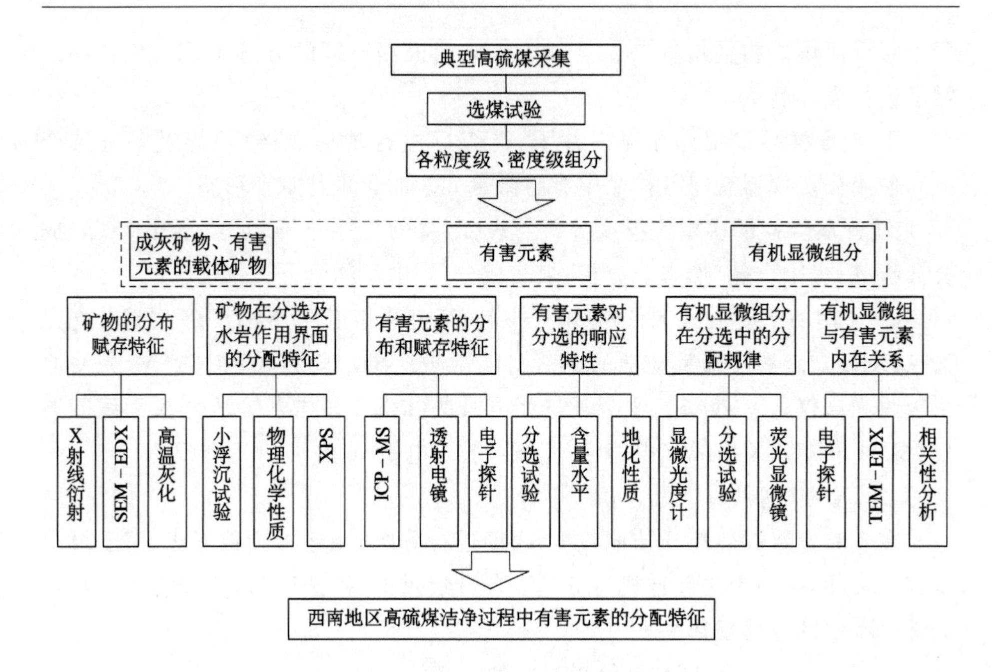

图 1-3 研究技术流程图

表 1-2 主要研究工作及测试单位(个人)

类 别	测试项目/工作内容	样品数	测试单位(个人)
文献、资料调研	分析研究区地质背景	/	段飘飘
采样	顶底板、分层样和混合样	20	段飘飘
样品制备	整理样品、筛分、粉碎样品、制备煤光片等	80	段飘飘
分析和测试	镜质组反射率测定	9	段飘飘
	光片观测、显微组分定量	12	段飘飘
	工业分析	71	江苏地质矿产设计研究院
	硫分分析		
	元素分析		
	ICP-MS 测试微量元素	71	中国矿业大学(北京)
	CV-AAS 测 Hg	71	
	ISE 测 F	71	
	ICP-CCT-MS 测 As 和 Se	71	
	扫描电镜+能谱	5	中国矿业大学

表 1-2(续)

类别	测试项目/工作内容	样品数	测试单位(个人)
分析和测试	X射线衍射	10	中国矿业大学
	电子探针	10	中国矿业大学
	透射电镜	3	
试验	筛分试验	4	中国矿业大学
	浮沉试验	4	
	分步释放试验	1	

2 研究区地质背景

2.1 地理位置

本次研究选择云南省热水河煤矿、干河煤矿和贵州省荣阳煤矿作为研究区,矿区的地理位置见图 2-1。热水河煤矿位于云南省昭通市镇雄县城西北方向,矿区中心距木卓乡 8 km,距威信县城 37 km,距镇雄县城 53 km,距昭通市 310 km,距昆明市 546 km。建设中的巧(家)—威(信)二级公路位于矿区东部,矿区与威信—镇雄的主干公路之间有县级公路支线相通,矿区交通较方便。云

图 2-1　矿区地理位置

南省砚山县的干河煤矿位于云南省东南部，距离砚山县城约 15 km，有公路与县城相接。贵州省荣阳煤矿位于兴仁县的下山镇，距兴仁县城约 16 km，距下山镇约 3 km，交通便捷。

2.2 沉积环境与构造背景

2.2.1 沉积环境

(1) 岩相古地理

海西末期，本区地壳全面上升，滇东褶皱带急剧隆起。由于地壳主要承受南北向的压应力，南北向的小江断裂遭受强烈的引张和拉伸，导致玄武岩流溢出，向东延伸至镇雄、威信地区，成为煤系沉积的基底。

东吴运动的强烈活动，进一步加强了区内北东向构造形迹，成为晚二叠世煤盆地的构造骨架。此次升降运动，随着西边康滇古陆隆起，海水自西向东退出，形成宽广的近海平原，之后为成煤环境提供了极其有利的古地理基础。由于地壳活动的不均衡性，近海平原区的一些断陷盆地演变发展为湖泊沼泽环境后，再次长期处于相对稳定阶段，气候逐渐变为温湿环境，植物大量发育，为泥炭沼泽的形成提供了有利条件，进而沉积了以陆相为主的分布有可采煤层的龙潭组煤系地层。随后，地壳频繁升降，海岸线往返迁移，海水时进时退，沉积了厚度不大、含煤性较差的长兴组海陆交互相地层。

三叠纪时的海盆是二叠纪的继续，其震荡运动频繁，因而沉积了一套稳定的碎屑岩与碳酸盐岩建造。三叠纪末期，印支运动在区内表现强烈，地壳上升成陆地，海水全部退出，从此结束了海相沉积而进入陆相沉积阶段(图 2-2)。

滇东、川南、黔西晚二叠世聚煤区，皆位于康滇古陆东侧。早二叠世最后一次较大规模海侵与中二叠世经历陆壳的隆升作用，使得海水自西向东逐渐退缩。同时，康滇古陆东边的小江断裂带发生大规模的拉张，形成了板内玄武岩的喷发，玄武岩岩浆自西向东形成斜坡带，在经历短暂剥蚀之后，陆内持续的断陷发育使得东部沉降，在玄武岩基底上发育了广泛的晚二叠世泥炭沼泽。自康滇古陆剥蚀区向东依次发育山麓冲积扇沉积体系、河流沉积体系、三角洲沉积体系及滨海沉积体系。研究区主要位于三角洲沉积体系，主要发育三角洲平原亚相，北部存在一条自西向东流的主河道，并向东分叉为密集的分流河道，预示该区下三角洲平原南侧有古海湾的存在，这与区域古地理环境是一致的。相对而言，越靠近东部的地区，沉积环境逐渐过渡到滨浅海的碳酸盐台地相，受海水影响越严重，成煤条件越差。

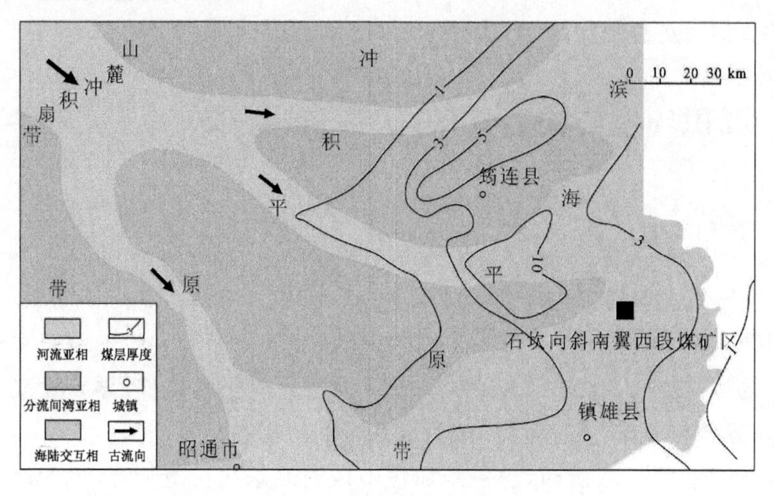

图 2-2 岩相与控煤关系图[177]

(2) 成煤环境与聚煤分析

以石坎南翼晚二叠世含煤序列为典型，分析晚二叠世含煤盆地沉积序列和充填过程(图 2-3)。可根据岩石成因、生物化石标志和层内微构造等，将地层自下而上依次划分出三角洲沉积体系、三角洲平原亚相、分流河道微相、决口扇泛滥盆地微相及泥炭沼泽微相、长兴组发育浅海碳酸盐台地相。纵观整个成煤时期，龙潭期下部发育河湖相的陆相成煤环境，上部发育海陆交互相的三角洲平原成煤环境，逐渐过渡到长兴期正常浅海环境，为一个典型的海侵成煤过程。由于篇幅所限，对环境标志特征不作详细叙述。

滇东黔西晚二叠世聚煤环境主要是海陆过渡相，其中又以潮坪相的泥炭沼泽为主，局部发育潟湖相成煤环境。三角洲平原成煤环境位于河流入海口处，是河流环境与潮坪环境的连接处。在滇东、黔西、川南聚煤区，主要以受海水影响较为强烈的潮坪泥炭沼泽为主，河流相泥炭沼泽不发育。聚煤环境的变化与河流形式及发育程度密切相关，河流形成的冲积平原沼泽发育类型则受到河流和海水的双重影响。研究区河流相发育较为完整，发源自康滇古陆，由西向东依次发育辫状河、曲流河及网状河，最后与滨海相的潮坪—潟湖沉积体系连接，形成完整的三角洲沉积体系。

辫状河主要在河流上游发育，与山前冲积扇连接，由于其河流落差大，水动

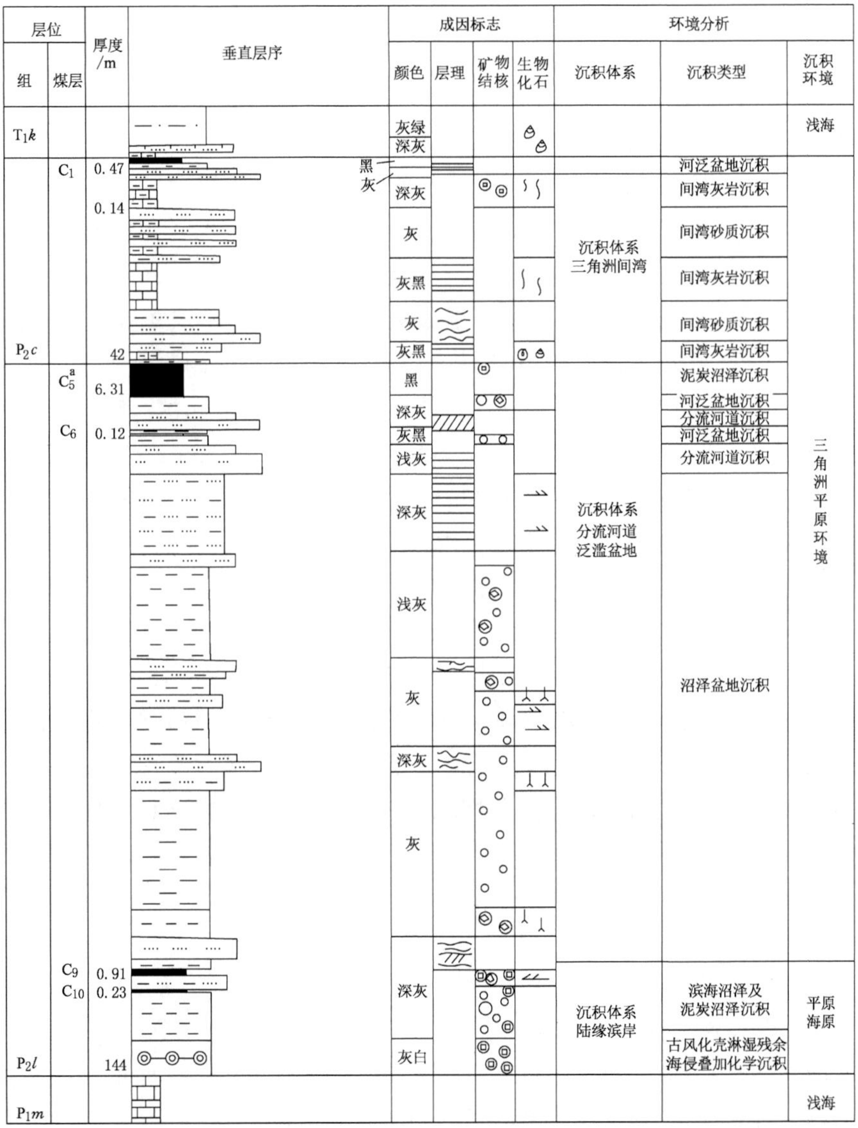

图 2-3 石坎南翼西段矿区晚二叠世煤盆地充填序列图[177]

力能量高，碎屑物质粒度大，属于高氧化环境，难以形成泥炭沼泽。曲流河位于河流中部，由于受地形等影响经常发生河流改道，形成泛滥盆地，在废弃河道和泛滥盆地上经常会发育泥炭沼泽，然而这些沼泽相横向上不连续，垂向上也受河流改道影响，容易形成泥炭沼泽与河道砂岩相互叠置的沉积组合，成煤环境虽然有所改善，但是受河流影响大，地层对比困难，同时形成的煤层厚度小，受砂体隔断明显。网状河位于河流下游，所处地势平缓，流水分散，水动力条件差，属于弱氧化-弱还原环境，沉积碎屑受河水扰动小往往能形成大而连续的泥炭沼泽，使得形成的煤层稳定，分布范围广泛。

在滇东聚煤区，不同成煤环境下形成的泥炭沼泽其规模和质量各不相同，总体来看，具有自西向东逐渐变好的趋势。辫状河区成煤条件差，几乎不成煤，曲流河区发育多层煤层与砂岩交互，网状河发育大面积的泥炭沼泽，成煤环境好。滇东镇雄煤田包括两个主要的煤矿，分别为牛场煤矿区和镇雄煤矿区，其聚煤环境各不相同，该区受到羊场隆起的阻隔作用，自康滇古陆形成的河流对该区影响相对较小，具有河谷形态特征的河流发育，同时该区属于近海相的海陆过渡沉积体系，因此受海水影响强烈，发育潮坪成煤环境，主要的煤层为龙潭组 C_5、C_6 煤层，含煤序列基本是以粉砂质潮坪沉积和潮间带泥炭沼泽煤层交替出现的沉积序列，形成多煤层多分叉的形式。含煤地层中，特别是煤层夹层的粉砂质泥岩中曾发现海相生物化石，同时各煤层普遍具有较高的硫含量，这表明在泥炭沼泽形成过程中该区虽然整体上属于海陆过渡相沉积体系，但是受海水影响强烈。

研究区长兴组主要由 4 个明显的沉积序列组成，其沉积环境特征清晰，自下而上发育碳酸盐台地相-潮下坪碎屑沉积-泥炭坪沉积环境，然而由于海侵作用强烈，泥炭沼泽存在时间短，形成多层叠置的现象，煤层薄，分叉现象明显。龙潭组潮坪成煤环境相对稳定，与网状河连接形成广泛的聚煤区，能够形成具有区域对比性质的煤层，如 C_5、C_6 煤层。长兴组灰岩自东向西逐渐减少，表明海水位于研究区的东部，然而整个组内含煤性较差，未见可采煤层。

2.2.2 构造背景

(1) 构造演化特征

晚二叠世，上扬子地台同沉积时期不仅受到了板块东南部加里东褶皱构造带的影响，同时还受到板块边缘活跃构造活动的控制。研究区自中二叠世开始逐渐受到近南北向的构造挤压作用，同时受到周缘板块叠加的构造活动的影响形成一系列北东向剪切构造带。滇东黔西聚煤单元在构造上属于上扬子板块聚煤盆地的一部分，晚二叠世发育海陆过渡相沉积环境。早二叠世晚期的东吴运动使得整个扬子地台隆升，其中上扬子地台抬升明显，海水逐渐退出，形成剥蚀区；早二叠世末期，随着古特提斯洋盆的扩张，洋脊处地幔物质不断上涌，形成地幔柱，导致上扬子板块发生地裂作用，形成大规模的裂谷带和裂陷槽，如康滇裂谷带等。一方面，裂谷和深大断裂的产生诱发了大范围的基性玄武岩岩浆的喷发，进而形成了著名的火山岩省，峨眉山玄武岩组。其中，康滇古陆位于上扬子板块的西部，是一个始终处于隆起剥蚀区呈南北向展布的正向构造单元。早二叠世晚期至晚二叠世早期，其内部及边缘构造异常活跃，发生了多次大规模的、厚度巨大的拉斑玄武岩的喷发，加强了康滇古陆的正向构造单元的发展和地形的增高。经过早二叠世抬升后，上扬子板块呈现西高东低的整体趋势，进而形成了西陆东海的地理格局。另一方面，康滇古陆始终处于隆起剥蚀区，是整个上扬子地台最主要的陆源供给区，研究区位于康滇古陆的东侧，陆源物质不断从西部的古陆运移，形成了较为完整的陆相—海陆交互相—海相地层，沉积物总体上也呈现出规律性变化。

(2) 矿区构造特征

从南到北有则底—母享—镇雄—以古、石坎—马河—牛场、新庄—洛旺—彝良和庙坝(牛街)—两河 4 条拗褶带。各条拗褶带都由多个向斜组成，以短轴向斜为主，洛旺向斜为长轴向斜。有以勒—芒部、威信—瓦石—羊场、新街—落木柔—柳溪 3 条隆褶带，各条隆褶带都由多个相连的背斜组成，把各个向斜构造分割开。

区内一般向斜构造较宽缓，背斜构造较短而紧密。各向斜构造几乎都具北西翼倾斜陡而南东翼缓的特点，多显示为轴面向北西倾斜的不对称箱状褶皱。各向斜多封闭完整，晚二叠世含煤地层保存较好，多为大型煤矿区。

在各大背斜上发育本区主要断裂构造，呈单条或数条平行出现，有时成为含煤向斜的边界断裂，对煤矿区的影响不大，各向斜内断层较少。主要的断层有：威信—雨河—芒部压扭性大断裂、瓦石压性断裂、新街断裂。

区内岩浆岩为峨眉山玄武岩组($P_2\beta$)。发育灰绿-深灰色杏仁状、致密块状、气孔状玄武岩，与上覆地层呈假整合接触。顶部常见一层厚 1～5 m 的紫红色凝灰岩，底部是一套厚度 1 m 左右的杂色砂质泥岩，其中多颗粒状黄铁矿与下伏中二叠统茅口组呈假整合接触关系。除峨眉山玄武岩外，其他火成岩在区内不发育。

热水河煤矿区所在的镇雄煤田大地构造位置位于扬子准地台的西部，处于滇东台褶带滇东北台褶束内的石坎向斜的北、南翼东端，南与会泽断裂及会泽台褶束毗邻，北东和东部延入四川省和贵州省，是扬子准地台盖层发育最完全的地区。该区岩浆岩仅有晚二叠世基性岩浆的喷溢活动。构造变形相对比较简单，一般以褶皱为主，其中羊场背斜、五星背斜、黄华—盐津背斜，根据其对沉积的控制作用看，反映出它们在早古生代已经存在，可能是晋宁运动的产物，因此相对它们以后的地层沉积可以称为古隆起，特别是羊场背斜可能形成于加里东期，属古隆起，对镇雄煤田晚二叠世含煤地层沉积影响最大，起控制作用。

镇雄煤田，属昭通镇雄拗褶区，构造较简单，以褶皱为主，断层不发育。由于受到北北东向断层-褶皱构造复合控制，使区内构造线在东部为北东—南西向，中部为东西向转北西—南东向，西部再转为北东—南西向，形成一系列北东向的呈"S"形扭曲的拗褶皱带和隆褶构造带相间出现，组成一幅向斜、背斜紧密镶嵌的构造景观。

荣阳煤矿区位于六盘水断陷带中部，在构造上属于上扬子地台黔北地隆。矿井总体的构造简单，仅发育一条北东—南西向向斜构造，其轴线长度约 6 km，两翼为龙潭组地层，核部为长兴组。矿区位于向斜北东段的北西翼，含煤地层的总体产状为：倾向 135°左右，倾角 4°～8°，一般为 5°左右。地质构造简单，无大断裂破坏。

2.3 地层特征

2.3.1 矿区地层

(1) 热水河矿区由新至老出露的地层有：第四系；侏罗系上统遂宁组、中统沙溪庙组、下统自流井组；三叠系上统须家河组，中统雷口坡组，下统永宁镇组、飞仙关组、卡以头组；二叠系上统长兴组、龙潭组、峨眉山玄武岩组，下统茅口组、栖霞组。其中侏罗系中统沙溪庙组、下统自流井组，三叠系上统须家河组、中统雷口坡组的各组地层依次展布在石坎向斜两翼，侏罗系地层分布于向斜轴部，二叠系及三叠系展布于雨河背斜与洛旺向斜之间，第四系地层零星分布于河流两岸及山间凹地与山麓地带。各地层单位的主要岩性、厚度见表 2-1。

(2) 荣阳矿区内出露地层主要有上二叠统和第四系，其中龙潭组和长兴组为含煤地层，现由新至老分述如下：

① 第四系(Q)：

在区内零星分布，岩性组合主要为残积或冲积层的黏土、砂砾岩或砾石，厚 0～13 m。

② 上二叠统长兴组(P_2c)：

主要分布在矿井中部，岩性组合主要为深灰、灰绿色粉砂质泥岩，玄武岩岩屑泥岩，生物碎屑灰岩等，厚 50～100 m，与下伏龙潭组呈整合接触。

表 2-1 热水河矿区区域地层岩性

地层单位				厚度/m	岩性描述
系	统	组	代号	最小～最大	
第四系			Q	0～20	为冲积、洪积、坡积、洞穴堆积物，主要由砾石、砂砾、砂、黏土和岩块组成，呈不整合接触关系
侏罗系	上统	遂宁组	J_3sh	540～670	紫红色泥岩和泥灰岩
	中统	沙溪庙组	J_2s	549～670	紫红色泥岩、泥质细砂岩夹多层紫灰色岩屑砂岩、长石石英砂岩，局部含较多的钙质结核，富有叶肢介化石
	下统	自流井组	J_1z	211～584	由紫红色、暗紫红色泥岩，粉砂岩，砂质泥岩组成；泥岩含钙质、粉砂质
三叠系	上统	须家河组	T_3xj	346～470	灰黄色、绿灰色细-中粒岩屑砂岩，长石石英砂岩夹泥岩，泥质粉砂岩、粉砂岩和煤层(线)。含炭化植物化石甚多
	中统	雷口坡组	T_2l	34～410	中上部为灰色中厚层状灰岩夹泥质白云岩；下部为紫红色、灰黑色薄层泥岩夹黄灰色白云质泥岩、砂质泥岩；底部可见水云母黏土岩
	下统	永宁镇组	T_1y	164～520	上部为灰色、青灰色中厚层状灰岩，具蠕虫状构造；中下部为灰黑色钙质泥岩，紫红色、褐黄色泥灰岩，砂质泥岩，底部为灰色灰岩
		飞仙关组	T_1f	376～470	紫红色、灰紫色粉砂岩，砂质泥岩，泥岩，夹 3～6 层灰绿色厚 0～12 m 的泥岩、泥质粉砂岩、砂质泥岩、粉砂岩等，上部含钙质结核
		卡以头组	T_1k	30～100	灰绿色薄-中厚层状砂质泥岩、泥岩夹岩屑砂岩、长石石英砂岩，下部含钙质
二叠系	上统	长兴组	P_2c	16～45	由生物碎屑灰岩、泥岩、砂质泥岩、粉砂岩等组成，夹煤层(线)，含腕足、腹足类化石
		龙潭组	P_2l	90～204	顶部为煤层，上部为含煤段，下部为含矿段，夹有煤线；由黄灰、灰、浅灰色粉砂岩，细砂岩，砂质泥岩，泥岩和煤层等组成。呈假整合接触
		峨眉山玄武岩组	$P_2\beta$	66～385	灰绿色、褐黄色致密块状峨眉山玄武岩，具气孔状杏仁状构造
	下统	茅口组	P_1m	157～380	浅灰、灰色厚层状灰岩，生物碎屑灰岩，含燧石结核；呈假整合接触
		栖霞组	P_1q	168～407	浅灰色、灰黑色、深灰色含燧石结核块状灰岩，含较多的生物碎屑

③ 上二叠统龙潭组(P_2l)：

为本区含煤地层，沉积环境属于海陆过渡相沉积体系，总厚约 230 m，岩性组合主要为泥岩、粉砂岩、煤层及生屑灰岩等，含腕足类、羊齿类、蕨类等动植物化石，海陆相化石共同发育，进一步说明其为海陆过渡相的沉积体系，该组主要分布在矿井西北部、东部，占矿井面积约 50%，整体可分为上下两段，与下伏茅口组(P_1m)呈假整合接触。现分述如下：

第一段(P_2l^1)：在矿区内基本未出露，厚 34～89 m，岩性组合主要包括灰褐色粉砂质泥岩，粉砂岩，局部发育煤层，但是不可采，底部为深灰色中厚层状生屑灰岩。

第二段(P_2l^2)：为区内主要的含煤地层，厚 85～162 m，岩性组合主要包括中厚层状粉砂岩、粉砂质泥岩，其中煤层 7～15 层，可采或局部可采煤层 7 层。

2.3.2 含煤地层

滇东黔西地区含煤地层为上二叠统长兴组(P_2c)与龙潭组(P_2l)，本书中所涉及的煤矿区含煤层系主要为龙潭组。

长兴组(P_2c)：厚 32.25～49.10 m，平均厚 41.15 m。岩性组合为灰色、深灰色薄至中厚层状粉砂质泥岩，泥岩，碳质泥岩夹细砂岩，生屑灰岩及薄煤层。偶含薄煤线、薄煤层或碳质泥岩数层，均为薄煤层。长兴组由含煤碎屑岩夹碳酸盐岩组成，受沉积环境的影响，岩性、岩相及厚度变化较大，含煤性差。

龙潭组(P_2l)：地层厚度平均为 114.73 m，共含煤 2～10 层，大部分煤层均位于龙潭组的上部，该段煤层主要成煤组分为 C_5 煤组和 C_6 煤组。龙潭组为一套三角洲环境的海陆过渡相含煤建造，受沉积环境的影响，岩性及厚度变化较大，含煤性上下两段差异明显，可采煤层主要赋存于龙潭组上部，含煤层数较多，以薄煤层为主，可采煤层层数少。C_5^b 煤层为大部可采煤层，C_6^c 煤层为大部可采煤层，C_5^a、C_6^a、C_6^b 煤层为不可采煤层。

2.4 煤岩特征

2.4.1 煤层展布及发育特征

黔西地区晚二叠世聚煤期的煤层，以西部地区最为集中。大体以毕节、黔西、平坝为界，北东地区一般含煤 5～15 层，累积厚度 3～9 m，含煤率 2%～7%；可采煤层一般 2～6 层，累积厚度 1.5～6.5 m，含煤率 2%～5%。南西广大地区，一般含煤 5～15 层，水城牛场最多达 109 层，累积厚度一般 8～25 m，个别如六枝归宗达 67.45 m，含煤率 3%～7%，盘州至火铺一带 10%以上；可采煤层一般 4～25 层，个别达 48 层，累积厚度 2.5～20 m，最厚为六枝归宗，可达 63.3 m，含煤率一般 1%～9%。滇东地区含煤地层为上二叠统宣威组，是一套受海水影响不明显的上三角洲相含煤沉积，总厚 205～335 m，一般厚 250 m，与下伏峨眉山玄武岩组呈假整合接触，层位与老厂矿区龙潭组和长兴组相当。本组地层含煤 18～73 层，平均 40 层，多为薄煤层。煤层总厚 16～68 m，平均32 m。含可采煤层 8～20 层，平均 13 层，可采煤层总厚 10～31 m，平均 18 m。

总体来看，研究区内北东区域煤层少、累积厚度小，南西地区煤层多、累积厚度大。煤层层数、累积厚度及含煤率，均由北西、南东两边向中心分别增多、增厚及增高。富煤带处于宽 50～160 km 的过渡相区内。可采煤层累积厚度大于 10 m 的，成片分布在毕节—黔西一线的南西地区。可采煤层累积厚度大于 40 m 的富煤区分布在水城的牛场、六枝的归宗、盘州的鲁那等地。受时间的推移、海岸线的变化，聚煤作用具自下而上、由东向西迁移的时空变化规律。

2.4.2　煤的宏观煤岩特征

根据煤田勘探及井下观测，研究区的宏观煤岩类型龙潭组煤为半亮煤、光亮煤至半暗煤，长兴组煤为半暗煤至半亮煤。平面上，宏观煤岩类型变化不明显；垂向上，龙潭组煤的光泽度比长兴组的高，长兴组主要是半暗煤和暗淡煤。结构以条带状、线理状为主，次为均一状、鳞片状、块状，在构造转折、交叉部位多为粒状。内生裂隙发育，性脆、易碎。C_5^b、C_6^c 煤层的宏观煤岩类型为半亮煤。煤岩组分以暗煤、亮煤为主；各煤层均夹有少量丝炭与镜煤条带。煤中矿物质有黏土、方解石、硫铁矿及石英等。C_5^b、C_6^c 煤层煤的颜色及煤的条痕均呈黑色，具金刚-金属光泽，条带状结构；内生裂隙发育，局部被方解石薄膜和黄铁矿晶粒充填。各煤层为不规则参差状断口。C_5^b 煤层的中、下部硬度中等，性脆，易破碎；煤燃烧时火焰稍短，不冒烟；残渣多呈粉状，局部呈块状。

2.4.3　煤的微观煤岩特征

镇雄矿区煤岩组分含量分布如表 2-2 所示。

表 2-2　微观煤岩组分鉴定汇总表[177]

煤层号	含矿物基/%								去矿物基/%		镜质组最大反射率 $R_{o,max}$/%
	显微组分组			矿物					显微组分组		
	显微组分组总量	镜质组（V）	惰质组（I）	矿物总量	黏土	硫化铁	碳酸盐矿物	氧化硅矿物	镜质组（V）	惰质组（I）	
C_5^b	59.4～84.7 73.3(10)	53.9～69.5 61.4(10)	5.3～28.4 15.2(10)	15.3～40.6 26.7(10)	10.7～33.7 20.0(10)	0.6～13.3 3.88(10)	0.8～3.5 2.1(10)	0.2～1.6 0.7(10)	73.2～90.7 84.1(10)	9.3～26.8 15.9(10)	2.18～4.03 2.7(10)
C_6^c	62.5～69.1 65.8(2)	57.2～63.3 60.3(2)	5.3～5.8 5.6(2)	30.9～37.5 34.2(2)	27.1～30.8 30.0(2)	1.4～3.1 2.25(2)	1.6～2.8 2.2(2)	0.8～0.8 0.8(2)	91.5～91.5 91.5(2)	8.5～8.5 8.5(2)	2.28～4.06 3.19(2)

（1）有机组分

① 镜质组：镜质组为有机组分中的主要成分，含量为 53.9%～69.5%。镜质组中以均质镜质体和基质镜质体为主，碎屑镜质体次之。基质镜质体大多与细分散状黏土矿物、惰质组分共生，并含少量其他矿物；碎屑镜质体一般为粒径小于 20 μm 呈粒状和不规则状的微粒[177]。

② 惰质组：惰质组在有机组分中为次要成分，含量为 5.3%～28.4%。以半丝质体和碎屑惰质体为主；其次为丝质体。半丝质体常夹在镜质组分当中并呈显微层状出现[177]。

（2）无机组分

① 黏土矿物：黏土矿物为无机组分的主要成分之一，含量为 10.70%～33.70%。以细分散状、团块状、透镜状、细条带状黏土矿物为主，团块一般不超过 40 μm 且常与显微组分相混；浸染状黏土常分布于基质镜质体中，部分还充填于胞腔和裂隙中。碳质黏土碎块出现普遍。

② 硫化铁矿物：硫化铁类为无机组分的主要成分之一，含量为 0.60%～13.30%，以微粒状、星点状出现的黄铁矿，分布稀疏。

③ 碳酸盐矿物：碳酸盐类为无机组分中的次要成分之一，含量为 0.80%～3.50%，以裂隙节理充填状方解石为主。

④ 氧化硅类矿物：氧化硅类为无机组分中的次要成分之一，含量为 0.20%～1.60%，少量石英碎屑颗粒散布于有机质中。

⑤ 镜质组最大反射率：2.18%～4.06%。

2.4.4　煤质特征

黔西滇东地区煤种齐全，从气煤到无烟煤都有分布，但主要以高阶烟煤为主。其中织纳煤田主要为无烟煤，仅在西部比德向斜存在贫煤和瘦煤，呈条带状北北西向分布的盘关向斜、格目底向斜为焦煤至贫煤，滇东地区煤类以无烟煤、焦煤为主，也有少量气煤。

（1）煤的硫分

贵州省内上二叠统煤的硫分平面上总体呈北东向带状展布。硫分总体变化趋势与沉积环境密切相关。区内西北为陆相，含量低；东南为海相，含量高（图 2-4）。平均硫分最低的地区为陆相区的西北部，一般小于 1%，分布在盘关向斜两翼、纳雍维新、辅处、威宁结里、毕节海子街以及赫章妈姑、姑开等地；海陆过渡相区域硫分含量中等，平均为 1%～2%，分布在盘州响水、大方、纳木羊场及水城、佳竹箐、金沙一带；海相区域硫分含量较高，平均为 3%～4%，分布在兴仁、郎岱、普安、六枝、晴隆、织金一带；黔南地区硫分含量最高，大于 5%。

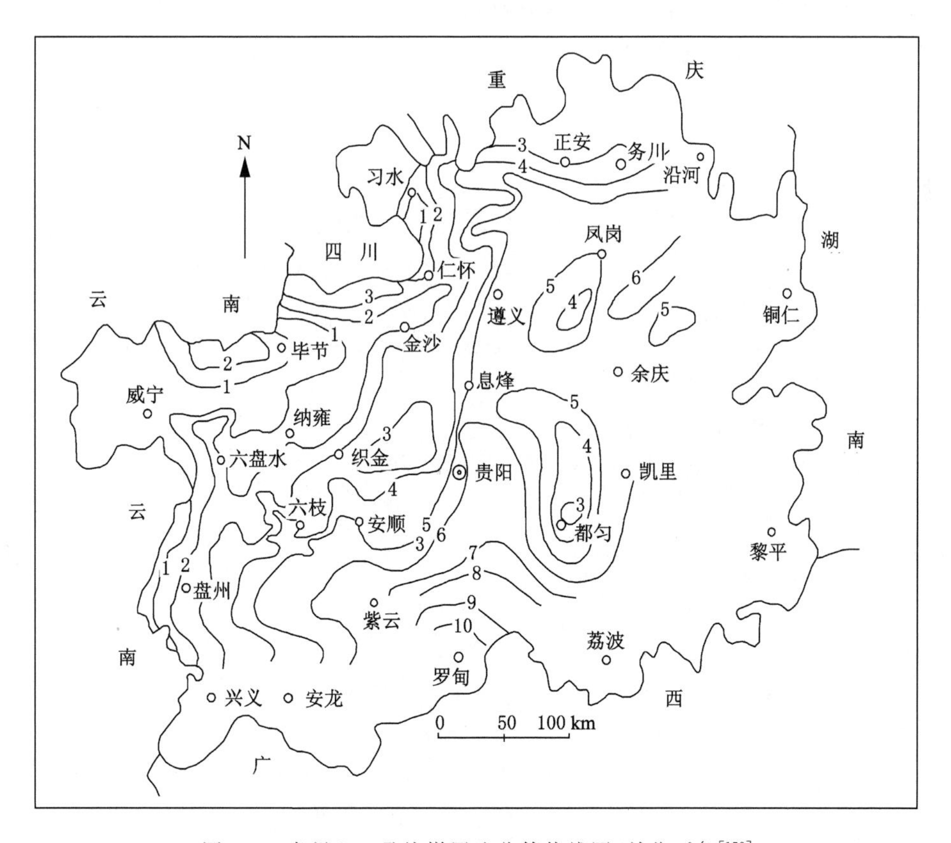

图 2-4　贵州上二叠统煤层硫分等值线图（单位：%）[178]

煤中硫分的分布与沉积环境密切相关,三角洲沉积环境发育的地区硫分含量垂向上分布具有明显的规律性。如龙潭组下段,总体表现为海进过程,该区盘州、水城、纳雍一带主要煤层的硫分平均值最高;龙潭组上段,总体为海退过程,煤的硫分较低;长兴组又以海进环境为主,故煤的硫分又较高。

硫分在同一煤层煤中不同部位的分布也是不均匀的,单层煤的硫分与成煤时的古地理环境和海水进退有密切的关系。一般而言,当煤层顶板为海相沉积时,其硫分较高,尤其是顶、底板均为海相沉积时,硫分更高,可达 10%;当煤层顶板为陆相沉积时,硫分一般较低。

(2) 煤的灰分

贵州省上二叠统煤层灰分平面上的变化趋势是:由北西向南东,灰分呈现高—低—高的变化趋势。总体呈北东向展布,北西部灰分较高,为 25%~30%,分布在毕节、赫章一带;向南东,灰分较低,为 15%~20%,分布在普安、织金、金沙、仁怀、习水一带(图 2-5)。

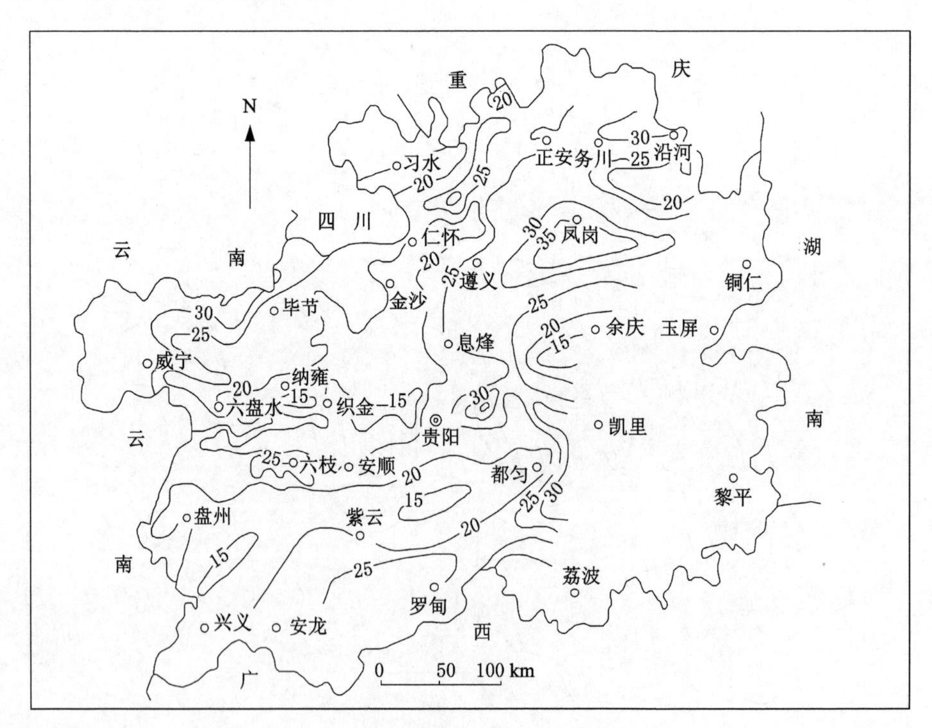

图 2-5 贵州上二叠统煤层灰分等值线图(单位:%)[178]

2.5 岩浆热液背景

现已证实广布在中国西南地区的峨眉山玄武岩及其下部的火山碎屑岩是目前国际地学界公认的我国唯一的火成岩省。该岩浆岩省不仅规模巨大、组成特殊，而且形成机理复杂，为峨眉地幔热柱活动成因，是中国西南地区壳幔大地构造演化作用的结果[179]。

西南地区的火成岩以二叠纪玄武岩分布最广，主要围绕康滇古陆发育，研究区煤系地层中曾存在过低温、中温的热液活动，因而在煤系地层中发生的蚀变作用较为常见，在煤层夹矸及煤层顶板中常见的蚀变作用类型主要有黄铁矿化、碳酸盐化、硅化、绿泥石化等，尤其是在某些构造复合部位和一些大的活动断裂附近，这种中、低温蚀变作用更发育[180]。

谢学锦[181]根据岩性对西南地区进行分区，火成岩分区主要包括川滇黔桂峨眉山玄武岩分布区、川西巨型花岗岩带、临沧花岗岩带、桂东南花岗岩带等，现主要介绍川滇黔桂峨眉山玄武岩分布区，并对贵州省的火成岩进行具体介绍。

川滇黔桂峨眉山玄武岩分布区是世界上较大的暗色岩分布区之一，在约9 万km^2 的面积上分布着各种玄武岩(图 2-6)。玄武岩厚度自西向东减薄，西部云南丽江地区的厚度最大，达到 3 600 m；中部的小江断裂带上厚度为 2 000 m左右；再向东，川西南和黔西地区减薄为 1 300 m 左右；在黔西南和桂西北地区仅 800 m 或者更薄。

贵州省岩浆岩共有两期，包括大陆溢流临界面玄武岩及岩墙状辉绿岩、偏碱性辉绿岩和偏碱性超基性岩 3 个组合(图 2-7)，以拉张构造环境下的幔源基性火成岩为主体[182]。

第一期为晚二叠世早期，又可分为两相。一为大陆溢流型临界面玄武岩，即著名的峨眉山玄武岩，分布于晴隆、普安以西的外围地带；二为与玄武岩对应的次火山相辉绿岩，沿平塘—开远深断裂带分布，呈岩床或岩墙贯入于石炭、二叠纪地层中。第二期见于贞丰以东北盘江附近，为小型幔源偏碱性超基性杂岩，呈岩脉、岩床或岩筒侵入于早二叠世及中三叠世地层中。

其中，由于峨眉地幔热柱的强烈活动，在早、晚二叠世之间形成大规模峨眉山玄武岩浆喷发，其分布面积约 50 万 km^2，跨越川滇黔三省，为基性岩浆活动的高峰期。峨眉山玄武岩在贵州西部广泛分布，其分布区呈向东凸的舌形，西

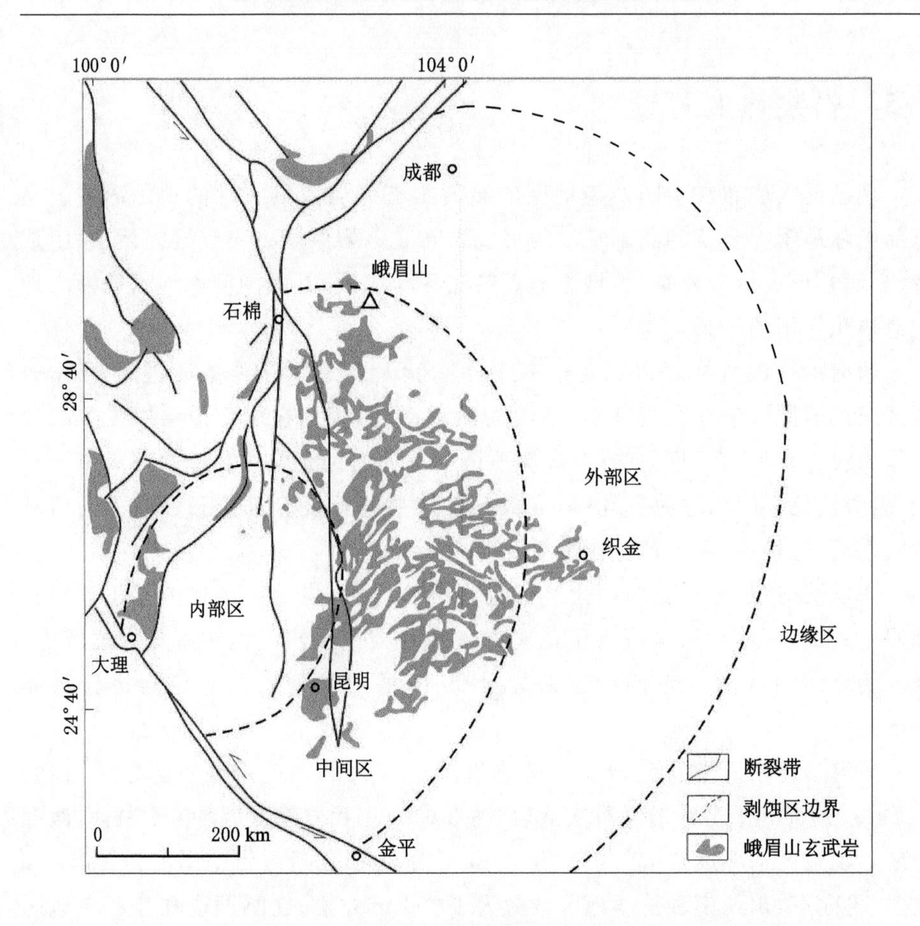

图 2-6　西南晚二叠世峨眉山玄武岩的分布[179]

厚东薄，在西北部的威宁、盘州一带形成巨厚的峨眉山玄武岩，最厚处在威宁舍居乐，厚 1 249 m，黔西—安顺一线以东厚仅数十米，且多不连续，在瓮安至福泉一带附近尖灭。其岩性组合主要为玄武质熔岩及少量玄武质火山碎屑岩，其中夹有少量正常沉积岩。玄武岩层与下伏的中二叠统茅口组灰岩呈假整合接触。玄武岩之上为龙潭组含煤岩系[183]。

贵州省地质矿产局[183]调查资料表明，贵州省峨眉山玄武岩三个不同碱性程度地区的化学成分平均值和全区平均值，都投在拉斑玄武岩系范围；但是与世界大陆拉斑玄武岩比较，贵州省峨眉山玄武岩又具有不同于典型拉斑玄武岩的特点：① 碱钙性区显然偏碱；② 高 Fe、Ti，特别是 TiO_2 几乎高一倍，属于高钛玄武岩，Mg 则明显较低，固结指数明显较低。林盛表[184]认为，峨眉山玄武岩既

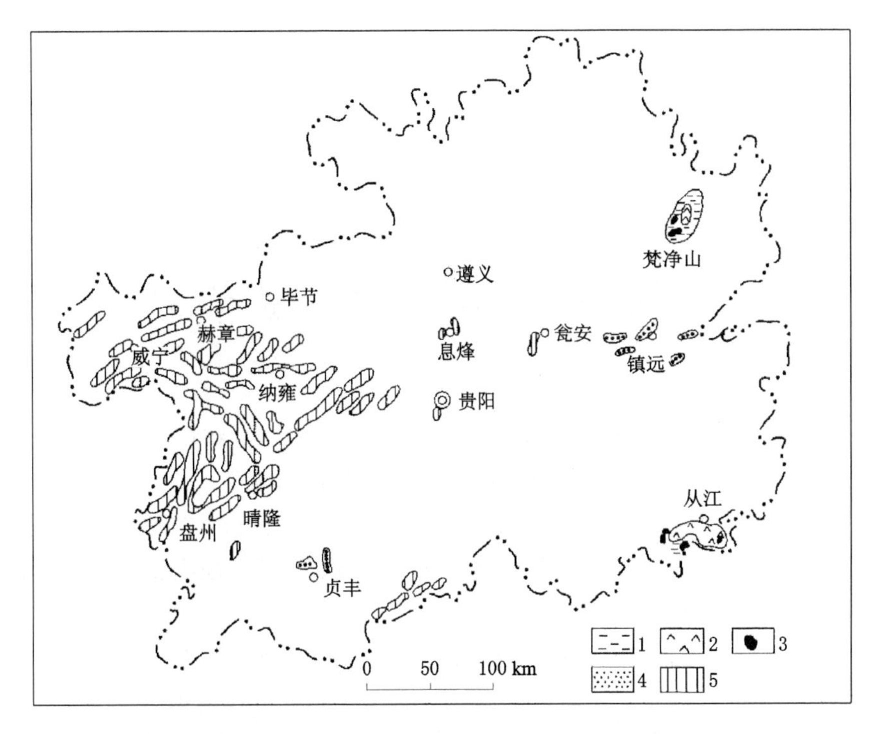

1—细碧岩-石英角斑岩组合；2—变成花岗岩组合；3—基性岩-超基性岩组合；
4—偏碱性超基性岩组合；5—大陆溢流拉斑玄武岩及分异的岩床(墙)状辉绿岩组合。

图 2-7　贵州省火成岩分布图[178]

不是典型拉斑玄武岩系列，也不是典型碱性玄武岩系列，而是跨式-B 型，属于临界面玄武岩系列。它是世界上第一个临界玄武岩系列喷发物，它的原始岩浆没有遭到地壳的明显污染。

3 高硫煤中主要矿物质的赋存特征

煤的主要组分除了有机质外，还有矿物质。煤中的矿物质指的是赋存在煤中的无机组分，这些无机组分包括使用显微镜和在肉眼下可以观测到的矿物，同时也包括使用显微镜无法观测到的被有机质包裹或结合的金属及其离子[185]。煤中矿物的含量对煤炭的分选加工有重要影响，而且会影响煤炭的利用价值，例如会影响煤炭的发热量。煤中矿物含量代表煤中的灰分含量，灰分属于有害成分，对煤质有重要影响，另外煤中很多有害元素（如 F、As、Se、Pb、Hg、U 等）大部分赋存在无机矿物中。西南地区的煤一般属于中-高灰煤，这种类型煤不适合直接利用，会对环境造成影响。此外，很多稀有金属元素属于煤中伴生的有益矿产，在一些煤中非常富集，达到了工业开采的品位要求[8,186-187]；煤中还有一些特定的矿物和元素可以作为催化剂，对煤在加工和利用过程中经济价值的提升有重要作用。因此，研究煤中矿物质的组成、含量、赋存状态以及成因，对煤质评价和分选方式的合理选择有重要意义；同时，研究煤中矿物的组成和特征，既可以推测聚煤环境，也可以判断煤层形成后经历的各种地质作用，因而也有助于阐明煤层的成因和区域地质演化等基本理论问题。

到目前为止，煤中鉴定出来的矿物可达到百余种，其类型按照成因可以分为 3 类：陆源碎屑成因、植物成因、化学及生物化学成因的矿物；按照形成时期可以分为同生矿物和后生矿物[185]。

3.1 测试方法

使用偏光显微镜、扫描电镜和能谱仪（SEM-EDS）、X 射线衍射仪（XRD）、电子探针（EMPA）、透射电镜（TEM）、扫描透射电镜（STEM）研究煤中矿物的形貌、种类以及元素组成等。

使用 Leitz 公司生产的 MPVIII 偏光显微镜在反射光下进行矿物鉴定并进行拍照，主要在 20 倍和 50 倍目镜下进行矿物的鉴定；煤中显微组分的测定按照国家标准《显微煤岩类型测定方法》(GB/T 15590—2008)[188]进行。

SEM-EDS(FEI Quanta^{TM} 250)的工作距离为 14～20 mm，射束电压为 25 kV或 30 kV。主要使用 SEM-EDS 来定性定量分析和面扫描，在二次电子或者背散射模式下拍照。

XRD 分析采用 D/max-2500/PC 粉末衍射仪对煤粉末和矸石样品使用 Cu 靶、Kα 射线进行全面扫描，扫描的 2θ 角度范围为 2.6°～70°，步长为 0.01°，此外，使用 TOPAS 4.2 软件对煤和矸石的 X 射线衍射图进行矿物定量分析。粉末样品：质量不少于 0.5 g。粒度：细粉，过 325 目筛。低温灰化样使用 EMITECH K1050X 等离子体灰化仪制备。

电子探针(EMPA，8050 G)主要用来对平整样品表面的微小区域进行分析，最小直径可达到 1 μm，能够分析的原子范围可以从 Be 到 U。其中，元素含量分析通过 EMPA 观察煤光片并选择合适区域进行波谱各项参数的设置，然后得到波谱分析图谱和元素含量，质量百分比和原子百分比由波谱仪自动生成；面扫描分析过程为电子束在样品表面做光栅扫描，显像管的亮度由试样给出的 X 射线强度调制。进行面扫描时，首先选择扫描区域，设置参数后开始面扫，得到元素的面分布图像，元素含量的高低根据亮度判断。仪器分析条件为：加速电压 20 kV；最大束流 3 μA；束斑直径 1 μm；X 射线取出角度 52.5°；校正 ZAF；温度 25 ℃，湿度 55%～60%。

透射电镜(TEM，FEI，Tecnai G2 F20)分析的制样步骤为：单颗粉末尺寸小于 1 μm，然后将颗粒样品分散至蒸馏水或纯无水乙醇中，制备成呈透明或半透明状的悬浮液，将悬浮液进行超声振荡处理(时间一般设定不超过 20 min)。主要技术指标：点分辨率为 0.24 nm，线分辨率为 0.102 nm，信息分辨率为 0.14 nm，加速电压为 20～200 kV；加速电压连续可调放大倍数 25～100 万倍。主要附件配置为能谱仪、扫描透射电镜、数字化 CCD 照相系统等。本次研究使用的主要仪器为透射电镜、能谱仪和高分辨率透射电镜。

3.2 煤中矿物形貌

使用偏光显微镜、扫描电镜+能谱仪、电子探针、透射电镜+能谱仪和 X 射线衍射仪对煤中矿物的形貌进行研究，并对矿物的分选分配方式和不同选煤产品的矿物进行微区分析。本次研究选择云南省镇雄县的热水河煤、砚山县干河煤和贵州省的荣阳煤作为研究对象,研究煤中矿物的形貌特征。

3.2.1 硫化物矿物

煤中硫化物以黄铁矿比较常见,其次是白铁矿,另外还有闪锌矿、方铅矿、黄铜矿、硫镍钴矿等。

云南热水河煤属于高硫煤,而且煤中硫以黄铁矿硫为主;荣阳煤也属于高硫煤,黄铁矿硫占主导。因此研究煤中黄铁矿的粒度和赋存状态对于煤中硫的脱除具有科学指导意义。

(1) 黄铁矿

在西南地区煤中发现的黄铁矿有同生黄铁矿和后生黄铁矿。同生黄铁矿主要呈鲕状、莓粒状、葵花状、细粒浸染状、自形晶状等。在高倍扫描电镜下观察,发现西南煤中黄铁矿呈长柱形[图 3-1(c)]或者呈黄铁矿集合体[图 3-1(d)],周围是黄铁矿氧化为硫酸盐硫之后脱落留下的印痕[189],以及自形晶状黄铁矿[图 3-1(e)]和团块状黄铁矿[图 3-1(a),(f)],团块状黄铁矿一般为几十微米到几百微米之间。

在云南镇雄热水河煤中发现了大量的鲕状黄铁矿。鲕状黄铁矿呈单鲕和复鲕紧密堆集,这些鲕粒显示出矿化藻的形态特征[图 3-2(a),(b),(f)],表明这些地区的古泥炭沼泽中,除了有高等植物外,还有一些开阔水域中繁殖的藻类。在藻类残体的腐殖分解的过程中,产生的 H_2S 造成了还原程度较强的微环境,使泥炭中的 Fe^{2+} 与 H_2S 发生反应,形成了黄铁矿的沉淀,黄铁矿矿化形成了黄铁矿矿化藻类。另外,在热水河煤中也发现了球粒状的鲕状黄铁矿集合体。“葵花状”黄铁矿的“花心”常为莓粒状的黄铁矿,周边的“花瓣”常为板柱状的白铁矿[图 3-2(d),(e),(g),(h)]。莓粒状黄铁矿由许多莓子组成[图 3-3(b),(c),(d)],在热水河煤中也发现了莓粒状的黄铁矿集合体,四周包围的是白铁矿。莓粒状黄铁矿的直径一般为几十微米,每个莓粒由几十到几百个莓子组成,单个莓子的直径小于 1 μm。鲕状黄铁矿、莓粒状黄铁矿和“葵花状”黄铁矿一般分布在煤的基质镜质体中。圆球状黄铁矿和团块状黄铁矿是在莓粒状黄铁矿形成后,在埋藏到地下的过程中,受到地下水或者热液的影响,发生重结晶作用形成的。

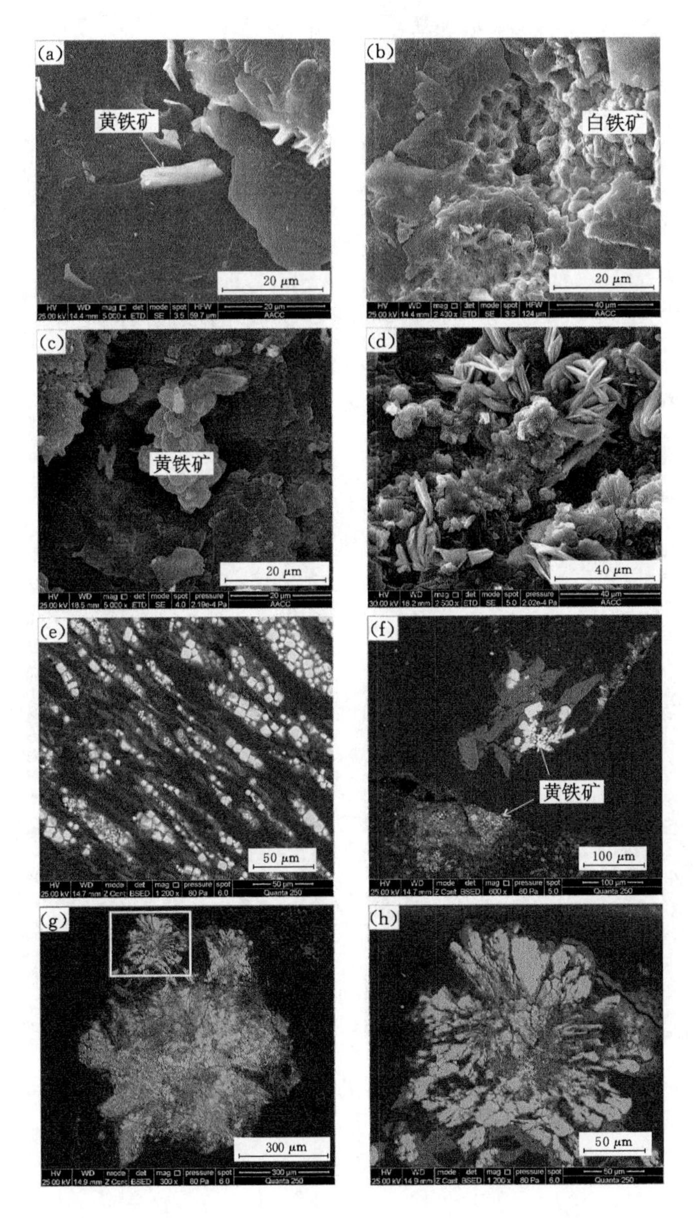

(a) 热水河样 R1 中的黄铁矿；(b) 热水河样 R1 中的白铁矿；(c)和(d) 热水河样 R9 中的黄铁矿；(e)和(f) 荣阳原煤中的黄铁矿；(g)和(h) 荣阳原煤样品中的白铁矿。

图 3-1　扫描电镜下的硫化物

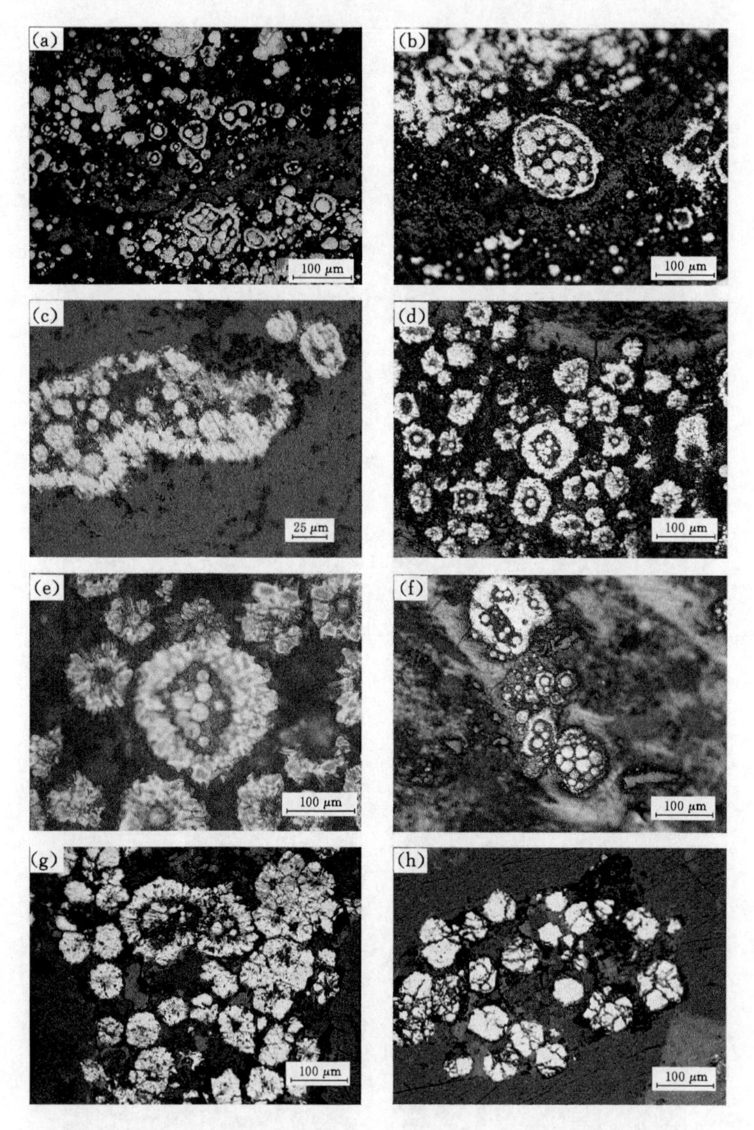

(a) 样品 R3,200×;(b) 样品 R4,200×;(c) 样品 R6,200×;(d)和(f) 夹矸 2,200×;
(e) 夹矸 2,500×;(g) 样品 R7,200×;(h) 样品 R9,200×。

图 3-2　热水河煤中的黄铁矿和白铁矿(反射光)

热水河和荣阳煤中经常见到黄铁矿化的植物组织[图 3-4(a),(b),(f)],这些黄铁矿化的高等植物残体保存了比较清晰的细胞结构。另外,也有一些黄铁矿充填在植物的胞腔中:在显微煤岩组分的半丝质体[图 3-4(c)]、丝质体[图 3-4(d)]和结构镜质体[图 3-4(e)]的胞腔中,充填了黄铁矿晶体。贵州荣阳

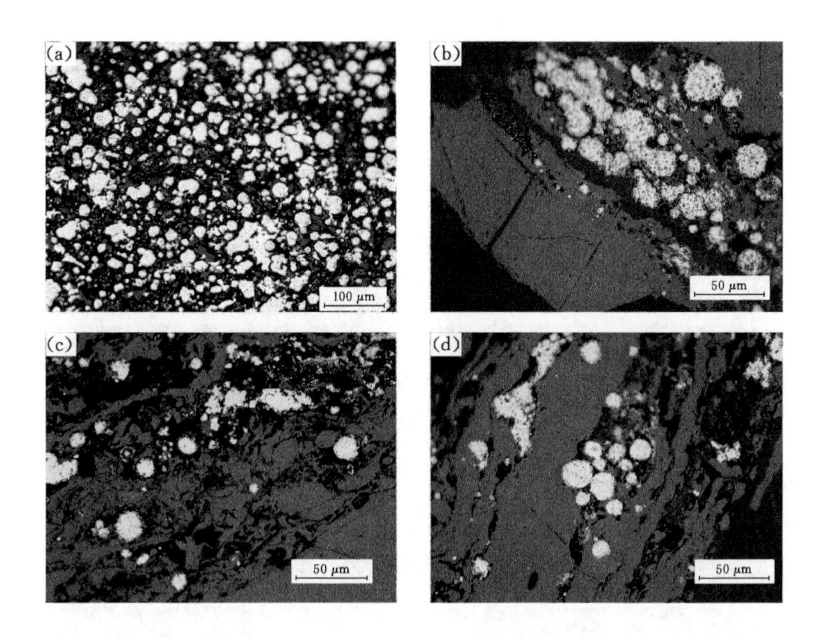

(a) 热水河样 R4,200×;(b) 0.5～3 mm 粒度级的荣阳中煤,500×;

(c) 3～6 mm 粒度级的荣阳中煤,500×;(d) 6～13 mm 粒度级的荣阳中煤,500×。

图 3-3　莓粒状黄铁矿(反射光)

煤中含有大量的微粒状黄铁矿,微粒状的黄铁矿粒度一般为 1～2 μm,主要分布在均质镜质体和较纯的基质镜质体中[图 3-5(a),(b),(c)],也有的充填在丝质体胞腔[图 3-5(d)]中,这些微粒状的黄铁矿一般与黏土矿物共生。荣阳煤中的自形晶状和半自形扇状黄铁矿的粒度一般从 1～10 μm 不等,呈立方体和八面体形态分布(图 3-6)。

对于煤中同生黄铁矿的成因,Berner[190]认为黄铁矿的形成受到 Fe^{2+}、硫酸根离子、有机质的影响,一般来说,在陆源碎屑海中,Fe^{2+} 和硫酸根离子比较充足,黄铁矿的形成主要受到有机质含量的制约。而在滨海泥炭沼泽环境中往往富含有机质,硫酸盐还原菌以有机质为还原剂和能量,把硫酸根离子还原为 H_2S;硫化细菌把 H_2S 还原成元素硫,或者 H_2S 与 Fe^{2+} 反应形成 FeS;最后 FeS 与 S 元素逐步发生反应形成黄铁矿。热水河煤和荣阳煤的成煤环境处于海陆交互相,为开阔碳酸盐台地上的潮坪环境,属于弱氧化环境,海水为黄铁矿的形成提供了丰富的硫酸根离子,另外,热水河煤和荣阳煤的成煤环境属于还原环境,有利于细菌活动,为黄铁矿的形成提供了环境基础。

后生成因的黄铁矿一般是指成岩作用发生后,由地下水或者岩浆热液在煤

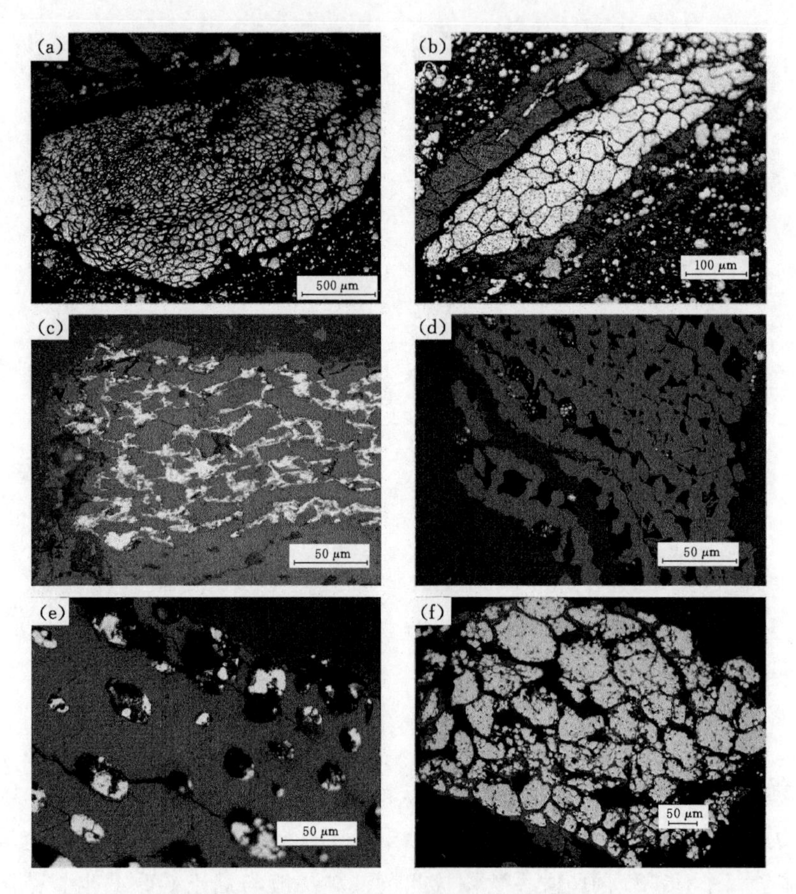

(a) 热水河样 R4 中的黄铁矿,100×;(b) 热水河样 R4 中的黄铁矿,200×;
(c) 热水河样 R9 中充填在半丝质体中的黄铁矿,500×;
(d) 荣阳 3～6 mm 粒度级中煤充填在丝质体胞腔中的黄铁矿,500×;
(e) 荣阳 3～6 mm 粒度级中煤充填在结构镜质体胞腔中的黄铁矿,500×;
(f) 荣阳原煤中的黄铁矿,200×。

图 3-4　黄铁矿化的植物组织(反射光)

的裂隙、孔洞等沉淀形成的矿物[191]。后生黄铁矿在煤中的存在形式比较多样,一般呈脉状、树枝状、网状。Dai 等[9]研究了贵州省兴仁煤中的矿物发现,后生黄铁矿来源于后生低温热液。在热水河和荣阳煤中发现了脉状[图 3-7(a),(c),(d)]、放射状的黄铁矿[图 3-7(d)],这些类型的黄铁矿都是沿着裂隙充填,说明热水河和荣阳地区的煤在成岩作用发生以后受到了热液影响。Ruppert 等[192]认为粗粒度的黄铁矿容易从煤中脱除,而微细粒的黄铁矿就比较难以脱除。

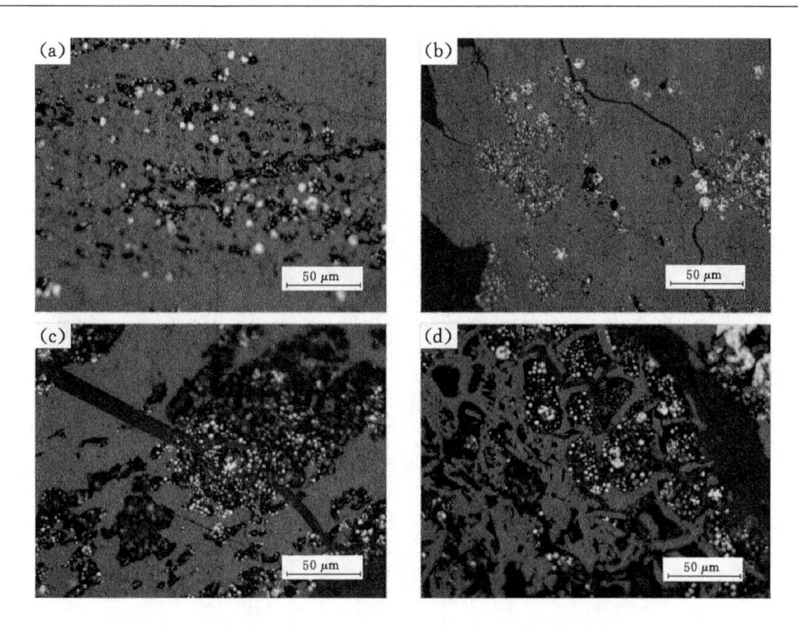

(a)、(b)和(c) 0.5～3 mm粒度级精煤;(d) 3～6 mm粒度级中煤。

图3-5　荥阳煤中微粒状的黄铁矿(反射光下,500×)

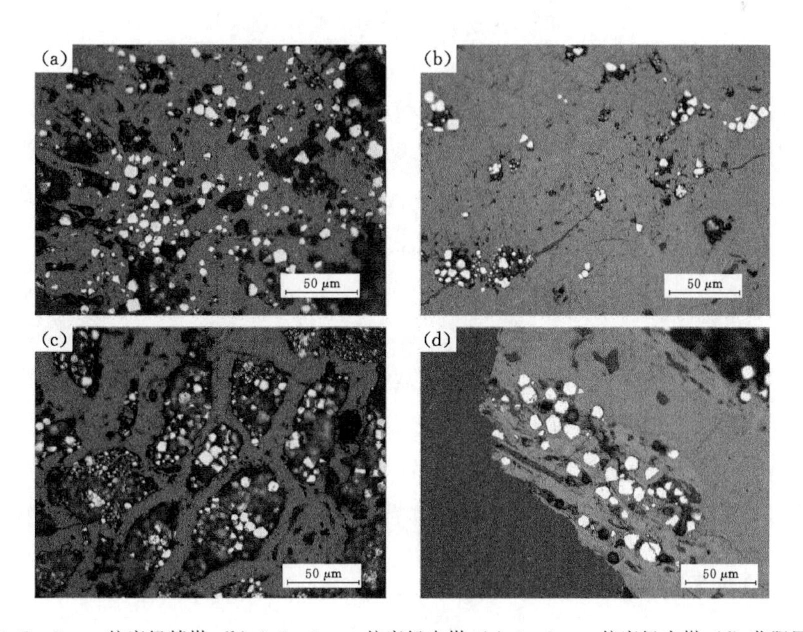

(a) 0.5～3 mm粒度级精煤;(b) 0.5～3 mm粒度级中煤;(c) 3～6 mm粒度级中煤;(d) 荥阳原煤。

图3-6　荥阳煤中的自形晶状黄铁矿(反射光下,500×)

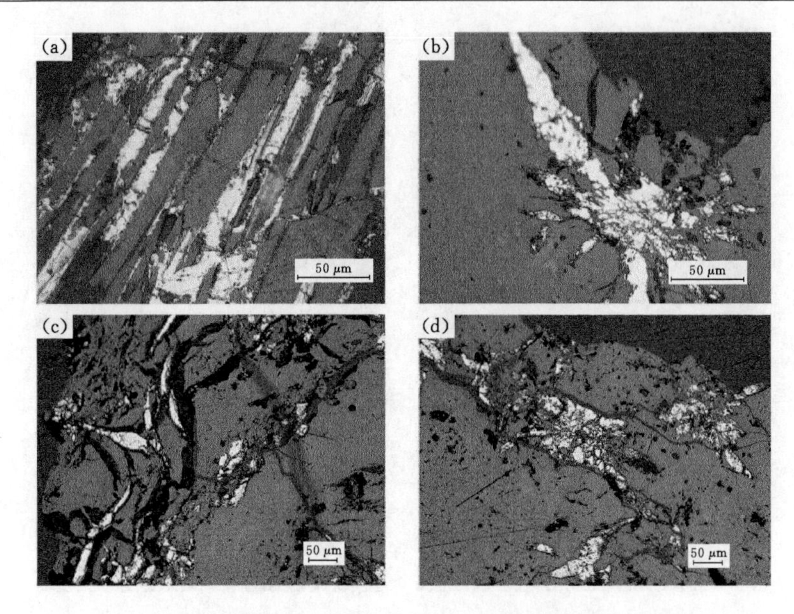

(a) 热水河样 R9，500×；(b) 荣阳 3～6 mm 粒度级精煤，500×；
(c)和(d) 荣阳 0.5～3 mm 粒度级中煤，200×。

图 3-7　脉状、放射状黄铁矿(反射光)

(2) 白铁矿

白铁矿是黄铁矿的同分异构体，煤中的白铁矿一般呈自形晶状、半自形晶状、放射状、同心圆环状等。云南省热水河煤中的白铁矿以环带状包裹着莓粒状和圆球状黄铁矿[图 3-2(c)，(d)，(e)，(f)，(g)]，贵州省荣阳煤中的白铁矿种类较少，目前发现的白铁矿以放射状形式出现[图 3-1(g)，(h)]。

3.2.2　碳酸盐矿物

在热水河和荣阳煤中常见的碳酸盐矿物为方解石。方解石在反射光下表面光滑平整、呈现烟灰色或者乳灰色等，在扫描电镜下观察到热水河煤中的方解石呈层片状出现[图 3-8(a)，(c)]，能谱图显示，方解石中伴生的混入物有 Mg、Fe、Mn 等，荣阳煤中也发现了方解石脉，属于后生成因[图 3-8(e)，(f)]。

3.2.3　其他矿物

(1) 黏土矿物

黏土矿物为含水硅酸盐矿物，同时伴生 Al、Mg、Na、K 等元素，黏土矿物种类繁多，其中高岭石、蒙脱石、伊利石比较常见，在空气反射光下，主要呈灰色或

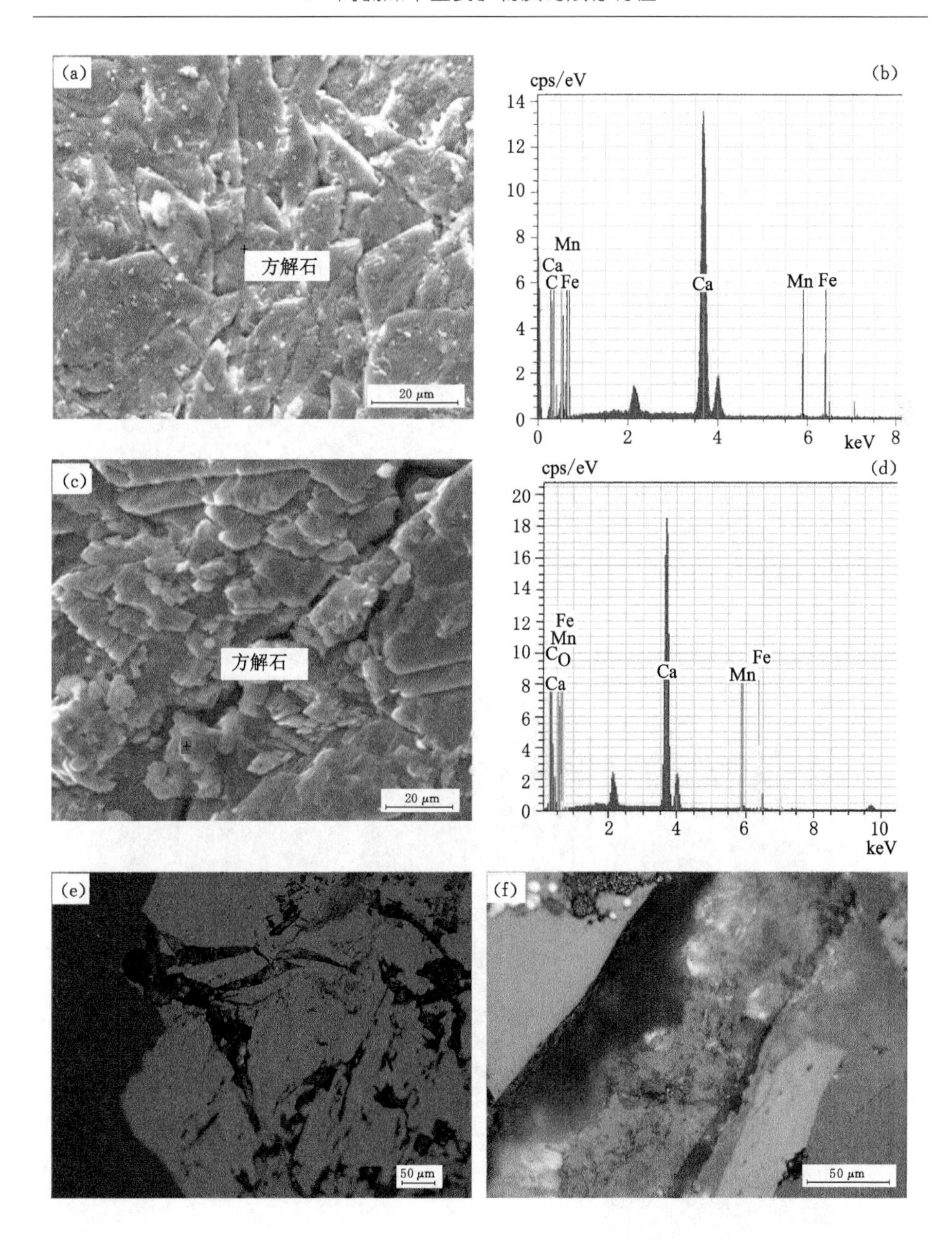

(a) 热水河样 R8;(b) (a)的能谱图;(c) 热水河样 R12;(d) (c)的能谱图;
(e) 荥阳 3～6 mm 粒度级中煤,反射光,200×;(f) 荥阳<0.5 mm 粒度级中煤,反射光,500×。

图 3-8　煤中的方解石

者微灰色。黏土是煤中主要的杂质矿物,也是主要的成灰矿物。黏土矿物在水中可泥化分散成微米级的晶层颗粒,会对煤泥浮选产生影响[193]。荣阳和热水河煤中除了黄铁矿比较常见外,也富集了大量的黏土矿物,粒度范围从几微米到几百微米,主要以浸染状[图 3-9(a)]、团块状出现[图 3-9(b)],有的充填在丝质体的胞腔中[图 3-10(a),(b),(d)]。荣阳煤的面分布[图 3-9(c)]结果表明,有些黏土矿物与微粒状黄铁矿伴生,浸染状黏土在煤的分选过程中比较难以脱除,也有充填在丝质体胞腔中的黏土与黄铁矿伴生[图 3-10(b)]。浸染状黏土

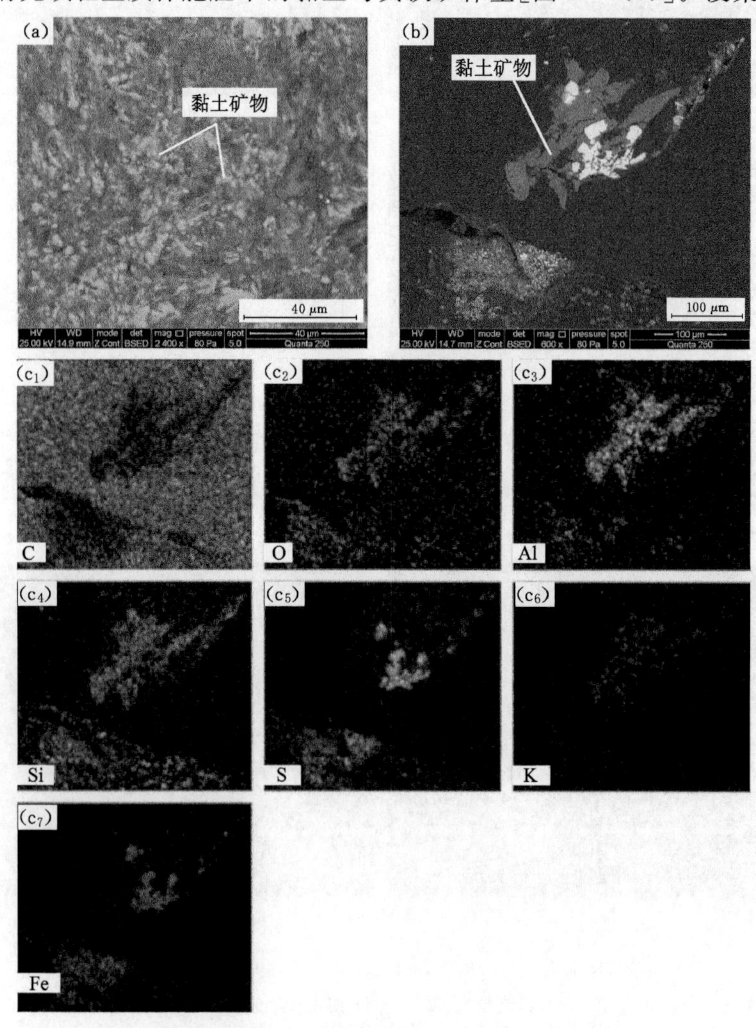

(a) 荣阳原煤中的黏土矿物;(b) 荣阳原煤中的黏土矿物;(c_1~c_7) 图(b)的元素面分布。

图 3-9 荣阳原煤中的黏土矿物

主要呈条带状分布在基质镜质体中[图 3-10(c)]。

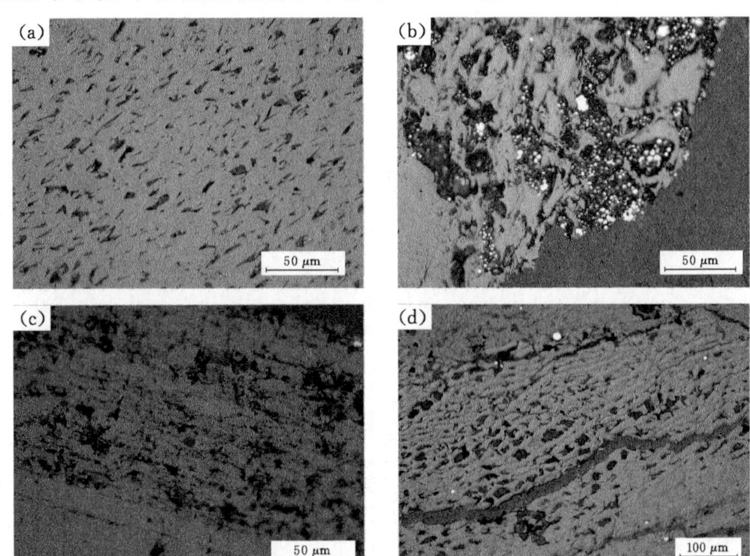

(a)和(b) 荣阳 3～6 mm 粒度级精煤,500×;(c) 荣阳 6～13 mm 粒度级精煤,500×;
(d) 热水河样 R5,200×。

图 3-10 黏土矿物(反射光下)

3.3 不同选煤产品的微区分析

电子探针(EMPA)又称微区 X 射线光谱分析仪,它的工作原理是使用高能电子束轰击待测试的样品表面(样品表明必须是平整的),不同的元素被轰击后激发出不同波长的 X 射线,因此可以根据波长和强度对测试样品的微区进行定性及定量化学分析。本书选择荣阳和热水河不同粒度级和密度级的选煤产品进行显微煤岩组分的微区分析,并对化学元素进行半定量分析。表 3-1 至表 3-20是对荣阳和热水河的选煤产品的显微煤岩组分的半定量分析结果(氧化物的质量百分比)。

3.3.1 荣阳煤的微区分析

(1) 荣阳 6～13 mm 粒度级精煤显微煤岩组分的微区分析

荣阳 6～13 mm 粒度级精煤电子探针微区半定量分析结果见表 3-1。图 3-11(d)中的点 1～点 7 的半定量分析结果分别对应表 3-1 中的 No.1～No.7。

表 3-1 荥阳 6～13 mm 粒度级精煤的显微煤岩组分微区分析结果

单位：%

编号	Na_2O	MgO	Al_2O_3	SiO_2	SO_3	Cl	K_2O	CaO	V_2O_5	FeO	TiO_2	UO_2	TeO_3	Xe	总和
No. 1	—	0.63	14.45	54.93	26.63	—	2.93	0.43	—	—	—	—	—	—	100.00
No. 2	—	—	5.52	19.97	68.52	1.08	2.07	2.84	—	—	—	—	—	—	100.00
No. 3	—	—	1.67	8.13	7.75	—	0.63	—	—	1.98	78.42	1.43	—	—	100.01
No. 4	0.28	0.63	16.44	63.50	9.60	0.5	4.81	0.36	—	3.89	—	—	—	—	100.01
No. 5	—	—	2.36	7.92	89.71	—	—	—	—	—	—	—	—	—	99.99
No. 6	—	0.06	0.78	2.82	69.12	—	0.16	0.23	—	26.83	—	—	—	—	100.00
No. 7	0.36	0.48	16.78	62.00	10.04	0.29	4.37	1.66	—	4.02	—	—	—	—	100.00
No. 8	—	—	3.32	10.78	19.17	0.44	0.69	1.40	—	64.21	—	—	—	—	100.01
No. 9	—	—	0.25	98.60	0.67	—	—	—	—	0.49	—	—	—	—	100.01
No. 10	—	0.10	2.07	11.37	59.26	0.09	0.76	0.19	—	25.96	—	—	0.20	—	100.00
No. 11	—	—	11.13	47.01	31.01	1	3.93	0.87	—	5.06	—	—	—	—	100.01
No. 12	—	—	2.99	15.06	81.96	—	—	—	—		—	—	—	—	100.01
No. 13	—	—	0.12	1.12	71.79	—	—	0.12	—	26.74	—	—	—	0.10	99.99
No. 14	—	—	0.24	3.05	69.57	0.10	0.07	0.12	—	26.85	—	—	—	—	100.00
No. 15	—	0.49	13.01	53.75	18.39	0.21	5.08	0.19	—	8.88	—	—	—	—	100.00
No. 16	—	—	9.19	26.29	64.51	—	—	—	—		—	—	—	—	99.99
No. 17	—	—	14.74	46.85	36.05	—	2.36	—	—		—	—	—	—	100.00
No. 18	—	—	2.50	11.00	75.29	—	—	—	—	11.21	—	—	—	—	100.00
No. 19	0.35	0.24	23.78	63.89	6.27	—	1.42	0.67	1.19	2.19	—	—	—	—	100.00
No. 20	—	—	8.36	36.15	54.46	—	1.03	—	—	—	—	—	—	—	100.00
No. 21	—	—	0.39	1.51	73.84	—	—	—	—	24.26	—	—	—	—	100.00

注：“—”表示电子探针未对该元素进行检测。

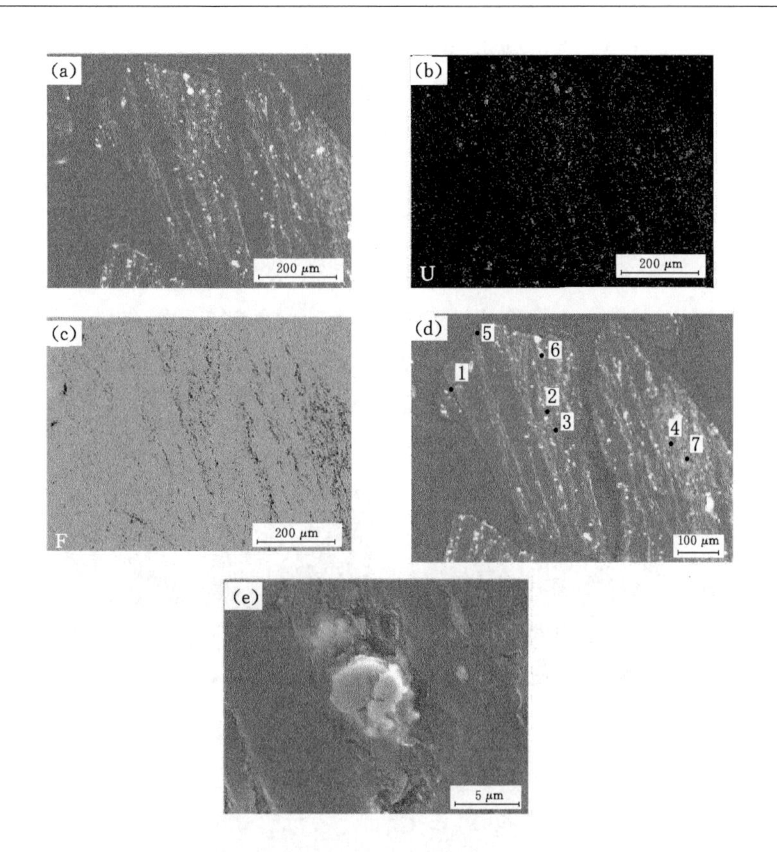

(a) 荣阳煤矿 6～13 mm 粒度级精煤的背散射图像;(b)和(c) 分别是图(a)的 U 和 F 的面扫结果;(d) 点分析的位置;(e) 含 U 矿物[图(d)中的点 3]。

图 3-11 荣阳 6～13 mm 粒度级精煤的 EMPA 分析

如图 3-11 所示,即使是相同矿物,不同形态的矿物中所含的伴生元素的种类也不相同。以黄铁矿为例,相对而言,大块状黄铁矿伴生元素种类一般较少,小的不规则状黄铁矿伴生元素种类较多,因为这种细粒黄铁矿在分选时不容易脱除,所以潜在危害更大。探针结果表明,黄铁矿除了与黏土矿物伴生之外,还与微量元素 Te、Xe 伴生,由于浮选重液是氯化锌,因此与黄铁矿和黏土矿物伴生的 Cl 可能来自浮选重液。黏土矿物与 V 元素等伴生,U 元素主要与锐钛矿(也可能是金红石)伴生。

为了研究煤中有害元素在显微煤岩组分上的分布特征,使用电子探针对不同显微煤岩组分进行有害元素的面分布的测定。首先选择需要进行面扫描的区域,设置面扫描的元素,扫描完成之后,得到目标元素的面分布图像,根据图像的亮度可以确定该元素的含量，亮度越高，含量越高，本次面扫描分析得到的图像代表元素的含量逐渐增加。对荣阳6～13 mm粒度级精煤进行F和U的面分布测试结果显示，F元素可能与黄铁矿（尤其是莓粒状黄铁矿）相关，U元素主要分布在基质镜质体中。元素含量分析表明，U元素主要赋存在锐钛矿（或者是金红石）中[表3-1(No.3)和图3-11(e)]。

(2) 荣阳6～13 mm粒度级中煤显微煤岩组分的微区分析

荣阳煤矿6～13 mm粒度级中煤电子探针微区半定量分析结果见表3-2，图3-12(c)中的点1～点3、图3-13(c)中的点4～点6的半定量分析结果分别见表3-2中的No.1～No.3和No.4～No.6。

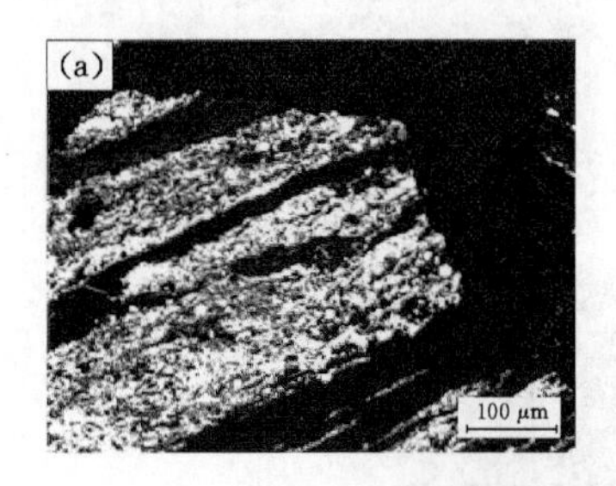

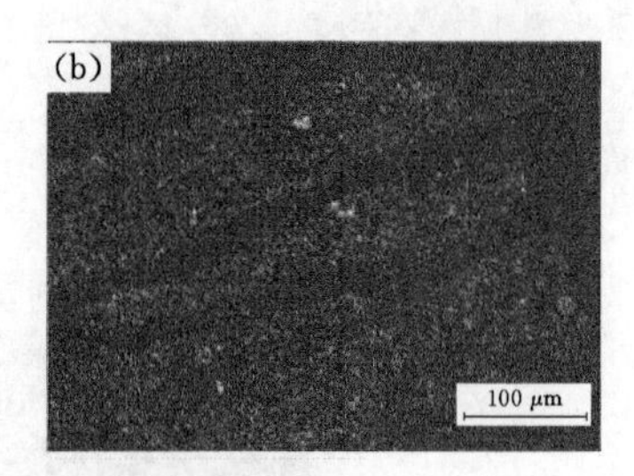

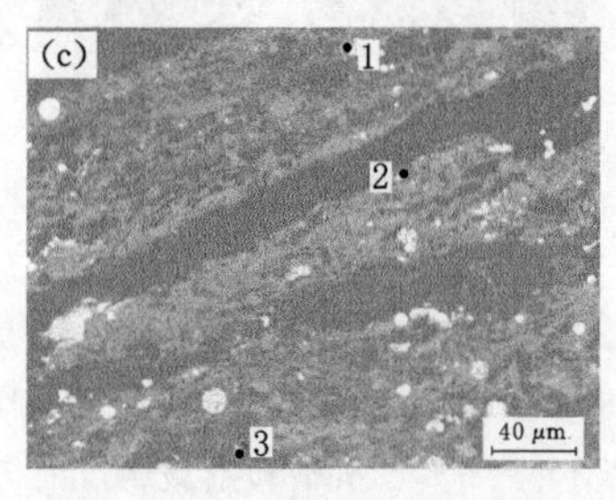

(a) 荣阳6～13 mm粒度级中煤的背散射图像；(b) 对图(a)中U元素的面扫描结果；
(c) 点分析的位置(点1～点3)。

图3-12 荣阳6～13 mm粒度级中煤的EMPA分析(一)

黏土矿物作为副矿物与锐钛矿（或者是金红石）伴生，另外还与少量元素Mg、Ca伴生（表3-2，No.1）。与黏土矿物伴生的微量元素还有U、La和Zr。U元素氧化物的含量变化范围从0.96%到8.20%。Zr元素氧化物的含量为1.77%～2.36%（表3-2，No.4～No.6）。La元素氧化物的含量为0.33%（表3-2，No.2）。另外，黄铁矿中也伴生了0.51%的Si氧化物（表3-2，No.8），0.09%的La氧化物和0.33%的Si氧化物（表3-2，No.7），1.23%的Si氧化物、0.04%的K氧化物、0.12%的Ca氧化物（表3-2，No.9）。

表 3-2 荣阳 6～13 mm 粒度级中煤显微煤岩组分微区分析

单位:%

编号	Na_2O	MgO	Al_2O_3	SiO_2	SO_3	Cl	K_2O	CaO	TiO_2	FeO	ZrO_2	La_2O_3	UO_2	总和
No. 1	—	0.29	8.63	27.19	2.29	—	1.56	0.24	55.94	3.87	—	—	—	100.01
No. 2	—	—	1.37	6.46	1.53	—	0.25	0.16	87.84	2.05	—	0.33	—	99.99
No. 3	0.37	0.19	9.77	32.39	3.09	—	1.88	0.42	49.12	1.81	—	—	0.96	100.00
No. 4	0.38	0.49	14.69	59.03	1.30	0.18	3.60	0.68	5.90	4.08	1.92	—	7.73	99.98
No. 5	0.35	0.51	14.84	61.08	2.41	0.27	3.13	0.65	4.90	3.80	1.77	0.22	6.06	99.99
No. 6	0.23	0.46	14.44	58.04	1.44	—	2.43	0.60	7.44	4.35	2.36	—	8.20	99.99
No. 7	—	—	—	0.33	72.94	—	—	—	—	26.64	—	0.09	—	100.00
No. 8	—	—	—	0.51	73.01	—	—	—	—	26.48	—	—	—	100.00
No. 9	—	—	—	1.23	72.06	—	0.04	0.12	—	26.55	—	—	—	100.00

注:“—”表示电子探针未对该元素进行检测。

对荣阳 6～13 mm 粒度级中煤的 U 元素的面分布测试结果显示，U 元素主要分布在基质镜质体中。元素含量分析表明，U 元素主要赋存在锐钛矿（或者是金红石）中[表 3-2，No. 3；图 3-12(c)，点 3]。

与黏土矿物伴生的铀钛矿[表 3-2，No. 4～No. 6 和图 3-13(c)，(d)]中 U 元素的粒度较小，大概为 1 μm，属于微细粒矿物。

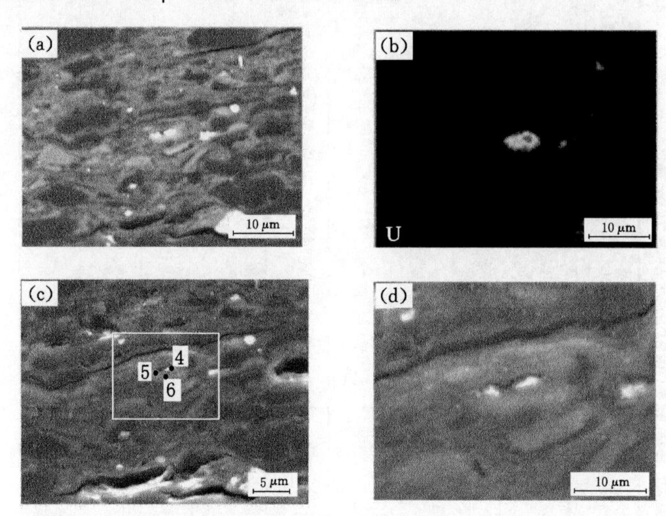

(a) 荣阳 6～13 mm 粒度级中煤的背散射图像；(b) 对图(a)中 U 元素的面扫描结果；
(c) 图(a)点分析的位置(点 4～点 6)；(d) 图(c)中标记区域的放大图。

图 3-13　荣阳 6～13 mm 粒度级中煤的 EMPA 分析(二)

(3) 荣阳 6～13 mm 粒度级原煤显微煤岩组分的微区分析

荣阳 6～13 mm 粒度级原煤的电子探针微区半定量分析结果表明，U 元素与黏土和锐钛矿（或者是金红石）伴生（U 含量较低，电子探针检测到 U 元素峰）(表 3-3，No. 1)。

表 3-3　荣阳 6～13 mm 粒度级原煤的显微煤岩组分微区分析　　单位：%

编号	Na_2O	MgO	Al_2O_3	SiO_2	SO_3	Cl	K_2O	CaO	TiO_2	FeO	总和
No. 1	0.24	0.47	11.52	57.53	2.69	—	2.70	0.24	21.13	3.47	99.99
No. 2	0.22	0.32	7.46	13.52	1.51	0.10	1.29	3.09	65.21	7.29	100.01
No. 3	—	—	1.04	2.70	69.49	0.19	0.24	0.41	—	25.92	99.99
No. 4	—	—	7.66	50.50	20.36	—	2.12	—	9.06	10.30	100.00

注："—"表示电子探针未对该元素进行检测。

对 U 元素的面分布测试结果显示[图 3-14(b)],U 元素主要在基质镜质体部分亮度较高,表明煤中 U 元素主要分布在基质镜质体中,在均质镜质体中分布较少,并且锐钛矿作为副矿物的黏土矿物中发现少量的 U 元素[图 3-14(d);表3-3中 No. 1。由于 U 元素含量过低,只在波谱图上出现 U 元素峰]。

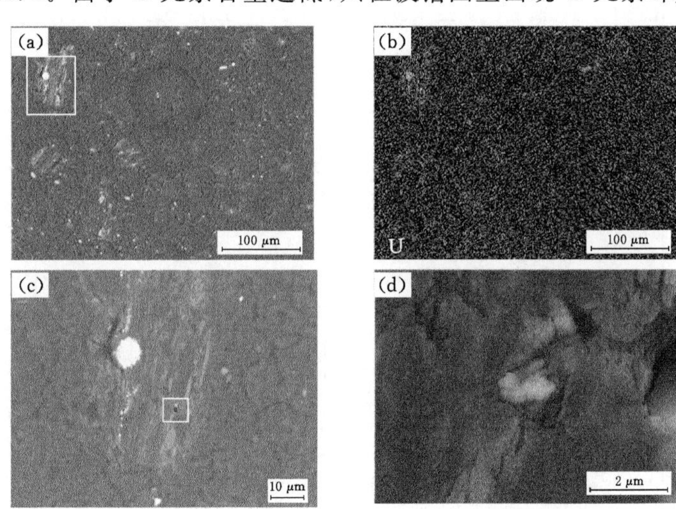

(a) 贵州荣阳 6～13 mm 粒度级原煤的背散射图像;(b) (a)的 U 元素面分布;
(c) (a)标记区域的放大图;(d) (c)标记区域的放大图。

图 3-14　荣阳 6～13 mm 粒度级原煤的 EMPA 分析

(4) 荣阳<0.5 mm 粒度级中煤显微煤岩组分的微区分析

荣阳煤矿<0.5 mm 粒度级中煤的电子探针微区半定量分析结果见表 3-4,图 3-15(d)中的点 1～点 3、图 3-16(d)中的点 4～点 6、图 3-17(d)中的点 11～点 13 的定量分析结果分别见表 3-4 中的 No. 1～No. 3、No. 4～No. 6、No. 11～No. 13。

通过对<0.5 mm 粒度级中煤的黏土矿物和黄铁矿进行微区分析,得出以下结论:

① 黄铁矿和黏土矿物中除了伴生 Na、Mg、P、K 和 Ca 等常量元素,也伴生了一些微量元素,例如 0.34%的 BrO(表 3-4,No. 2)和 0.16%的 SnO_2(表3-4,No. 4),锐钛矿伴生了 0.82%的 Nb_2O_5(表 3-4,No. 11)。

② U 元素主要赋存在黏土和黄铁矿的混合物(表 3-4,No. 7)、铀钛铁矿(表 3-4,No. 9)、作为副矿物与黏土矿物伴生的铀钛铁矿(表 3-4,No. 10)、锐钛矿(或者金红石)(表 3-4,No. 11)、黏土矿物(表 3-4,No. 12)、硅铁矿(表 3-4,No. 13)等中,U 元素的氧化物含量为 0.24%～17.14%。

表 3-4 荣阳<0.5 mm 粒度级中煤的显微煤岩组分微区分析

单位:%

编号	Na_2O	MgO	Al_2O_3	SiO_2	P_2O_5	SO_3	Cl	K_2O	CaO	TiO_2	MnO	V_2O_5	FeO	I	ZrO_2	ThO_2	BaO	La_2O_3	BrO	SnO_2	Nb_2O_5	UO_2	总和
No. 1	—	—	—	0.48	—	72.58	—	—	0.09	—	—	—	26.85	—	—	—	—	—	—	—	—	—	100.00
No. 2	—	—	—	0.74	—	73.05	—	—	0.11	—	—	—	25.75	—	—	—	—	—	0.34	—	—	—	99.99
No. 3	—	—	0.13	0.91	—	73.39	—	—	0.08	—	—	—	25.49	—	—	—	—	—	—	—	—	—	100.00
No. 4	0.14	—	4.44	14.38	—	58.56	—	1.06	0.05	—	—	—	21.21	—	—	—	—	—	—	0.16	—	—	100.00
No. 5	—	—	0.09	0.64	—	72.68	—	0.03	0.10	—	—	—	26.46	—	—	—	—	—	—	—	—	—	100.00
No. 6	—	—	1.41	6.12	—	65.11	—	0.33	0.09	—	—	—	26.93	—	—	—	—	—	—	—	—	—	99.99
No. 7	0.29	0.42	11.22	35.79	3.09	20.62	0.10	2.95	1.57	0.19	—	—	22.29	1.07	—	—	0.16	—	—	—	—	0.24	100.00
No. 8	0.29	0.44	12.34	42.57	1.59	15.34	0.11	3.48	2.08	—	0.30	0.44	19.58	0.94	—	—	0.08	0.41	—	—	—	—	99.99
No. 9	0.23	0.46	7.61	27.99	0.76	2.92	—	1.51	0.49	22.05	0.64	—	15.50	—	2.25	0.46	—	—	—	—	—	17.14	100.01
No. 10	0.41	0.45	14.4	47.33	—	1.47	—	3.19	0.41	10.79	0.46	—	12.16	0.17	1.63	—	—	—	—	—	—	7.13	100.00
No. 11	0.19	0.12	3.95	12.73	—	1.19	—	0.76	0.31	72.37	—	—	4.36	0.45	—	—	—	—	—	—	0.82	2.76	100.01
No. 12	0.46	0.29	15.58	55.63	—	1.04	0.14	3.43	0.54	3.7	—	—	16.12	—	—	—	—	—	—	—	—	3.07	100.00
No. 13	0.38	0.35	9.81	35.72	—	5.65	0.62	2.12	1.28	7.67	—	—	30.04	0.55	—	—	—	—	—	—	—	5.79	99.98

注:“—”表示电子探针未对该元素进行检测。

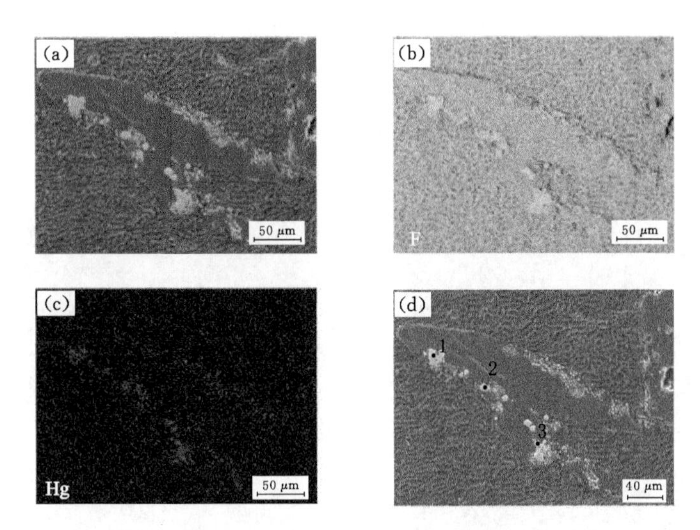

(a) 荥阳＜0.5 mm 粒度级中煤的背散射图像；
(b)和(c) 分别是图(a)的 F 和 Hg 的面扫描结果；
(d) 对图(a)进行点含量测定的位置图。

图 3-15　荥阳＜0.5 mm 粒度级中煤的 EMPA 分析(一)

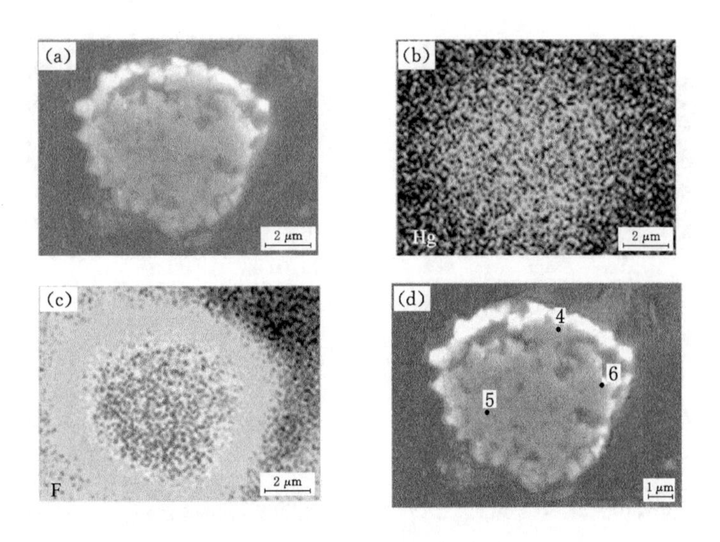

(a) 荥阳＜0.5 mm 粒度级中煤黄铁矿的背散射图像；
(b)和(c) 分别是图(a)中 Hg 和 F 的面扫描结果；
(d) 点含量测定位置(点 4～点 6 的元素含量见表 3-4)。

图 3-16　荥阳＜0.5 mm 粒度级中煤的 EMPA 分析(二)

③ 黏土矿物、黄铁矿和锐钛矿中伴生微量的 Cl 元素，但是 Cl 元素一般以有机态和离子交换态存在，因此，这些矿物中的 Cl 元素是由重液污染造成的。

对荣阳煤矿<0.5 mm 粒度级中煤进行 F、Hg 和 As 的面扫描分析[图 3-15(b)、(c)，图 3-16(b)、(c)，图 3-17(b)、(c)、(e)]，发现 F 和 Hg 在黄铁矿部分的

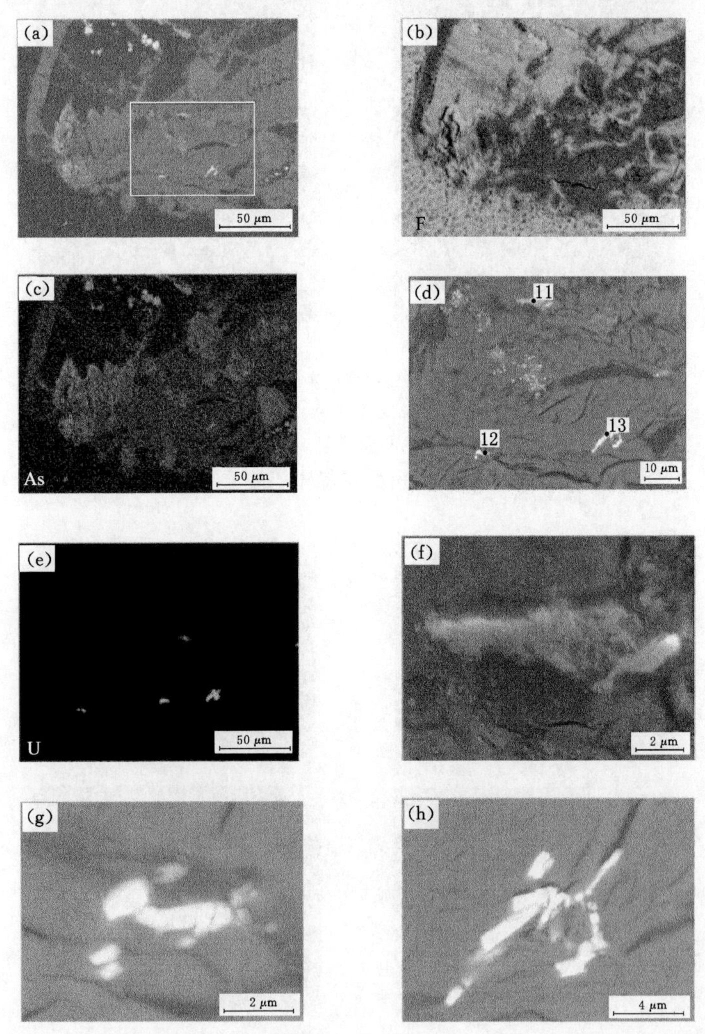

(a) 荣阳<0.5 mm 粒度级中煤的背散射图像；(b)，(c) 分别是 F 和 As 的面扫描结果；
(d) 图(a)标记区域的放大图和点分析位置；(e)图(d)中 U 元素的面扫描结果；
(f)，(g)，(h) 分别是图(d)中点 11～点 13 的放大图。

图 3-17　荣阳<0.5 mm 粒度级中煤的 EMPA 分析(三)

亮度较高，说明 F 和 Hg 的赋存可能与黄铁矿相关，有机组分中并未检测到 As、F 和 Hg，但是对黄铁矿进行元素含量测定也未检测到 As、F 和 Hg，可能是 As、F 和 Hg 的含量未达到电子探针的检出限。

煤中 U 元素的面扫描结果显示，U 元素主要赋存在基质镜质体上的矿物中，锐钛矿（或者金红石）[表 3-4，No. 11；图 3-17(f)]、钛铁矿[表 3-4，No. 12～No. 13；图 3-17(g)，(h)]中，其中钛铁矿中的 U 元素含量要高于锐钛矿中的 U 元素含量。另外对煤样中的 F 和 Hg 做了面扫描分析，面分布结果见图 3-18。

(a) 荥阳<0.5 mm 粒度级中煤的背散射图像；(b)，(c) 分别是 F 和 Hg 的面扫描结果。

图 3-18　荥阳<0.5 mm 粒度级中煤的 EMPA 分析（四）

3.3.2　热水河煤的微区分析

（1）热水河 6～13 mm 粒度级（密度级<1.4 kg/L）煤显微煤岩组分的微区分析

热水河 6～13 mm（密度级<1.4 kg/L）煤的电子探针微区半定量分析结果如表3-5所示，图 3-19(a) 中的点 1～点 4 的半定量分析结果见表 3-5 中的 No. 1～No. 4。微区分析的结果显示，在黏土矿物中未检测到 Hg 元素（表 3-5，No. 2 和图 3-19），由于 Hg 元素的含量较低，仅仅检测到 Hg 元素的图谱，含 Hg 元素的黏土矿物的粒度较小（约 2 μm），属于微细粒矿物。

表 3-5 热水河 6～13 mm(<1.4 kg/L)煤的显微煤岩组分微区分析 单位:%

编号	MgO	Al_2O_3	SiO_2	SO_3	K_2O	FeO	CaO	Cl	总和
No. 1	3.07	17.7	44.1	1.34	0.15	33.64	—	—	100.00
No. 2	—	21.82	67.57	8.16	1.06	—	0.65	0.75	100.01
No. 3	—	0.90	92.22	6.88	—	—	—	—	100.00
No. 4	—	21.65	62.91	14.38	1.07	—	—	—	100.01

注:"—"表示电子探针未对该元素进行检测。

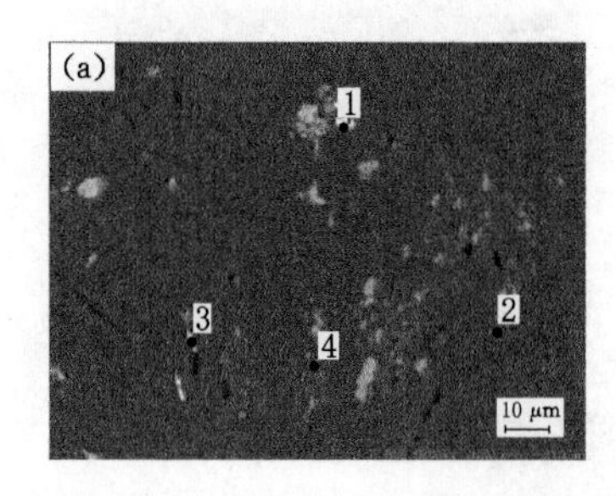

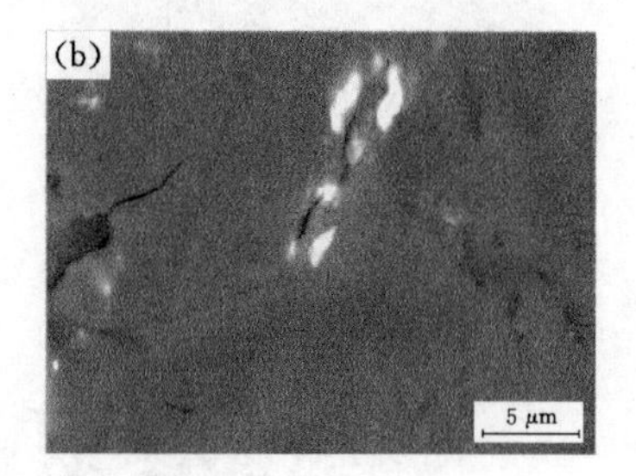

(a) 热水河 6～13 mm(<1.4 kg/L)煤的背散射图像和点分析的位置(点 1～点 4);

(b) 图(a)中点 2 的放大图。

图 3-19 热水河 6～13 mm(<1.4 kg/L)煤的 EMPA 分析

(2) 热水河 6～13 mm(密度级 1.7～1.8 kg/L)煤显微煤岩组分的微区分析

热水河 6～13 mm(密度级 1.7～1.8 kg/L)粒度级煤的电子探针微区半定量分析结果见表 3-6。图 3-20(a)中点 1～点 3 的半定量分析结果分别见表 3-6 中的 No. 1～No. 3。

在与黏土矿物伴生的条带状黄铁矿中检测到 Hg 元素[表 3-6 中的 No. 2 和图 3-20(a)中的点 2],由于 Hg 元素含量较低,Hg 的峰仅出现在波谱图中,并未在定量分析的结果中显示,黄铁矿充填在煤的裂隙中,可以推断赋存 Hg 元素的黄铁矿属于后生成因。

(3) 热水河 6～13 mm 粒度级原煤显微煤岩组分的微区分析

热水河 6～13 mm 粒度级原煤的电子探针微区半定量分析结果如表 3-7 所示,原煤中矿物的类型包括石英、硅酸盐矿物等,可能由于微量元素的含量较低,未达到电子探针的检出限,并未检测到微量元素。

表 3-6 热水河 6～13 mm(1.7～1.8 kg/L)煤的显微煤岩组分微区分析 单位:%

编号	MgO	Al_2O_3	SiO_2	SO_3	Cl	K_2O	CaO	FeO	总和
No.1	1.76	8.93	37.45	20.31	—	—	1.24	30.31	100.00
No.2	2.01	12.57	30.57	14.99	0.64	0.4	1.58	37.24	100.00
No.3	—	1.96	90.46	4.96	—	0.27	0.26	2.09	100.00
No.4	—	—	—	90.05	—	—	2.41	7.54	100.00
No.5	—	0.27	97.53	0.43	—	—	0.11	1.66	100.00
No.6	—	6.17	79.79	9.76	—	1.3	0.35	2.64	100.01
No.7	—	1.59	82.15	14.44	—	—	0.32	1.49	99.99

注:“—”表示电子探针未检测到该元素。

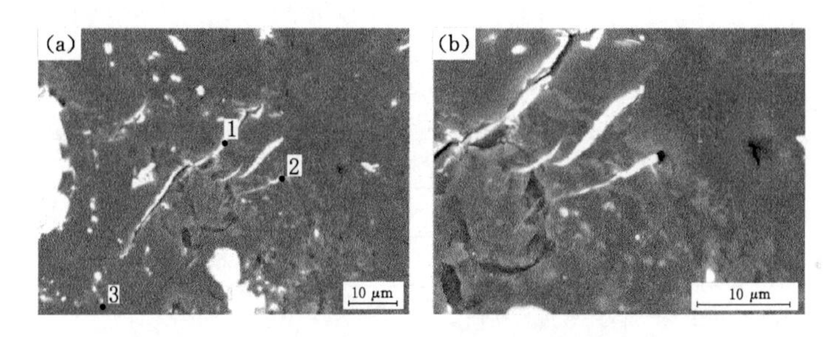

(a) 热水河 6～13 mm(1.7～1.8 kg/L)煤的背散射图像和点分析的位置;
(b) (a)的局部放大图。

图 3-20 热水河 6～13 mm(1.7～1.8 kg/L)煤的 EMPA 分析

表 3-7 热水河 6～13 mm 粒度级原煤的显微煤岩组分微区分析 单位:%

编号	Al_2O_3	SiO_2	SO_3	Cl	CaO	FeO	总和
No.1	—	—	28.45	—	60.24	11.31	100.00
No.2	15.26	48.05	33.80	2.89	—	—	100.00
No.3	16.16	60.76	23.08	—	—	—	100.00
No.4	3.48	73.26	20.32	—	2.93	—	99.99
No.5	3.49	16.49	51.49	4.64	2.49	21.40	100.00
No.6	13.52	39.14	47.34	—	—	—	100.00

注:“—”表示电子探针未对该元素进行检测。

(4) 热水河煤矿分层样 R1 显微煤岩组分的微区分析

云南镇雄热水河煤矿分层样 R1 的电子探针微区半定量分析结果如表 3-8

所示，原煤中矿物的类型包括黄铁矿和黏土矿物等，并在黄铁矿和黏土矿物中分别检测到0.13%的La元素(No.3)和Pb元素(No.5和No.6)。另外，对煤样中黄铁矿中的As元素、F元素和Hg元素做了面扫描分析，面分布结果见图3-21，As元素、Hg元素和F元素的亮度较低，说明这些黄铁矿不含As元素、Hg元素和F元素。

表3-8　热水河煤矿分层样R1显微煤岩组分微区分析　　单位：%

编号	Al_2O_3	SiO_2	P_2O_5	SO_3	Cl	K_2O	CaO	FeO	PbO_2	La_2O_3	总和
No.1	0.05	—	9.61	58.95	—	—	10.75	20.64	—	—	100.00
No.2	—	—	2.27	69.76	—	—	2.71	25.26	—	—	100.00
No.3	0.07	—	0.27	73.30	—	—	0.24	26	—	0.13	100.01
No.4	—	—	—	73.35	—	—	0.06	26.59	—	—	100.00
No.5	18.59	62.41	—	1.46	0.90	1.72	6.11	1.77	7.03	—	99.99
No.6	17.81	51.03	—	1.87	0.97	1.59	0.87	1.53	24.33	—	100.00
No.7	—	0.43	—	73.83	—	—	0.04	25.7	—	—	100.00
No.8	0.15	4.79	—	69.31	—	—	0.10	25.65	—	—	100.00

注："—"表示电子探针未对该元素进行检测。

(a) 分层样R1的背散射图像；(b)，(c)，(d) Hg、As和F的面扫描结果。

图3-21　热水河煤矿分层样R1的EMPA分析

(5) 热水河煤矿分层样夹矸1显微煤岩组分的微区分析

热水河煤矿分层样夹矸1的电子探针微区半定量分析结果如表3-9所示，图3-22(b)中的点1～点4的半定量分析结果见表3-9中的No.1～No.4。

表3-9　热水河煤矿分层样夹矸1的显微煤岩组分微区分析　　单位:%

编号	Na_2O	MgO	Al_2O_3	SiO_2	SO_3	K_2O	CaO	TiO_2	FeO	TeO_3	Sc_2O_3	La_2O_3	总和
No.1	0.08	0.32	5.93	21.21	53.07	1.20	0.16	0.55	17.49	—	—	—	100.01
No.2	—	—	—	—	73.59	—	—	—	26.24	—	0.05	0.11	99.99
No.3	0.09	0.23	4.55	22.42	52.59	1.24	0.19	0.59	18.10	—	—	—	100.00
No.4	0.15	0.41	9.14	33.30	39.44	2.00	0.23	0.74	14.39	0.20	—	—	100.00

注:“—”表示电子探针未对该元素进行检测。

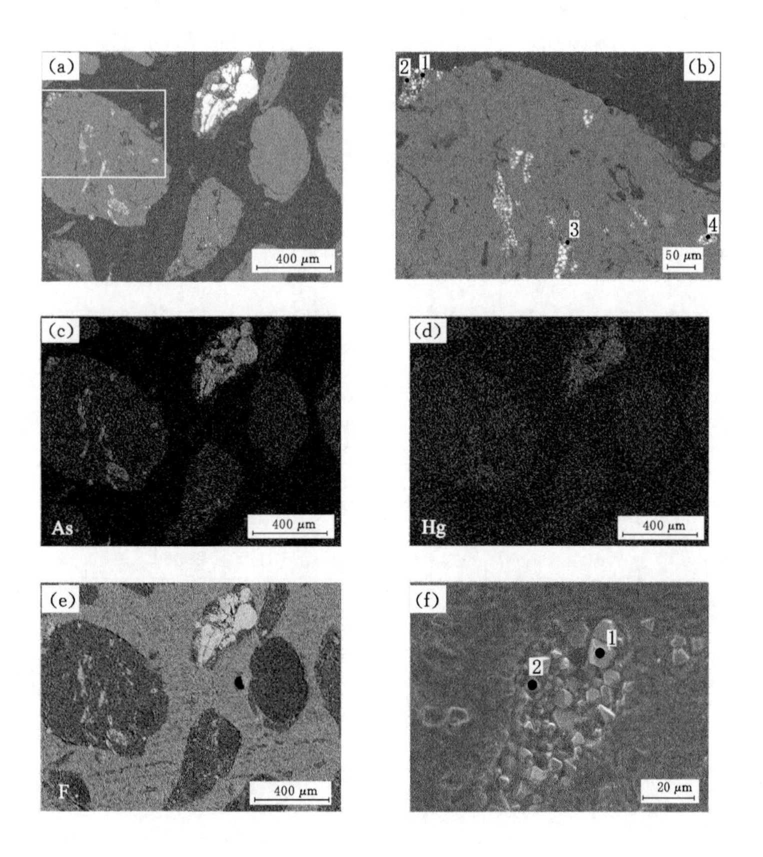

(a) 热水河煤矿分层样夹矸1的背散射图像;(b) 图(a)标记区域的放大图和点分析的位置(点1～点4);(c),(d),(e) 分别是图(a)的As、Hg、F的面扫描结果;(f) (b)标记区域的放大图。

图3-22　热水河煤矿分层样夹矸1的EMPA分析

对煤中的自形晶状黄铁矿进行微区分析结果显示，这些黄铁矿与黏土矿物伴生，并且含有微量的 Na、Mg、K、Ca、Ti 等元素，在这些自生黄铁矿中检测到 0.05%的 Sc_2O_3、0.11%的 La_2O_3[图 3-22(f)；表 3-9，No. 2]。

对热水河煤矿分层样夹矸 1 中的 As、F、Hg 进行面扫描分析，As、F 和 Hg 在黄铁矿中的亮度较高，证明 As、F 和 Hg 有可能赋存在黄铁矿中。并在图 3-22(b)的黄铁矿中(点 1)检测到 Hg 元素和 As 元素(点 2)，其中图 3-22(f)为图 3-22(b)标记区域的放大部分，但是由于 As 和 Hg 元素的含量相对较低，只在波谱图中检测到 As 和 Hg 的峰。

(6) 热水河煤矿分层样 R9 显微煤岩组分的微区分析

热水河煤矿分层样 R9 的电子探针微区半定量分析结果如表 3-10 所示。黄铁矿除了与黏土矿物伴生外，在黄铁矿中还检测到 0.12%的 I 和 0.08%的 Cs_2O(表 3-10，No. 3)；V 元素与黏土矿物伴生(表 3-10，No. 5)；对方解石进行微区分析，方解石中含有一些常量元素 Mg、Al、Si、S、Mn、Fe 等。

表 3-10　热水河煤矿分层样 R9 的显微煤岩组分微区分析　　单位：%

编号	MgO	Al_2O_3	SiO_2	SO_3	K_2O	CaO	V_2O_5	MnO	FeO	I	Cs_2O	总和
No. 1	—	6.27	23.96	59.9	0.67	—	—	—	9.2	—	—	100.00
No. 2	—	—	—	74.51	—	—	—	—	25.49	—	—	100.00
No. 3	—	—	0.54	74.08	—	0.06	—	—	25.11	0.12	0.08	99.99
No. 4	—	—	—	74.14	—	—	—	—	25.86	—	—	100.00
No. 5	2.94	15.82	40.48	—	0.12	0.91	0.85	—	38.87	—	—	99.99
No. 6	3.10	15.67	41.31	—	—	0.82	—	—	39.1	—	—	100.00
No. 7	0.53	1.77	14.5	0.59	—	77.99	—	—	4.61	—	—	99.99
No. 8	1.48	4.57	9.30	—	—	70.61	—	1.4	12.64	—	—	100.00
No. 9	0.49	—	—	—	—	92.12	—	3.38	4.01	—	—	100.00
No. 10	—	0.70	2.41	71.23	—	0.1	—		25.56	—	—	100.00
No. 11	—	—	3.51	71.6	—	0.37	—		24.52	—	—	100.00

3.4　不同选煤产品的 TEM 分析

对干河煤矿的原煤、浮选精煤和尾煤进行场发射透射电镜＋能谱分析，从而分析煤中有害元素在不同选煤产品的赋存状态。一般来讲，TEM 图像中，不同原子的衬度各异，即轻原子的颜色较浅，重原子的颜色较深，因此，图像颜色较轻的一般为有机质;颜色较深的为金属离子,可能为有害元素的载体矿物。

(1) 干河原煤的 TEM 分析

干河原煤的 TEM 图像和对应的能谱分析结果分别见图 3-23 和表 3-11,从表 3-11 可知,TEM 下观测到的主要是有机质,伴生的矿物元素主要是 Mg、Al、Si、S、K、Fe。被有机质包裹的无机矿物粒度小于 200 nm(图 3-23),矿物主要是黏土类[图 3-23(a),(b),(c),(d),(e),(f)]和黄铁矿[图 3-23(b),(c)],图 3-23(a),(d),(e)中的煤中 S/Fe 原子比远高于 2,说明硫可能以有机硫的形式存在。

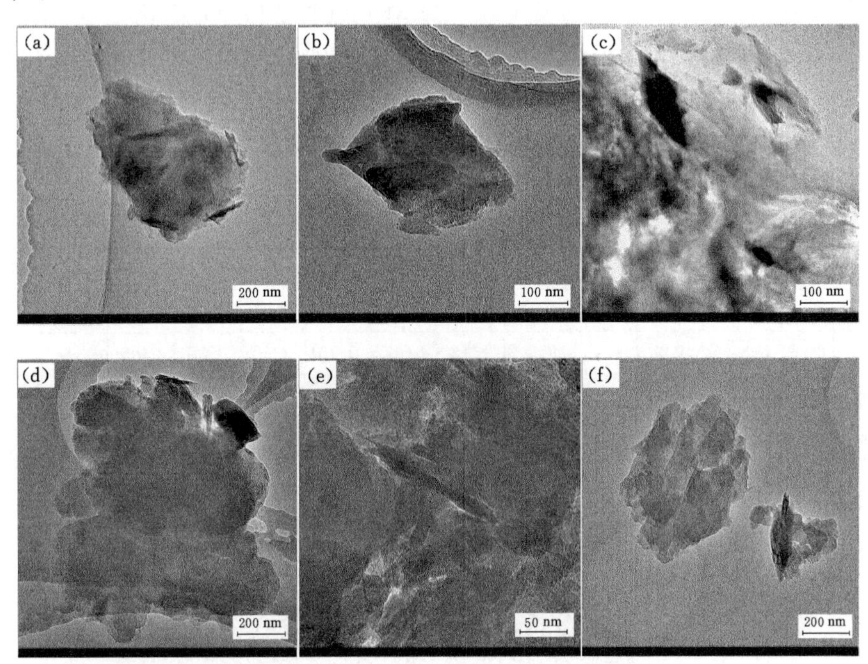

图 3-23 干河原煤的 TEM 图像

表 3-11 干河原煤的能谱定量分析 单位:%

编号	C	O	Mg	Al	Si	S	K	Fe
a	90.88	5.31		0.56	1.04	1.94	0.19	0.05
b	70.51	21.65		1.15	1.63	1.94	0.4	2.68
c	49.52	28.22	0.27	3.91	5.10	5.87	0.74	6.33
d	70.10	17.63	0.16	3.61	4.64	2.39	0.71	0.72

表 3-11(续)

编号	C	O	Mg	Al	Si	S	K	Fe
e	83.48	9.77	0.00	1.87	2.89	1.48	0.42	0.04
f	83.75	11.22	0.05	2.01	2.43	0.14	0.36	

注:单位指原子数百分比。

(2) 干河精煤的 TEM 分析

经过浮选,精煤除了伴生 Mg、Al、Si、S、K、Ca、Ti、Fe 之外,还伴生有害元素 V、Cr 和 U 元素,具体数值见表 3-12。TEM 观测到精煤中含有矾云母[图 3-24(a),a1,a2],以类质同象混入 Cr 和 Fe 元素等;白云石[图 3-24(a),a3]中伴生了 V 元素;铀钛矿和黏土矿物[图 3-24(b)]伴生,其中 S 元素可能为有机硫,这些有害元素的载体矿物粒度为纳米级别,而且被有机质包裹,浮选也难以脱除。

表 3-12　干河精煤的能谱定量分析　　单位:%

编号	C	O	Mg	Al	Si	S	K	Ca	Ti	V	Cr	Fe	U
a1	90.39	5.76	0.02	0.94	1.58	0.91	0.16		0.06	0.06	0.08		
a2	67.99	18.51	0.28	4.19	6.57	1.13	0.67	0.10		0.30	0.05	0.14	
a3	42.29	35.68	10.49	0.16	0.00	0.21	0.00	11.06		0.03		0.05	
b	84.34	7.82		2.92	2.90	1.35			0.59			0.00	0.08

注:单位指原子数百分比。

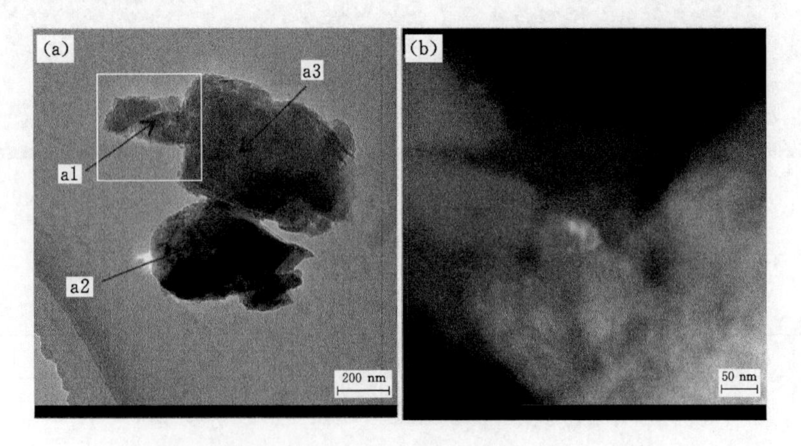

(a) 干河精煤的 TEM 图像;(b) (a)标记区域的放大图。

图 3-24　干河精煤的 TEM 图像

(3) 干河尾煤的 TEM 分析

干河尾煤的 TEM 图像和对应的能谱定量分析结果分别见图 3-25 和表 3-13,结果表明,尾煤中的矿物主要是黏土类矿物[图 3-25(a),(b),(d),(e)]、黄铁矿[图 3-25(c),(d),(f)]和方解石[图 3-25(d)],图像显示出 S/Fe 比值[图 3-25(a),(b),(e)]远大于 2 的煤颗粒,说明 S 元素以有机硫的形式存在。

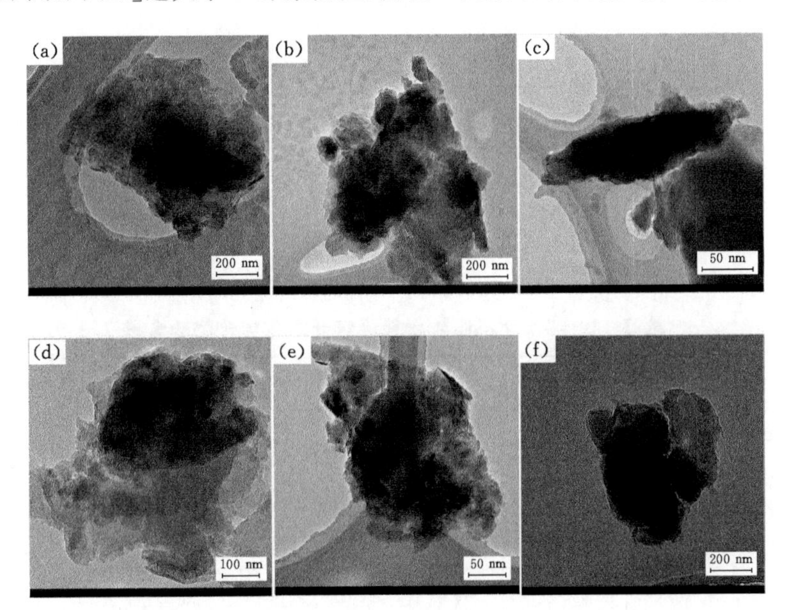

图 3-25 干河尾煤的 TEM 图像

表 3-13 干河尾煤的能谱定量分析 单位:%

编号	C	O	Mg	Al	Si	S	K	Ca	Fe
a	78.68	11.61		2.17	3.34	3.48	0.60		0.09
b	82.47	10.49		1.92	2.49	1.96	0.42		0.21
c	54.09	25.63		0.57	0.84	0.64	0.18	17.64	0.37
d	77.34	7.16		0.76	1.45	9.15	0.14	0.02	3.93
e	83.26	8.95	0.02	1.80	2.65	2.62	0.40	0.12	0.13
f	67.68	7.97		0.27	0.63	15.68		1.14	6.60

注:单位指原子数百分比。

3.5 高硫煤中矿物的分选分配

3.5.1 不同粒度级煤中矿物含量

(1) 热水河煤中矿物定量分析

热水河不同粒度级煤低温灰中矿物的含量见表 3-14。XRD 数据表明:6～13 mm、3～6 mm 和 0.5～3 mm 粒度级煤的低温灰中矿物主要组成为石英、钠长石,以及少量的方解石、黄铁矿、高岭石和斜绿泥石;但是<0.5 mm 粒度级煤低温灰中矿物主要是石英和方解石,以及少量的钠长石、黄铁矿、高岭石和斜绿泥石。

表 3-14 热水河不同粒度级原煤低温灰中矿物的含量 单位:%

原煤粒度级	产率	低温灰产率	石英	钠长石	方解石	黄铁矿	高岭石	斜绿泥石
6～13 mm	33.82	41.55	53.39	32.49	2.14	4.02	3.50	4.46
3～6 mm	27.78	34.66	46.97	33.26	5.70	5.90	3.67	4.50
0.5～3 mm	22.44	28.81	55.70	20.80	7.98	4.20	7.34	3.98
<0.5 mm	15.94	24.81	54.30	7.98	28.42	3.18	5.10	1.02

(2) 荣阳煤中矿物定量分析

XRD 数据表明,荣阳煤中的矿物主要包括石英、黄铁矿、白铁矿、方解石、锐钛矿、伊利石、高岭石,另外还有少量的针绿矾、烧石膏、粒铁矾、石膏、白云石、金红石、菱铁矿(表 3-15)。由图 3-26 可知,<0.5 mm 粒度级原煤的矿物含量远高于 6～13 mm 粒度级原煤的矿物含量,<0.5 mm 粒度级的精煤的矿物和中煤的矿物如石英、方解石、黄铁矿、白铁矿、锐钛矿、高岭石、伊利石都远远低于原煤的,说明通过重选可以分离<0.5 mm 粒度级精煤和中煤的矿物,最后这些矿物可能富集在尾煤中;6～13 mm 粒度级煤的矿物如石英、黄铁矿、白铁矿、高岭石、伊利石富集在中煤和尾煤中,精煤的矿物含量较低,说明通过重选可以有效地脱除精煤中的矿物,但是难以分离中煤的矿物。

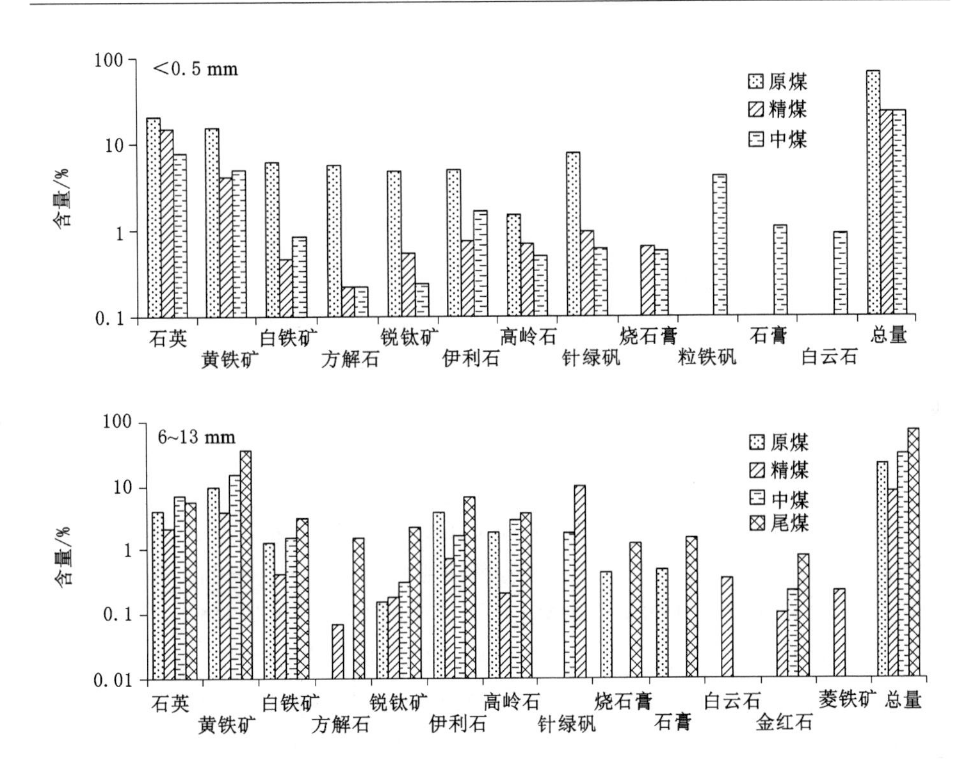

图 3-26　<0.5 mm 和 6～13 mm 粒度级荥阳选煤产品中的矿物含量

表 3-15　<0.5 mm 和 6～13 mm 粒度级荥阳选煤产品中的矿物含量　单位:%

矿物	<0.5 mm			矿物	6～13 mm			
	原煤	精煤	中煤		原煤	精煤	中煤	尾煤
石英	21.00	15.08	7.83	石英	4.13	2.11	6.81	5.60
黄铁矿	15.38	4.09	4.99	黄铁矿	9.65	3.74	14.74	34.13
白铁矿	6.24	0.47	0.87	白铁矿	1.32	0.41	1.50	3.05
方解石	5.64	0.22	0.22	方解石	0.00	0.07	0.00	1.51
锐钛矿	4.87	0.55	0.24	锐钛矿	0.15	0.18	0.31	2.18
伊利石	5.04	0.75	1.71	伊利石	3.73	0.73	1.63	6.42
高岭石	1.53	0.71	0.50	高岭石	1.84	0.21	2.86	3.74
针绿矾	7.82	0.96	0.63	针绿矾	0.00	0.00	1.80	9.81
烧石膏	0.00	0.65	0.58	烧石膏	0.44	0.00	0.00	1.20
粒铁矾	0.00	0.00	4.24	粒铁矾	0.00	0.00	0.00	0.00

表 3-15(续)

矿物	<0.5 mm			矿物	6～13 mm			
	原煤	精煤	中煤		原煤	精煤	中煤	尾煤
石膏	0.00	0.00	1.09	石膏	0.48	0.00	0.00	1.51
白云石	0.00	0.00	0.90	白云石	0.00	0.36	0.00	0.00
金红石	0.00	0.00	0.00	金红石	0.00	0.10	0.23	0.78
菱铁矿	0.00	0.00	0.00	菱铁矿	0.00	0.24	0.00	0.00
矿物总量	67.51	23.48	23.81	矿物总量	21.74	8.14	29.89	69.94

3.5.2 不同粒度级煤中的显微煤岩组分

荣阳煤矿不同粒度级精煤和中煤的显微组分含量见表 3-16 和图 3-27。煤中有机显微组分主要是镜质组，其次是惰质组，壳质组含量较低。精煤和中煤的镜质组、惰质组和壳质组含量的变化不明显，但是矿物含量差别较大，在每一个粒度级，精煤的矿物明显比中煤的矿物含量低，说明通过选煤，可以有效地脱除无机矿物。重选产品的矿物以黄铁矿和黏土矿物为主，偶见石英和方解石。煤中黏土矿物的含量随着粒度级的减小呈减少趋势，精煤中黄铁矿的含量随着粒度级的减小呈降低趋势，中煤中的黄铁矿与精煤呈现相同的变化趋势。同一粒度级的精煤中的黄铁矿含量比中煤的黄铁矿含量有所降低，反映了通过物理选煤可以减少煤中黄铁矿的含量。

表 3-16 不同粒度级选煤产品(中煤和精煤)中显微组分含量 单位：%

粒度	选煤产品类型	镜质组	惰质组	壳质组	矿物				
					石英	方解石	黄铁矿	黏土	合计
6～13 mm	精煤	83.0	9.6	0.2	0	0.2	4.4	2.6	7.2
	中煤	81.6	8.6	0.0	0	0	7.2	2.6	9.8
3～6 mm	精煤	86.6	8.6	0.0	0	0	2.4	2.4	4.8
	中煤	77.8	10.0	0.0	2.2	0	7.2	2.8	12.2
0.5～3 mm	精煤	90.2	6.6	0.0	0	0	3.2	0	3.2
	中煤	77.8	12.0	0.8	0	0.2	7.4	1.8	9.4
<0.5 mm	精煤	87.0	10.8	0.2	0	0	1.8	0.2	2.0
	中煤	82.0	9.8	0.6	0	0	6.8	0.8	7.6

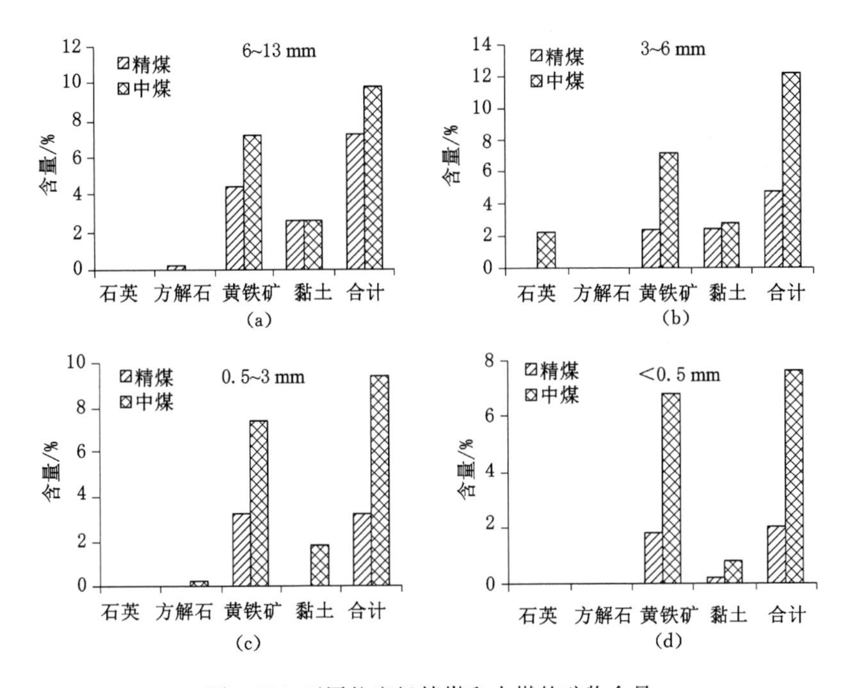

图 3-27 不同粒度级精煤和中煤的矿物含量

3.6 本章小结

运用偏光显微镜、扫描电镜、X射线衍射仪对研究区煤层中的矿物形态、类别和含量进行测试，并结合电子探针对显微煤岩组分进行微区分析，得出以下结论。

(1) 荥阳煤中的矿物类型主要为石英、黄铁矿、白铁矿、方解石、锐钛矿、伊利石、高岭石，另外还有少量的针绿矾、烧石膏、粒铁矾、石膏、白云石、金红石、菱铁矿等，其中黄铁矿的含量最高，黄铁矿类型比较多样，包括鲕状、莓粒状、自形晶状和半自形晶状、细粒状、胞腔充填型、放射状、脉状等。热水河煤中的矿物主要包括黄铁矿、白铁矿、石英、方解石、石膏和黏土等；干河煤中的矿物包括黄铁矿、黏土、铀钛铁矿、白云石等。从成因类型上来说，煤中矿物包括自生矿物、后生热液成因矿物以及泥炭聚集时期或成岩作用早期热液成因矿物。

(2) 对煤的显微组分进行微区分析发现，有害元素大部分赋存在矿物中，例如 U 主要赋存在黏土矿物、铀钛矿、铀钛铁矿中；As 和 Hg 主要赋存在黄铁矿中;V 和 La 赋存在黏土矿物和黄铁矿中;Sc 与黄铁矿伴生;Pb、Zr 赋存在黏土矿物中。这些矿物粒度较小,属于微细粒矿物,多为 10 μm 或者 50 nm 以下。

(3) XRD 测试表明,热水河煤中矿物含量随着粒度级减小而减小,荣阳<0.5 mm 粒度级原煤的矿物含量远高于 6～13 mm 粒度级原煤的矿物含量,<0.5 mm 粒度级精煤和中煤的矿物如石英、方解石、高岭石、伊利石、锐钛矿、白铁矿都得到有效脱除,6～13 mm 粒度级煤的矿物如石英、黄铁矿、白铁矿、高岭石、伊利石等富集在中煤和尾煤中,精煤的矿物含量有所降低。说明通过重选可以不同程度地脱除矿物,其中后生热液成因的矿物比较容易脱除,自生矿物和泥炭聚集阶段或成岩作用早期热液成因的微细粒矿物难以脱除。

4　高硫煤中有害元素地球化学特征

煤中微量元素地球化学研究的是微量元素的成因类型、富集机理、分布特征和赋存状态等。煤中微量元素的聚集和分布在成煤作用的各个阶段(泥炭化阶段、煤化作用阶段和成煤后的风化氧化阶段)都受到多种因素的控制。影响煤中微量元素聚集的地质地球化学因素主要包括:成煤植物的类型、源岩的类型、泥炭沼泽的类型、沉积环境、岩浆热液活动、构造活动、地下水以及成煤后期的风氧化作用等[13,15,30,42,79,194-196],这些因素都有可能导致煤中微量元素的富集,因此可以把煤中微量元素的富集成因类型归结为以下 6 种:陆源富集型、岩浆(热液)作用富集型、火山作用富集型、大断裂-热液作用富集型、沉积环境-生物作用富集型和地下水富集型[1]。中国西南地区煤中富集的有害元素一般来源于低温热液流体的侵入[15,79,197-199]。

对煤中微量元素的含量和分布特征进行研究,有助于评估煤炭在加工利用过程中对环境的污染程度和有益伴生元素的资源利用价值,对探讨煤中元素的成因机制有重要意义。煤中微量元素的成因类型和富集机理决定了煤中微量元素的赋存状态,煤中微量元素的赋存状态一般为无机和有机状态,煤中有害元素的赋存状态决定了其分选脱除的潜力,因此有必要对煤中赋存状态进行研究。中国西南部的煤具有高硫的特点,很多有害元素(如 As、Hg、Se、Pb 等)的赋存与煤中硫有关。本章对云南热水河和贵州荣阳地区煤中有害微量元素的含量、分布、赋存以及富集机理进行了探讨,从而为有效分选脱除有害元素提供科学根据。

4.1 样品采集和试验方法

4.1.1 样品采集

本章以云南省镇雄县热水河煤矿的上二叠统的 C_5^b 煤层、干河煤矿的吴家坪组煤和贵州省兴仁县荣阳煤矿的上二叠统龙潭组煤为研究对象，其中对热水河的 C_5^b 煤层进行了分层刻槽采样，共采取了16个分层样(图4-1)，包括1个顶板、2个夹矸、12个煤样和1个底板；对荣阳的龙潭组煤层和干河的吴家坪组煤采取了一个全煤层总样。

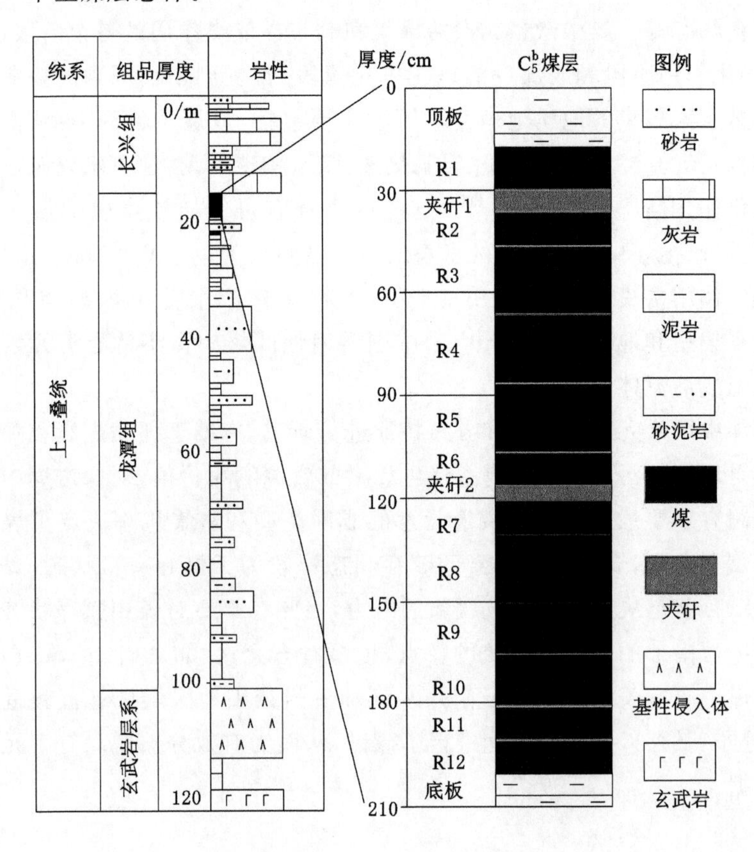

图 4-1　云南东北部龙潭组地层图[200]热水河煤矿 C_5^b 煤层

4.1.2 试验方法

水分、灰分和挥发分测定分别按照美国材料与试验协会标准《煤和焦炭样品分析中水分的标准试验方式》(ASTM D3173—2011)[201]、《煤和焦炭分析样品中灰分的标准试验方式》(ASTM D3174—2011)[202]、《煤和焦炭样品中挥发份的测试方法》(ASTM D3175—2011)[203]进行测定。全硫和各种形态硫的测定分别参照美国材料与试验协会标准《煤和焦炭样品中全硫的测试方法》(ASTM D3177—2002)[204]和《煤和焦炭样品中形态硫的测试方法》(ASTM D2492—2002)[205]。

使用电感耦合等离子体质谱(Thermo Fisher,X series II)测试煤中微量元素(除 Hg 和 F),首先把样品破碎至 200 网目以下,称取 0.05 g 样品进行硝解,煤样硝解使用 5 mL 65%的 HNO_3和 2 mL 40%的 HF 试剂,岩石样的硝解使用 2 mL 65%的 HNO_3和 5 mL 40%的 HF 试剂,样品硝解和微量元素测试按照文献[206]中的方法进行。使用装有碰撞反应池的电感耦合等离子体质谱(ICP-CCT-MS)对 As 和 Se 进行测定,可以有效地消除 Ar 基多原子离子$^{40}Ar^{35}Cl$和$^{40}Ar^{38}Ar$分别对^{75}As和^{78}Se产生的干扰[44]。采用原子吸收光谱法(使用 DMA-80 测 Hg 仪)对 Hg 进行测定,采用离子选择电极法对 F 进行测定[207]。

使用 X 射线荧光光谱仪(XRF,BRUKER S8 TIGER)测定煤中的常量元素,包括 SiO_2、TiO_2、Al_2O_3、Fe_2O_3、MgO、CaO、MnO、Na_2O 和 K_2O。制样方法:粉碎至 200 网目(74 μm)以下,105 ℃烘干 2 h,样品量为 10 g。扫描方式:顺序扫描式;硬件指标:功率 4 kW,最大电压 60 kV,最大电流 170 mA;元素检测范围:Be(4)~U(92)。

红外光谱仪(FTTR,Bruker,VERTEX 80 V)用来测定煤有机质中的官能团,固定样品以 KBr 压片;分辨率为 4 cm^{-1};累加扫描次数为 32 次;光谱范围为 4 000~400 cm^{-1}。

4.1.3 分步酸洗试验方法

选择干河浮选精煤进行酸洗实验,首先把样品破碎至 200 网目以下,按照文献[208]中的方法使用 HCl 和 HF 进行矿物质的脱除。本次试验使用两种方法对有害元素的脱除程度进行检测,酸洗步骤见图 4-2。方法 A 和方法 B 分别使用浓度为 2 mol/L 和 4 mol/L 的 HCl 对 3g 煤样品进行酸洗,时间为 24 h(每隔 2 h 放入超声波容器震荡 20 min),过滤、冲洗和干燥后得到 HCl 处理煤,然后使用浓度为 6 mol/L 的 HCl 和不同浓度的 HF 淋滤 24 h(每隔 2 h 放入超声波容器震荡 20 min),去除矿物后,得到残渣,称为 HCl-HF 处理煤。

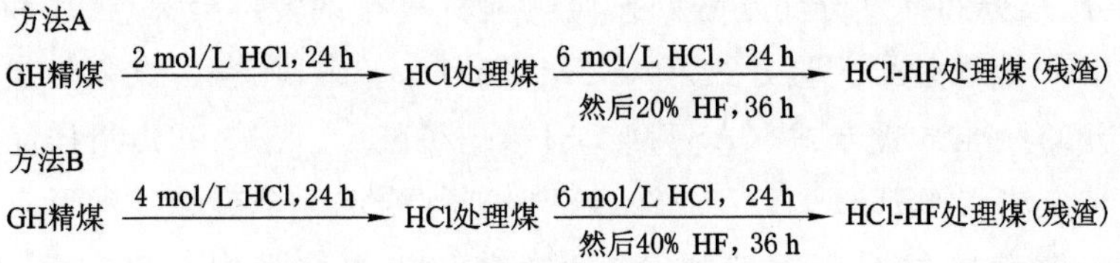

方法A

GH精煤 —2 mol/L HCl, 24 h→ HCl处理煤 —6 mol/L HCl, 24 h 然后20% HF, 36 h→ HCl-HF处理煤(残渣)

方法B

GH精煤 —4 mol/L HCl, 24 h→ HCl处理煤 —6 mol/L HCl, 24 h 然后40% HF, 36 h→ HCl-HF处理煤(残渣)

图 4-2　干河浮选精煤的分步酸洗步骤

4.2　工业分析

4.2.1　热水河和干河煤的工业分析

云南热水河煤矿 C_5^b 煤和砚山县干河煤的工业分析和硫分分析分别见表 4-1和表 4-2。热水河煤的挥发份为 15.1%,干河煤的挥发分为 12%左右,根据美国材料与试验学会标准《煤分级的标准分类》(ASTM D 388—2005)[209],热水河 C_5^b 煤和干河煤为低挥发份无烟煤。

表 4-1　热水河煤矿 C_5^b 煤的工业分析和硫分分析　　单位:%

岩性	样品号	工业分析			硫分分析	
		M_{ad}	A_d	V_{daf}	$S_{t,d}$	$S_{p,d}$
顶板	顶板	4.9	86.0	—	4.4	4.2
煤	R1	1.0	36.3	16.4	10.3	9.9
夹矸	夹矸 1	4.4	78.8	—	5.4	5.3
煤	R2	1.0	36.4	13.7	3.9	3.7
煤	R3	1.4	35.1	15.7	8.7	8.3
煤	R4	1.0	43.5	25.6	18.4	18.2
煤	R5	1.6	38.8	15.5	3.8	3.6
煤	R6	1.5	28.5	15.1	1.2	1.1
夹矸	夹矸 2	2.2	80.7	—	0.2	0.1
煤	R7	1.5	19.3	11.2	0.9	0.8
煤	R8	1.3	14.9	11.4	1.1	0.9
煤	R9	2.1	25.7	14.7	10.5	10.2

表 4-1(续)

岩性	样品号	工业分析			硫分分析	
		M_{ad}	A_d	V_{daf}	$S_{t,d}$	$S_{p,d}$
煤	R10	3.2	27.6	14.7	1.4	1.3
煤	R11	1.6	15.2	12.4	1.6	1.5
煤	R12	1.4	25.4	14.9	3.0	2.8
底板	底板	4.4	86.9	—	0.3	0.3

注:M—水分;A—灰分;V—挥发分;$S_{t,d}$—全硫;$S_{p,d}$—黄铁矿硫;ad—空气干燥基;d—干燥基;daf—干燥无灰基;"—"—未检测到。

国标《煤炭质量分级　第 1 部分:灰分》(GB/T 15224.1—2010)[210]规定,灰分大于 29%的煤划分为高灰煤,热水河 C_5^b 煤的灰分平均值为 29%,属于高灰煤,干河煤属于中灰煤;国际《煤炭质量分级　第 2 部分:硫分》(GB/T 15224.2—2010)[211]和 Chou[119]规定硫分大于 3%的煤属于高硫煤。热水河 C_5^b 煤的硫分均值为 5.4%,为高硫煤,黄铁矿硫的含量为 5.2%,占全硫含量的 95%以上,说明热水河煤矿的硫以黄铁矿硫为主,硫酸盐硫和有机硫的含量非常低。干河煤的全硫含量为 10%以上,属于高硫煤,以有机硫为主,有机硫含量为 9%以上,属于特高有机硫煤。

表 4-2　干河煤的工业分析和硫分分析　　单位:%

样品号	工业分析			硫分分析			
	M_{ad}	A_d	V_{daf}	$S_{t,d}$	$S_{p,d}$	$S_{s,d}$	$S_{o,d}$
干河样 1	0.80	24.20	12.61	11.80	2.11	0.02	9.67
干河样 2	0.52	23.37	11.60	12.37	1.85	0.01	10.51

注:$S_{s,d}$—硫酸盐硫;$S_{o,d}$—有机硫。

4.2.2　荣阳煤的工业分析

荣阳龙潭组煤的工业分析、各种形态硫的含量分布如表 4-3 所示。荣阳煤的挥发份为 8.90%,荣阳煤属于无烟煤。国标 GB 15224.1—2010[210]规定煤中灰分的含量 16.02%~29.00%,为中灰煤。荣阳煤中灰分为 19%,为中灰煤。荣阳煤的全硫含量为 5.44%,属于高硫煤,煤中硫以黄铁矿硫为主,黄铁矿硫的含量高达 4.19%,其次是有机硫,有机硫的含量为 1.06%,硫酸盐硫占的比例很低,含量仅为 0.19%。

表 4-3 荣阳龙潭组煤的工业分析、各种形态硫含量 单位:%

工业分析			各种形态硫含量			
M_{ad}	A_d	V_{daf}	$S_{t,d}$	$S_{p,d}$	$S_{s,d}$	$S_{o,d}$
2.6	19	8.9	5.44	4.19	0.19	1.06

4.3 高硫煤中的伴生元素

4.3.1 高硫煤中的常量元素

热水河煤中常量元素的含量见表 4-4,根据文献[79]统计的中国煤中常量元素的平均含量,热水河煤中的 SiO_2、Fe_2O_3、MnO 和 CaO 的平均含量高于中国煤的平均值,其余的常量元素包括 TiO_2、K_2O、Fe_2O_3、MgO、Na_2O 和 K_2O 低于或者接近中国煤的平均值。

(1) 热水河煤中的常量元素

表 4-4 热水河煤中常量元素含量 单位:%

样品号	SiO_2	TiO_2	Al_2O_3	Fe_2O_3	MnO	MgO	CaO	Na_2O	K_2O
顶板	44.44	3.82	28.75	6.25	0.028	1.33	0.73	0.46	2.38
R1	15.81	0.07	1.81	13.91	0.034	0.06	2.45	nd	0.06
夹矸 1	44.72	2.29	27.30	5.31	0.017	1.15	0.98	0.44	2.54
R2	29.93	0.09	2.46	4.93	0.022	0.17	1.59	0.04	0.09
R3	18.84	0.07	2.24	8.73	0.039	0.09	3.16	nd	0.06
R4	18.98	0.17	5.42	11.64	0.014	0.06	1.07	nd	0.11
R5	23.23	0.28	12.23	3.80	0.012	0.11	1.02	0.06	0.20
R6	12.87	0.17	5.37	1.46	0.045	0.14	3.15	0.06	0.13
夹矸 2	32.01	0.45	23.99	1.93	nd	0.18	0.21	0.10	0.20
R7	19.59	0.34	10.10	1.47	0.024	0.16	1.72	0.05	0.15
R8	11.41	0.28	4.13	0.69	0.016	0.04	1.12	0.06	0.07
R9	8.44	0.21	4.71	8.03	0.028	0.07	2.36	0.05	0.10
R10	12.92	0.57	9.88	4.31	0.038	0.23	3.01	0.05	0.15
R11	7.68	0.30	5.76	1.41	0.022	0.07	1.79	0.05	0.08

表 4-4(续)

样品号	SiO_2	TiO_2	Al_2O_3	Fe_2O_3	MnO	MgO	CaO	Na_2O	K_2O
R12	10.80	0.33	5.73	5.89	0.042	0.41	3.78	0.04	0.11
底板	41.47	6.47	34.65	1.92	nd	0.41	0.41	0.26	0.31
平均值	15.88	0.24	5.82	5.52	0.028	0.13	2.19	0.05	0.11
中国煤	8.47	0.33	5.98	4.85	0.015	0.22	1.23	0.16	0.19
CC	1.9	0.7	1.0	1.1	1.9	0.6	1.8	0.3	0.6

注:*CC*—富集系数,热水河煤中的常量元素含量平均值与中国煤中常量元素含量的比值。

(2) 荣阳煤中的常量元素

荣阳煤中常量元素的含量如表 4-5 所示[79],与中国煤中常量元素的平均值相比,除 K_2O 之外($CC=2.59$),煤中其余常量元素的含量均低于或接近中国煤。

表 4-5 荣阳煤与中国煤中常量元素含量及比较 单位:%

样品号	SiO_2	TiO_2	Al_2O_3	Fe_2O_3	MnO_2	MgO	CaO	Na_2O	K_2O
荣阳煤	7.26	0.35	4.13	5.98	0.011	0.17	0.23	0.11	0.49
中国煤	8.47	0.33	5.98	4.85	0.015	0.22	1.23	0.16	0.19
CC	0.86	1.07	0.69	1.23	0.75	0.79	0.19	0.68	2.59

注:*CC*—富集系数,荣阳煤中的常量元素含量平均值与中国煤中常量元素含量的比值。

4.3.2 高硫煤中微量元素含量的特征

(1) 热水河煤中的微量元素

Dai 等[198]提出了煤中微量元素富集程度的分类标准。$CC>100$ 为超常富集;$10<CC<100$ 为高度富集;$5<CC<10$ 为富集;$2<CC<5$ 为轻微富集;$0.5<CC<2$ 为正常水平,$CC<0.5$ 为亏损。

热水河煤中微量元素含量见表 4-6,按照 Dai 等[198]提出的富集系数计算方法,对热水河煤中有害元素的富集程度进行划分,热水河煤中的元素 Hg 为富集($5<CC<10$),元素 V、Co、Cu、Se、和 Th 为轻微富集($2<CC<5$),元素 F、Sb 和 Cs 亏损($CC<0.5$),煤中的 Be、Cr、Ni、As、Tl 和 U 接近世界煤均值,为正常水平($0.5<CC<2$);热水河煤中 As 和 Hg 含量为中国煤的 2.8 和 5 倍。

表 4-6　热水河煤中微量元素含量

单位：μg/g

样品	Be	F	V	Cr	Co	Ni	Cu	As	Se	Sb	Cs	Hg	Tl	Th	U
顶板	4.0	406.7	458.7	95.1	41.6	55.6	295.8	3.3	2.2	0.3	6.1	0.19	0.40	13.2	4.1
R1	0.8	8.7	12.4	5.1	39.2	22.0	10.3	15.3	6.3	0.3	0.3	2.64	1.50	1.6	0.7
夹矸 1	3.4	377.8	359.3	79.6	27.2	43.3	235.5	4.9	3.0	0.2	5.2	0.52	0.48	19.2	4.0
R2	0.5	26.8	109.3	9.7	25.2	32.6	35.6	2.3	2.1	0.1	0.4	0.24	0.07	3.2	0.8
R3	0.3	nd	nd	12.6	15.0	10.9	nd	12.8	nd	nd	0.9	1.66	1.15	1.6	0.7
R4	0.8	nd	nd	11.7	14.3	7.4	nd	44.3	nd	nd	1.1	2.84	1.53	4.6	1.5
R5	2.0	nd	nd	16.9	7.5	6.7	nd	12.8	nd	nd	1.5	0.35	0.18	13.0	3.5
R6	1.9	48.9	24.5	6.6	4.8	6.7	10.2	1.5	2.6	0.5	0.8	0.18	0.07	21.5	5.7
夹矸 2	5.2	150.4	44.6	9.8	3.3	7.7	18.1	0.9	0.6	0.4	2.2	0.08	0.10	16.7	7.9
R7	1.5	25.4	45.9	7.8	4.9	6.8	19.8	1.6	2.1	0.4	0.4	0.17	0.02	9.5	2.8
R8	1.3	33.4	26.8	9.4	9.4	10.9	19.5	2.3	5.8	0.1	0.1	0.21	0.05	4.9	1.2
R9	1.4	87.5	151.8	18.7	19.7	23.0	59.2	25.5	6.9	0.7	0.2	0.52	0.80	5.0	1.5
R10	1.9	50.1	351.1	39.2	9.4	16.1	169.1	3.2	4.2	0.6	0.9	0.24	0.20	11.3	3.6
R11	1.1	18.7	57.1	13.5	11.6	17.9	36.2	3.1	5.0	0.8	0.2	0.26	0.06	5.3	1.7
R12	0.8	16.8	111.1	19.1	27.5	114.8	67.6	5.3	8.1	0.5	0.3	0.46	0.08	4.5	1.6
底板	4.9	185.1	554.9	125.5	15.7	54.2	189.8	1.4	2.8	0.1	1.6	0.03	0.06	5.0	7.8
热水河煤	1.2	35.1	98.9	14.2	15.7	23.0	47.5	10.8	4.8	0.5	0.6	0.81	0.48	7.2	2.1
世界煤	2	82	28	17	6	17	16	8.3	1.3	1	1.1	0.1	0.58	3.2	1.9
CC	0.6	0.4	3.5	0.8	2.6	1.4	3.0	1.3	3.7	0.5	0.5	8.1	0.8	2.2	1.1

注：世界煤中微量元素的含量来自文献[212]。*CC*—富集系数，热水河煤中的常量元素和世界煤中微量元素的比值。nd：无数据；bdl：低于检出限。

(2) 干河煤中的微量元素

根据 Dai 等[198]提出的煤中微量元素富集标准，由表 4-7 可知，干河煤中的 U 元素超常富集($CC>100$)，V、Cr 和 Mo 元素高度富集($10<CC<100$)；Ni、Tl 元素($5<CC<10$)为富集；Cu 和 Cs 元素为轻微富集($2<CC<5$)；元素 Be、Sc、Co、Rb、Sr、Sb 和 Pb($0.5<CC<2$)的含量接近世界煤中的平均含量；Ba 和 Bi 元素亏损($CC<0.5$)，干河煤具有高 U-V-Cr-Mo 元素组合的特征。

表 4-7 干河煤中微量元素含量

样品号	Be	Sc	V	Cr	Co	Ni	Cu	Rb	Sr	Mo	Sb	Cs	Ba	Tl	Pb	Bi	U
干河样 1	1.11	3.12	603	344	5.7	121	41	17	116	138	1.07	3.9	34.7	7.5	15.7	0.37	173
干河样 2	1.97	4.09	532	202	6.3	70	22	17	111	153	0.45	2.0	37.9	2.3	9.4	0.31	230
平均值	1.54	3.61	568	273	6.0	96	32	17	114	145	0.76	2.9	36.3	4.9	12.6	0.34	201
CC	0.77	0.93	20	16	1.0	6	2	1	1	66	0.83	2.9	0.2	7.8	1.6	0.35	106

注：*CC*—富集系数，干河煤中的常量元素含量平均值中国煤中常量元素含量的比值。微量元素含量单位为 μg/g。

(3) 荥阳煤中的微量元素

从表 4-8 可知，荥阳煤中的 V、Mo 和 U 高度富集($10<CC<100$)；Cr、Co、Cu、Se 和 Ba 在荥阳煤中轻微富集($2<CC<5$)；F 元素为亏损($CC<0.5$)；As、Sb 和 Hg($0.5<CC<2$)的含量接近世界煤中的平均含量。与中国煤中微量元素相比[79]，荥阳煤中大部分微量元素(除 F 和 Sb 之外)高于中国煤，从图 4-3 可以看出来，荥阳煤具有高 U—V—Cr—Mo—Se 元素组合的特征。

表 4-8 荥阳煤和世界煤中微量元素的含量及比较

微量元素	F	V	Cr	Co	Ni	Cu	As	Se	Mo	Sb	Ba	Hg	U
荥阳煤	32.72	283	62.3	12.8	<46	59.5	6.3	5.28	87.5	0.52	348	0.18	70.5
世界煤	82	25	16	5.1	13	16	9	1.3	2.2	0.92	150	0.1	1.9
CC	0.40	11.32	3.89	2.51	nd	3.72	0.70	4.06	39.77	0.57	2.32	1.80	37.11

注：微量元素(除 F、As、Se)使用中子活化方法测试；世界煤中微量元素的含量来自文献[212]。*CC*—富集系数，荥阳煤中的常量元素和世界煤中微量元素的比值。微量元素含量单位为 μg/g。

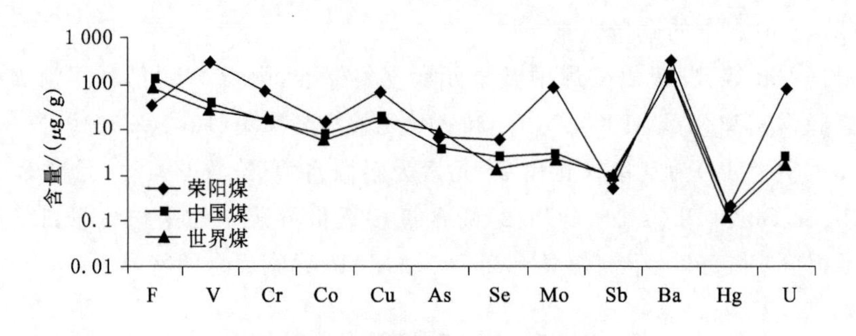

图 4-3 荣阳煤、中国煤(Dai 等[79])和世界煤(Ketris 和 Yudovich[212])中微量元素的含量

4.4 高硫煤中微量元素的分布特征

4.4.1 硫分分析

我国煤中硫含量与沉积环境关系密切,尤其与海水关系密切,海相和海陆交互相沉积形成的煤一般具有相对较高的硫含量,陆相沉积的煤硫含量一般较低[213-215]。热水河龙潭组煤为一套三角洲环境的海陆过渡相含煤建造,受沉积环境的影响,该研究区在成煤过程中除了受到大规模的海进海退影响,还受到小规模小范围的海进海退影响[177]。西南地区的煤中硫含量除了与沉积环境有关,还与后生热液有关。

对热水河煤中的灰分、硫分和伴生元素在垂向上的分布模式进行研究,从而探讨热水河煤中有害微量元素的成因类型。C_5^b 煤层中的全硫、黄铁矿硫和 Fe 元素、S 元素在垂向上呈现同步的变化,而且煤中黄铁矿硫的含量占全硫含量的 95%以上,因此可以认定 Fe 和 S 元素大部分来源于黄铁矿。

按照全煤层的岩性,全硫、黄铁矿硫的含量及在垂向上的变化等,把热水河 C_5^b 煤层在垂向上分成 3 个部分(图 4-4)。从煤层的垂向上看,全硫和黄铁矿硫在顶板和第 1 层夹矸的中间部位(R1)、第 1 层和第 2 层夹矸的煤层中间部位(R4)、第 2 层夹矸和底板之间的中间部分(R9)含量最高,而且从整个煤层看,呈现旋回式波动。云南东部的龙潭组煤在成煤后期受到了低温热液影响[31,79,200],另外在热水河 C_5^b 煤层中发现了脉状的方解石和黄铁矿,说明该煤层中的后生黄铁矿来自后生热液,另外,由于 C_5^b 煤层中的顶板、底板和夹矸都是

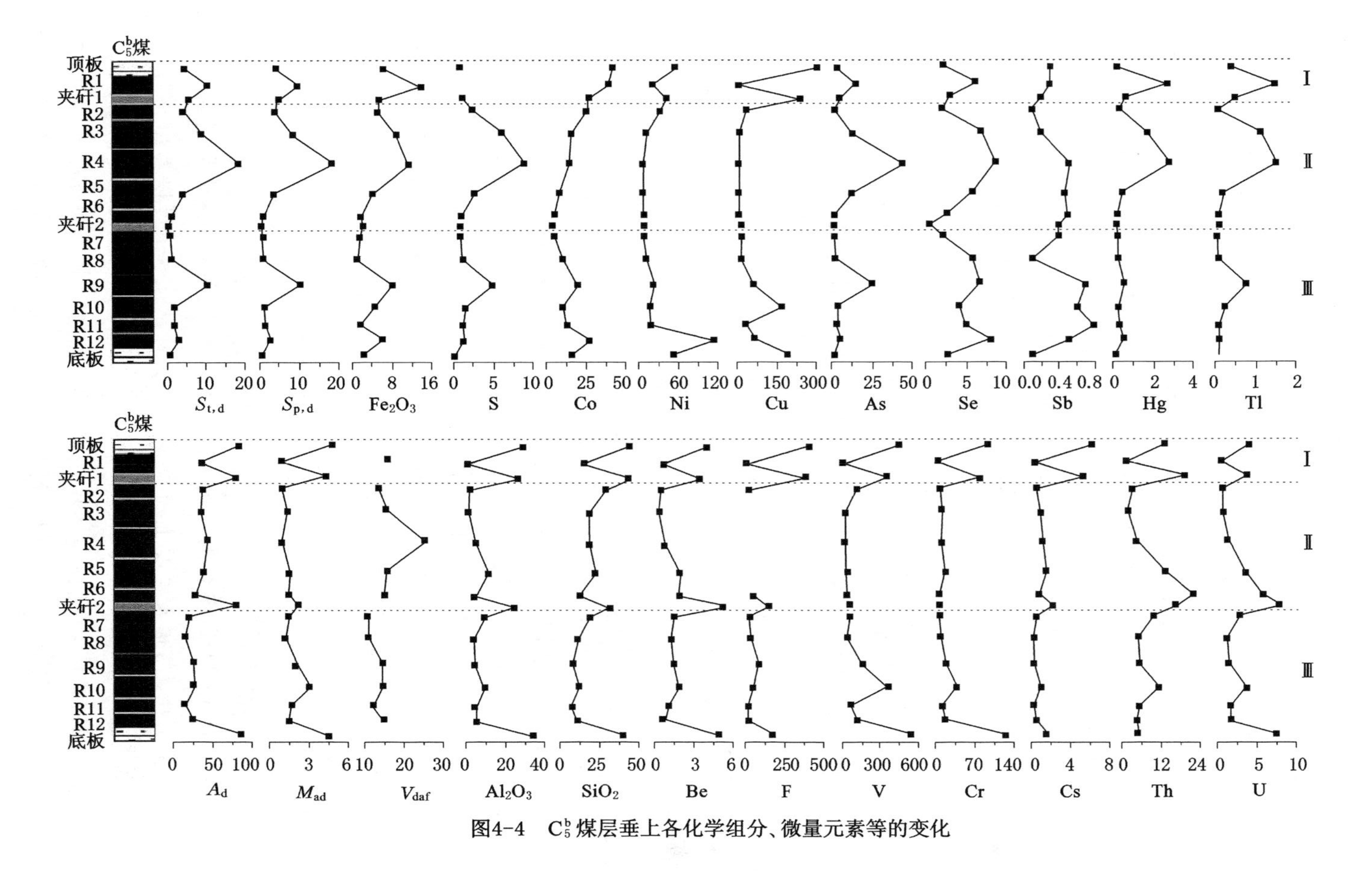

图4-4 C_5^b煤层垂上各化学组分、微量元素等的变化

致密泥岩和灰岩，其孔隙度、透水性和裂隙数量远远低于煤层，导致后生低温热液侵入煤层比较容易，因此煤层中的硫含量要高于顶板、底板和夹矸。在 C_5^b 煤层的第Ⅱ部分和第Ⅲ部分，从中部到夹矸和底板，泥炭沼泽泥质成分增加，导致成煤后煤中孔隙被泥质颗粒充填，受到后生热液的影响变小，所以出现煤中靠近夹矸或者底板的部分煤中全硫和黄铁矿硫、Fe 元素和 S 元素的含量较低，而在第Ⅱ部分和第Ⅲ部分的中间层位的含量较高。从煤岩学方面考虑，除了后生黄铁矿也观测到大量的自形晶状、鲕状和莓粒状的同生黄铁矿，只有在沉积环境中具有充分 SO_4^{2-} 的情况下才能形成这些黄铁矿，该研究区的成煤环境为海陆交互相，因此可以判定 C_5^b 煤中硫的成因受到了沉积环境和后生热液的双重作用。

在煤层的第Ⅲ部分，R12 分层中硫含量高于底板和上覆煤样中的硫含量。王文峰和秦勇[168]在研究安太堡 11 号煤时，位于煤层底部的煤分层中全硫含量较高，解释为上部受到周期性海水影响的煤分层，海水中的 SO_4^{2-} 下渗，使得上覆几个煤分层中的活性 Fe^{2+} 也向下迁移，而煤层底板具有封堵作用，阻止了离子的下渗，导致底部煤分层的硫含量较高。R12 煤分层中的下覆底板为泥岩，因此煤中的 SO_4^{2-} 和活性 Fe^{2+} 在 R12 分层聚集，导致该分层的全硫和硫酸盐硫的含量增高。

4.4.2 灰分分析

热水河 C_5^b 煤的 12 个分层中，5 个属于高灰分煤，6 个为中灰煤，1 个为低灰煤，煤中煤层上部的灰分含量要远远高于下部。常量元素中含量最高的 Si 和 Al 元素在垂向上的变化与灰分变化一致，说明矿物中很大一部分来自陆源碎屑。滇东、川南、黔西晚二叠世聚煤区，皆位于康滇古陆东侧[177]，因此为镇雄热水河煤中微量元素提供了物源基础。

4.4.3 微量元素

(1) As、Hg 和 Tl

煤中 As、Hg 和 Tl 含量的变化模式与 $S_{t,d}$、$S_{p,d}$、和 Fe_2O_3 非常接近，表明煤中的 Fe、As、Hg、Tl 很大程度上与黄铁矿相关。从图 4-4 可以看出，样品 R1、R4 和 R9 中的 As、Hg、Tl 含量较高，其中 As 和 Hg 在这 3 个分层高度富集，As 和 Hg 含量分别高达 15.3 μg/g、44.3 μg/g、25.5 μg/g 和 2.64 μg/g、2.84 μg/g、0.52 μg/g，其中，R1 位于顶板和夹矸的中间，R4 位于两个夹矸最中间的位置，

R9 位于夹矸和底板最中间的位置。这表明 As 和 Hg 在远离夹矸、顶板或者底板位置的煤样品中含量较高，例如 R4 距离最近的夹矸的位置为 40 cm，该样品中的 As 和 Hg 含量最高。顶板和夹矸中 As 和 Hg 的含量并不高，而且与亲石性元素的分布模式不同，因此可以判断煤中的 As 和 Hg 并不是来源于陆源碎屑，而是后生成因。

（2）Cu、Co、Ni 和 Se

从垂向上来看，煤中的 Cu、Co、Ni 和 Se 的含量与全硫和黄铁矿硫有相似的地方，但是这 4 种元素在顶底板和夹矸的层位含量也比较高，说明这几种元素具有较好的矿物亲和性，虽然它们都是亲硫性元素，但并不是全部赋存在黄铁矿中，也有部分赋存在黏土矿物中。

（3）其他微量元素

Be、F、V、Cr、Cs、Th 和 U 元素都是亲石性元素，其中 Be、F、V 和 Cr 虽然与灰分和 Si、Al 在垂向上的变化趋势一致，但是它们也与挥发分和水分的变化相似，一方面这几种元素具有水溶性，另一方面，这些元素除了赋存在黏土矿物中，也有一部分赋存在有机质中；Th 和 U 元素在垂向的变化趋势与灰分和挥发分一致，说明 Th 和 U 均匀赋存在有机组分和黏土矿物中。

4.5　高硫煤中元素的共生组合关系

研究煤中微量元素的赋存状态可以以直接分析和间接分析两种方式进行，聚类分析和相关性分析为间接分析的一种。本书通过聚类分析和相关性分析对煤分层中有害微量元素的共生组合关系进行研究，从而探讨有害元素的赋存特征。

4.5.1　聚类分析

通过系统聚类分析研究煤中伴生元素和微量元素的组合关系。聚类分析的统计量为相似性矩阵，聚类方法为组间连接，区间的相关性按照 Pearson（皮尔逊）相关性进行计算，标准化值为 1 的最大值，在相似距离为 15 的水平上得到 4 个组群（图 4-5）。

（1）组群 1，包括的元素为 As、Tl、Fe_2O_3、F、Hg、Pb、Se、MnO 和 CaO、V_{daf}、MgO、Co 和 Ni，主要是一些亲硫性元素。As 为亲硫性元素，它的无机化合物主要出现在硫化物或者含硫盐中，有机化合物主要是 As 与烃基形成的金属有机

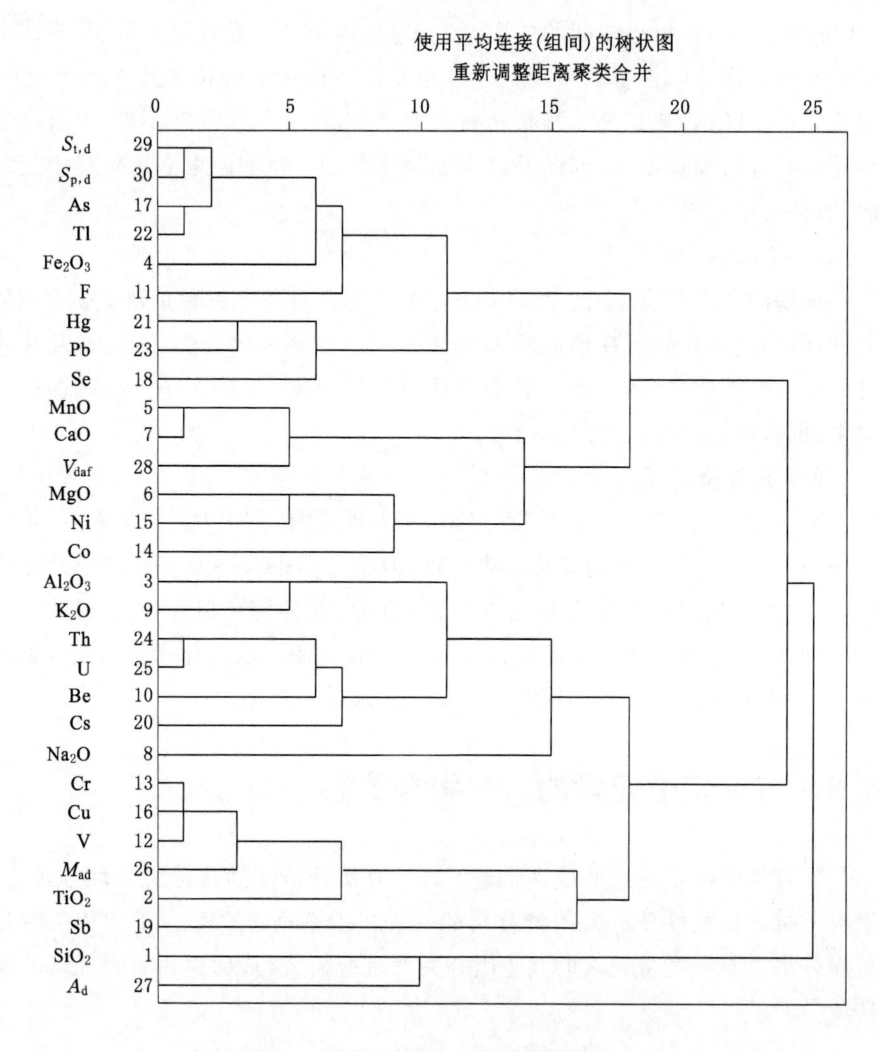

图 4-5　热水河 C_5^b 煤中元素聚类分析

化合物，As 与 $S_{t,d}$、$S_{p,d}$、Fe 和 V_{daf} 位于一个组群，说明元素 As 除了存在于硫化物矿物中，还在有机物中赋存，As 的地化性质与 Hg 相似，Hg 具有挥发性，而且黄铁矿是煤中 Hg 的主要载体；Pb 为亲硫性元素，主要是存在于硫化物中；Se 元素与 S 具有相似性，主要是赋存在黄铁矿中，也有以硒铅矿的形式存在；F 元素主要赋存在黏土矿物和氟磷灰石中，该组群中有 Ca 元素而无 Si 和 Al 元素，说明 F 元素存在于磷灰石而不是黏土矿物中，另外，也可能赋存在有机质中；Co 和 Ni 元素既有亲铁性也有亲硫性，可以与 Fe^{2+} 进行类质同象替换，Co 和 Ni 在煤中具有多种赋存状态，包括硫化物、硅酸盐和有机物，该组群中有 V_{daf} 和 $S_{t,d}$、$S_{p,d}$，因此煤中 Co 和 Ni 主要赋存在黄铁矿中，也有部分赋存在有机质中。

(2) 组群 2，包括的元素为 Al_2O_3、K_2O、Th、U、Be、Cs、Na_2O、Cr、Cu、V、M_{ad}、TiO_2 和 Sb。该组群中包括造岩元素和亲石性元素。Th 和 U 元素具有放射性，在电子探针的测试结果中(第 3 章)，U 元素主要赋存在黏土矿物、锐钛矿、铀钛矿中，但在这些矿物中并未检测到 Th 元素，可能是含量低于检测限。Th 和 U 位于同一组群，证明这两种元素有可能具有相同的赋存状态；Be 元素一般赋存在煤的有机组分中，但是 Be 并没有与 V_{daf} 位于一个组群，而是与造岩元素位于同一组群，说明热水河煤中的 Be 元素是以无机态存在；Cs 元素可以与水发生剧烈反应，一般存在于含有较多矿物的水中，Cs 与造岩元素和 M_{ad} 位于一个群组，说明 Cs 元素主要存在于无机矿物水介质中；V 与 Ti、Cr 同属于 Fe 族元素，与 Al、K 位于一群组说明 V 和 Cr 有可能赋存在伊利石中，但是浮沉试验(第 5 章)表明 V 和 Cr 与有机质相关，说明 V 和 Cr 具有双重赋存特征，既赋存在有机质中，也有一部分赋存在无机矿物中；Cu 和 Sb 元素为亲硫性元素，亲石性很弱，但是与亲石性元素位于一个组群，说明煤中的 Cu 和 Sb 有可能是从硫化物置换出来，然后被吸附在黏土矿物中。

(3) 群组 3，包括的元素为 SiO_2 和 A_d，Si 元素为主要的成灰元素。

4.5.2 相关性分析

(1)灰分与伴生元素

通过分析煤中 $S_{t,d}$、$S_{p,d}$、A_d、V_{daf} 和微量元素的相关性，进而研究煤中有害微量元素的赋存规律。煤中微量元素与工业分析参数($S_{t,d}$、$S_{p,d}$、A_d、V_{daf})的相关性见表 4-9。

表 4-9 微量元素与煤的基本参数的相关系数

参数	SiO_2	TiO_2	Al_2O_3	Fe_2O_3	MnO	MgO	CaO	Na_2O	K_2O	Be	F	V	Cr
A_d	0.64	−0.48	−0.11	0.70	−0.06	−0.08	−0.07	−0.15	0.14	−0.27	−0.03	0.15	−0.05
V_{daf}	0.18	−0.29	−0.12	0.69	−0.13	−0.15	−0.11	−0.08	0.03	−0.23	0.12	0.22	0.00
$S_{t,d}$	0.13	−0.52	−0.37	0.87	−0.19	−0.39	−0.17	−0.26	−0.27	−0.45	0.25	−0.06	−0.16
$S_{p,d}$	0.12	−0.51	−0.36	0.86	−0.20	−0.38	−0.17	−0.26	−0.26	−0.44	0.26	−0.05	−0.15

表 4-9(续)

参数	Co	Ni	Cu	As	Se	Sb	Cs	Hg	Tl	Pb	Th	U
A_d	0.32	−0.10	0.06	0.60	−0.11	−0.29	0.67	0.64	0.62	0.06	−0.08	−0.08
V_{daf}	0.17	−0.07	0.21	0.87	0.34	0.15	0.53	0.78	0.73	0.17	−0.11	−0.08
$S_{t,d}$	0.40	−0.12	−0.13	0.95	0.49	0.07	0.23	0.87	0.92	0.09	−0.46	−0.45
$S_{p,d}$	0.39	−0.12	−0.12	0.96	0.48	0.07	0.23	0.87	0.91	0.09	−0.45	−0.44

与灰分呈正相关的元素有 Si、Fe、K、V、Co、Cu、As、Cs、Hg、Pb，灰分与 Fe_2O_3 呈高度正相关[图 4-6(b)]，说明成灰组分除了 Si 和 Al 外，煤中 Fe 也是重要的成灰组分；Fe_2O_3 与黄铁矿硫呈高度正相关[图 4-6(c)]，说明煤中的 Fe 元素是存在于黄铁矿中的，但是相关性要低于 Fe_2O_3，因此 Fe 除了大部分来源于黄铁矿之外，还来自于陆源物质，黄铁矿硫与灰分的相关性较强[图 4-6(a)]，黄铁矿属于自生成因和后生热液成因，因此热水河煤中灰分来源比较复杂，既有陆源碎屑成因，也有海水成因，但是由于煤中的 Fe 含量过高，远远高于 Ti、

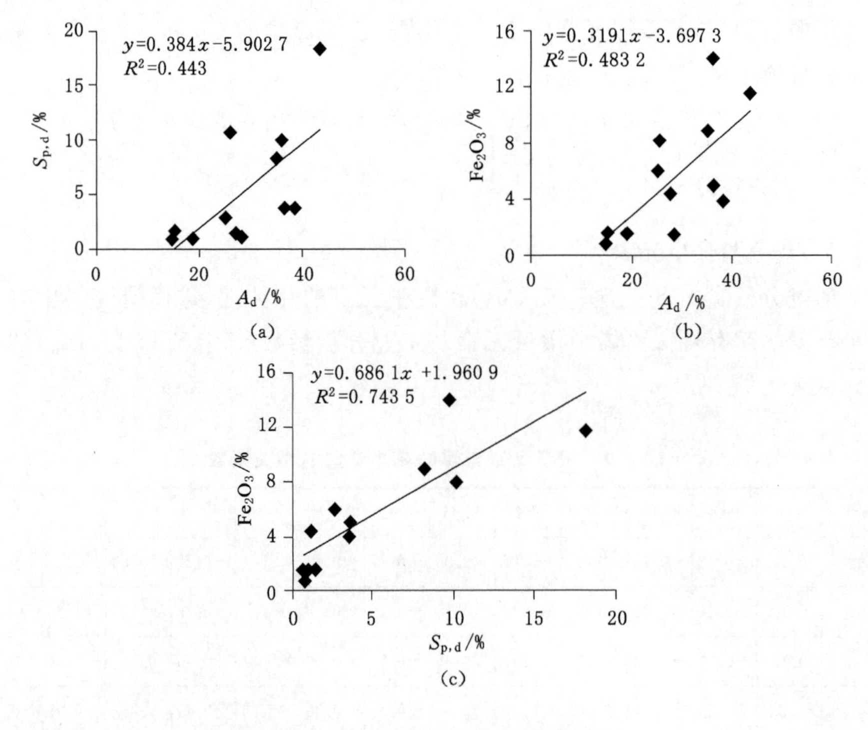

图 4-6 A_d、$S_{p,d}$、Fe_2O_3 之间的相关性

Mg、Mn、Ca、Na 这些元素，因此这些元素与灰分进行相关性计算时，产生误差，导致与灰分呈负相关，这是与事实不符合的。与灰分呈正相关的元素，除了 As、Hg、Tl、Cs 相关性较高外，其余元素的相关性较低，如 Co、V、Cu 等，说明 As、Hg、Tl、Cs 主要赋存在无机矿物中，而 Co、V、Cu 除了赋存在无机矿物中，也有赋存在有机质中。Be、F、Cr、Th 和 U 元素都是亲石性元素，但是都与灰分呈负相关，除了有异常值的存在，导致相关性分析有误差外，也可能是由于这些元素在有机质和无机矿物中均匀赋存。

(2) 硫分与伴生元素

与硫分呈正相关的微量元素有 F、Co、As、Se、Sb、Cs、Hg、Tl，其中 As、Hg、Tl 与黄铁矿硫和全硫的相关性都高于 85%，说明这 3 种元素大部分赋存在黄铁矿中；Co、Se、Cs 与黄铁矿硫的相关性稍弱，说明这些元素除了黄铁矿外还有其他的赋存方式；F 和 Cs 是属于亲石性元素，而且具有水溶性，但是与黄铁矿呈正相关，说明它们可能是呈吸附态附着在黄铁矿上。

(3) 伴生元素的关系

本节的重点是讨论相关性比较高的伴生元素，对于负相关或者不相关的元素则不予讨论。伴生元素的相关性见表 4-10。

Be 元素与常量元素 Ti、Al、Na、K 元素的相关性比较强，与微量元素 F、Th 和 U 的相关性较强。Eskenazy 和 Valceva[216] 认为 Be 是伴随黏土矿物进入沼泽中的，第 3 章电子探针结果表明 U 与黏土矿物、锐钛矿、铀钛矿伴生，说明在煤中 Be 和 F、U、Th 都是在黏土、锐钛矿或者钛铁矿中伴生，但是 Be 与灰分没有相关性，说明 Be 以及 F、Th 和 U 在煤的有机质和无机矿物中是均匀分布的。

与 V 元素相关性较强的有 Cr 和 Cu 元素，Swaine[7] 认为 V 赋存在有机质中，后面的浮沉试验也证明了这一事实。因此，可以认定热水河煤中的 Cu 和 Cr 也有一部分赋存在有机质中。

As 与 Hg、Se、Tl 的相关性较强，As 和 Hg 来源于后生热液，说明煤中部分 Se 和 Tl 也可能来源于后生黄铁矿。

Co 和 Fe、Ni、Se、Cs、Hg、Tl 的相关性较强，Co 和 Fe 的性质相似，说明 Co 可以以类质同象的方式进入黄铁矿或者磁铁矿[1]；Se、Hg 和 Tl 与黄铁矿硫的高相关性说明煤中的 Co、Ni、Hg 和 Tl 与黄铁矿中伴生。张军营[217] 认为，煤中 Ni 主要赋存在硫化物中，Ni 与 As 和 Pb 的相关性也比较高，表明煤中的亲硫性元素如 Pb、As、Hg、Se 相互伴生赋存于煤的硫化物中。

表 4-10　煤中伴生元素的相关系数

	SiO_2	TiO_2	Al_2O_3	Fe_2O_3	MnO	MgO	CaO	Na_2O	K_2O	Be	F	V	Cr	Co	Ni	Cu	As	Se	Sb	Cs	Hg	Tl	Pb	Th	U
SiO_2	1.00																								
TiO_2	−0.37	1.00																							
Al_2O_3	0.04	0.74	1.00																						
Fe_2O_3	0.14	−0.51	−0.46	1.00																					
MnO	−0.34	0.02	−0.25	0.10	1.00																				
MgO	−0.02	0.44	0.24	−0.17	0.50	1.00																			
CaO	−0.39	0.10	−0.21	0.13	0.97	0.60	1.00																		
Na_2O	−0.19	0.10	0.35	−0.57	−0.21	−0.60	−0.35	1.00																	
K_2O	0.21	0.54	0.92	−0.36	−0.18	0.28	−0.16	0.33	1.00																
Be	−0.26	0.63	0.77	−0.54	−0.06	−0.01	−0.12	0.81	0.77	1.00															
F	−0.30	0.15	0.17	−0.06	0.11	−0.21	0.10	0.28	0.33	0.56	1.00														
V	−0.06	0.70	0.50	0.04	0.25	0.39	0.35	−0.27	0.49	0.33	0.43	1.00													
Cr	−0.25	0.77	0.47	−0.08	0.19	0.42	0.30	−0.16	0.37	0.36	0.38	0.96	1.00												
Co	0.07	−0.46	−0.62	0.71	0.21	0.15	0.26	−0.85	−0.55	−0.65	−0.34	−0.12	−0.17	1.00											
Ni	−0.20	0.12	−0.15	0.09	0.39	0.82	0.54	−0.69	−0.12	−0.34	−0.28	0.10	0.18	0.52	1.00										
Cu	−0.18	0.79	0.54	0.02	0.30	0.45	0.42	−0.23	0.47	0.33	0.33	0.98	0.99	−0.12	0.18	1.00									
As	0.05	−0.33	−0.14	0.73	−0.32	−0.38	−0.28	0.00	−0.05	−0.23	0.51	0.06	−0.05	0.19	−0.16	0.00	1.00								
Se	−0.65	0.04	−0.29	0.48	0.15	0.15	0.34	−0.16	−0.44	−0.26	0.04	0.04	0.21	0.52	0.59	0.14	0.57	1.00							
Sb	−0.66	0.42	0.45	−0.06	0.32	0.10	0.43	−0.06	0.38	0.41	0.42	0.35	0.46	−0.25	0.06	0.38	0.30	0.23	1.00						
Cs	0.41	0.09	0.51	0.13	−0.13	−0.05	−0.13	0.40	0.63	0.33	0.22	0.57	0.29	−0.38	−0.35	0.56	0.33	−0.45	0.20	1.00					
Hg	0.14	−0.53	−0.43	0.90	−0.04	−0.35	−0.06	−0.38	−0.39	−0.52	−0.35	−0.27	−0.27	0.50	−0.12	−0.24	0.75	0.38	−0.20	0.21	1.00				
Tl	0.06	−0.54	−0.46	0.93	0.00	−0.44	−0.01	−0.05	−0.41	−0.48	0.03	−0.11	−0.18	0.48	−0.19	−0.13	0.80	0.43	−0.02	0.19	0.95	1.00			
Pb	−0.26	0.21	0.35	0.05	0.01	0.46	0.15	−0.18	0.46	0.28	0.32	0.13	0.24	0.11	0.58	0.17	0.25	0.65	0.47	0.09	−0.16	−0.13	1.00		
Th	−0.07	0.35	0.57	−0.54	0.21	0.13	0.11	0.63	0.71	0.83	0.33	0.07	0.12	−0.65	−0.28	0.07	−0.30	−0.51	0.25	0.43	−0.47	−0.48	0.18	1.00	
U	−0.11	0.42	0.61	−0.51	0.27	0.19	0.18	0.57	0.73	0.83	0.31	0.17	0.21	−0.64	−0.23	0.17	−0.29	−0.46	0.33	0.45	−0.45	−0.46	0.20	0.99	1.00

4.6 高硫煤中有害元素的有机亲和性

4.6.1 分步酸洗试验结果

干河浮选精煤是对干河样 2 进行浮选得到的，由于干河煤浮选之后，精煤中有害元素含量仍然非常富集，详见第 5 章第 3 节，因此使用分步酸洗方法，研究干河浮选精煤中有害元素的赋存状态及其有机亲和性。

按照图 4-2 的两种方法对干河浮选精煤进行酸洗实验，利用 Wei 和 Rimmer[208] 对乌兰图嘎和临沧煤分别使用 HCl 和 HCl-HF 进行处理的结果作为对比，有害微量元素在酸洗产品中的分布如表 4-11 所示。

表 4-11 有害元素在干河浮选精煤、乌兰图嘎和临沧酸洗产品中的分布 单位：μg/g

元素	干河浮选精煤	方法 A		方法 B		乌兰图嘎-C6-2*			临沧-S3-6*		
		GH1-1	GH1-2	GH2-1	GH2-2	Micro	HCl	HCl-HF	Micro	HCl	HCl-HF
Be	1.72	1.28	0.23	1.45	0.31	11.3	4.72	1.5	180	28.4	1.73
V	560.65	381	196	387	226	3.94	2.19	bdl	4.5	1.99	bdl
Cr	215.01	185	153	224	172	10.9	6.79	5.58	11.7	4.52	5.25
Mn	55.75	14.9	12.7	11.6	11.4	nd	nd	nd	nd	nd	nd
Co	8.58	1.76	2.60	1.78	1.90	0.72	0.29	0.24	2.95	0.3	0.19
Ni	34.14	18.3	21.5	20.3	19.9	7.67	3.38	3.48	14.9	1.7	2.86
Cu	18.83	11.3	13.1	14.0	11.5	5.92	2.44	1.94	13.6	6.13	4.41
Zn	72.14	35.5	26.9	31.0	33.5	0.77	1.75	3.95	119	32.2	20.7
Rb	11.90	13.7	3.91	11.8	5.70	4.52	1.63	bdl	32.4	30.4	6.67
Mo	159.36	124	43.5	107	46.8	1.48	1.61	0.46	7.33	7.84	4.22
Sn	6.17	3.86	2.37	3.81	2.32	2.72	0.23	0.05	4.8	5.39	6
Sb	0.38	0.33	0.30	0.38	0.27	46	40.7	22	34.5	32.4	22.8
Cs	1.11	1.09	0.25	0.78	0.33	5.04	3.12	2	17.8	11.7	6.36
Ba	26.60	26.0	4.2	17.0	5.9	2826	3277	1011	56.3	45.1	10.2
Tl	1.52	1.32	1.74	1.31	1.48	2.14	1.2	0.08	9.17	4.87	2.95
Pb	8.82	4.54	5.16	4.22	4.76	4.04	0.34	bdl	25.9	5.36	0.55
Th	4.42	3.08	3.79	3.15	3.99	0.74	0.14	0.07	4.78	1.59	0.36
U	234.34	161	183	142	178	0.29	0.12	0.2	160	19.7	1.92

注：乌兰图嘎和临沧煤中有害元素数据来自文献[208]；nd，无资料；bdl，低于检测限；Micro，<3 μm 的细粒原煤。

根据表 4-11 干河浮选精煤和酸洗产品中有害元素的含量，按照以下公式计算干河精煤中各种化合态有害元素所占百分比：

吸附态、碳酸盐态和硫化物态：$\dfrac{\text{干河精煤}-\text{HCl 处理煤}}{\text{干河精煤}}\times 100\%$

有机态：$\dfrac{\text{HCl-HF 处理煤}}{\text{干河精煤}}\times 100\%$

硅酸盐态：(1－吸附态、碳酸盐态和硫化物态－有机态)×100％

通过酸处理试验，干河浮选精煤中有害元素各种化合态的含量如表 4-12 和图 4-7 所示，得出以下规律：

(1) 干河浮选精煤中 Mn、Co、Zn 元素以吸附态、碳酸盐态和硫化物态为主，硅酸盐态和有机态含量较低；元素 Be、Rb、Mo、Cs 和 Ba 以硅酸盐态为主，表明这些元素的有机亲和性较差；Ni、Cu、Sn、Tl、Pb 和 Th 元素以有机态为主，吸附态、碳酸盐态、硫化物态和硅酸盐态的含量相对较低，表明这些元素的有机亲和性较强。

(2) V 和 Mo 元素主要为吸附态或者赋存在碳酸盐矿物、硫化物矿物和铝硅酸盐矿物中；Cr 和 U 主要以有机态为主，仅有一小部分以吸附态、碳酸盐态、硫化物态和硅酸盐存在，表明 Cr 和 U 元素主要与有机质相关。V 和 Mo 的有机亲和性较差，Cr 和 U 的有机亲和性较强。Dai 等[14]认为临沧煤中 U 大部分富集在有机质中，但是其硫含量(1.81％)低于干河煤，而且分别经过 HCl 和 HCl-HF 处理后，U 的脱除率达到 88％和 99％[208]，即 HCl 和 HF 可以溶解脱除有机态 U 元素。与临沧煤中有机硫含量较低不同，干河煤属于特高有机硫煤，此外，TEM 实验表明，干河浮选精煤中 U 元素的赋存与有机硫有关，因此，可以推断 HCl 和 HF 处理煤释放出 Th 和 U 离子重新与有机硫结合。

4.6.2 有机硫与有机态 V、Cr、Mo 和 U 的关系

西南地区煤中全硫、有机硫、有机结合态的 V、Cr、Mo 和 U 的含量见表 4-13。临沧煤虽然 U 含量较高，但煤中有机结合 U 的比例仅为 0.99％～3.35％，而 V、Cr、Mo 的含量与世界煤比较，并不富集，且 Cr 和 Mo 主要与有机质有关。与干河煤相似，砚山和贵定煤中有机硫含量较高，V、Cr、Mo 和 U 比较富集[218]，这些煤中的 U 主要以有机态存在。与砚山和贵定煤相比，干河精煤中有机结合态的 Cr 和 U 的比例较高，而有机态的 V 和 Mo 的比例较低。

表 4-12 干河精煤中有害元素各种化合态的含量

单位：%

方法	化合态	Be	V	Cr	Mn	Co	Ni	Cu	Zn	Rb
方法 A	吸附态，碳酸盐和硫化物态	25.76	32.10	14.04	73.34	79.51	46.34	39.72	50.83	−15.11[a]
	硅酸盐态	61.04	32.86	14.91	3.96	−9.84[b]	−9.33[b]	−9.49[b]	11.83	82.23
	有机态	13.21	35.04	71.05	22.70	30.33	62.99	69.77	37.34	32.89
方法 B	吸附态，碳酸盐和硫化物态	15.93	31.03	−4.28	79.23	79.23	40.47	25.68	56.97	1.12
	硅酸盐态	66.30	28.73	24.45	0.25	−1.39[b]	1.33	13.37	−3.37[b]	50.97
	有机态	17.77	40.24	79.83	20.52	22.17	58.19	60.95	46.40	47.91
方法	化合态	Mo	Sn	Sb	Cs	Ba	Tl	Pb	Th	U
方法 A	吸附态，碳酸盐和硫化物态	21.92	37.36	14.04	1.32	2.08	13.45	48.54	30.25	31.16
	硅酸盐态	50.81	24.21	8.92	75.95	82.02	−27.98[b]	−7.00[b]	−16.03[b]	−9.17[b]
	有机态	27.27	38.43	77.03	22.73	15.90	114.52	58.46	85.79	78.01
方法 B	吸附态，碳酸盐和硫化物态	32.56	38.27	0.15	29.34	35.94	13.97	52.16	28.56	39.40
	硅酸盐态	38.05	24.08	29.33	40.73	41.87	−11.44[b]	−6.08[b]	−18.85[b]	−15.39[b]
	有机态	29.39	37.65	70.53	29.93	22.18	97.47	53.91	90.29	75.99

注：a—由于稀 HCl 处理过的煤中有害元素含量高于干河精煤，因此吸附态计算结果为负值；b—由于 HCl 和 HF 和处理的煤中有害元素的含量高于稀 HCl 处理过的煤含量，因此硅酸盐态计算结果为负值。

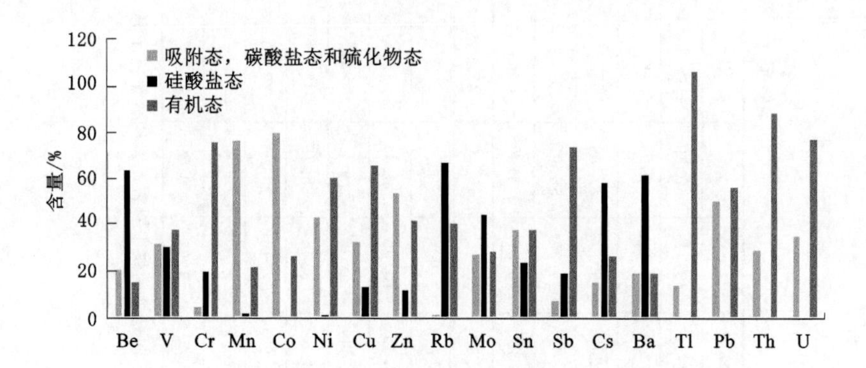

图 4-7　干河精煤中有害元素各种化合态的含量图

（各种赋存状态的有害元素的含量百分比取两种方法的均值）

表 4-13　全硫、有机硫含量和有机态的 V、Cr、Mo 和 U 的含量　　单位：%

样品号	$S_{t,d}$	$S_{o,d}$	V	Cr	Mo	U
LC-S3-2[a]	3.89	0.83	nd	44.9	57.6	1.20
LC S3-4[a]	1.16	0.69	0.87	6.86	30.1	2.31
LC S3-5[a]	1.54	0.64	bdl	4.49	47.1	0.99
LC S3-6[a]	3.89	0.73	bdl	44.9	57.6	1.20
LC Z2-7[a]	1.39	0.78	4.02	3.00	39.4	3.35
LC Z2-8[a]	0.76	0.66	bdl	2.69	52.2	1.99
LC Z2-9[a]	2.82	0.61	6.55	15.6	52.5	3.05
GD-HST-3[b]	6.57	5.01	68.3	45.6	52.4	68.7
GD-GC-3[b]	7.02	6.09	65.2	45.2	52.6	66.2
GD-GC-1[b]	7.75	6.20	63.1	48.6	52.6	67.5
YS-GH-9[b]	11.2	9.87	58.2	47.8	62.1	62.1
GH 精煤(方法 A)	9.68	9.05	35.0	71.1	27.3	78.0
GH 精煤(方法 B)	9.68	9.05	40.2	79.8	29.4	75.9

注：a—临沧煤(LC)的数据来自于 Dai 等[14]及 Wei 和 Rimmer[208]。临沧和干河煤中有机态有害元素的百分比根据公式：(HCl-HF 处理煤/原煤)×100%。b—贵定和砚山的数据来自于 Liu 等[218]。bdl，低于检测限。

煤中有机硫含量与有机态 V、Cr、Mo、U 所占比例的关系如图 4-8 所示。V、Mo 与有机硫呈负相关，说明有机态的 V、Mo 的赋存与有机硫没有相关性，而有机态的 Cr 和 U 与有机硫呈高度正相关，说明有机态的 Cr 和 U 的赋存与有机硫有密切联系。

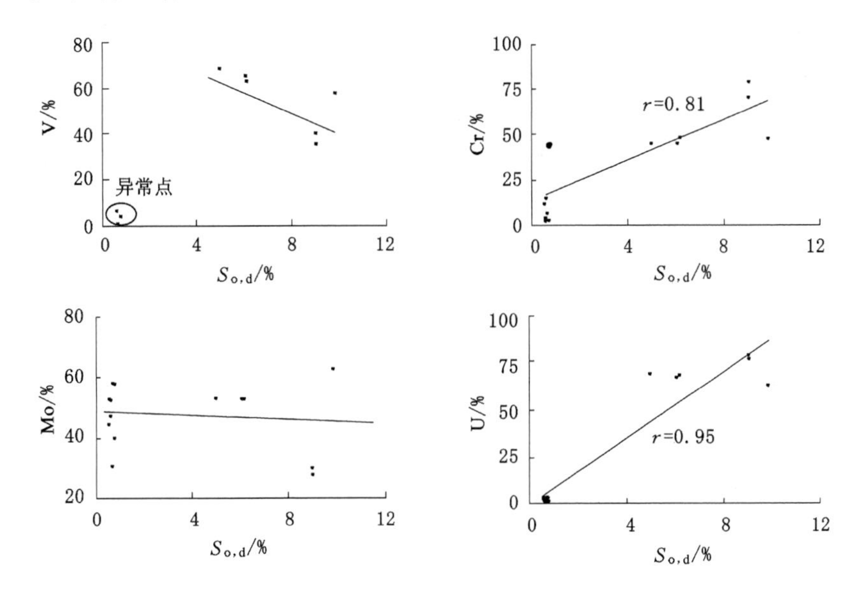

图 4-8 煤中有机硫和有机态 V、Cr、Mo 和 U 的百分比

4.6.3 有机态 V、Cr、Mo 和 U 的形成

干河煤受到海水、富 V—Cr—Mo—U 的热液流体和火山灰的影响，导致煤中 V、Cr、Mo 和 U 的富集[219]。干河煤中有机硫含量较高，表明干河煤形成于强还原环境。在氧化环境下，U 以高价态（U^{6+}、UO_2^{2+}）存在，活动性较强，可以迁移。当环境变为还原环境时，正 6 价的 U 被还原为正 4 价的 U，正 4 价的 U 活动性降低，容易在煤中富集[1]。有机硫与有机态的 Cr、U 呈正相关，表明 Cr 和 U 与有机质相关，V 和 Mo 大部分情况下被黏土矿物吸附，煤中的腐殖酸容易溶解黏土矿物中的 V 和 Mo[220]，然后 V 和 Mo 与有机质反应或者被有机质吸附。

4.6.4 FTIR 分析

干河浮选精煤和酸洗后得到有机质残渣的 FTIR 分析结果如图 4-9 所示。参考翁诗甫和徐怡庄[221]给出的各种官能团的峰位置，判断出红外波段的归属。干河煤及酸洗有机质中 3 600～3 100 cm^{-1} 为—OH 伸缩键与羟基缔合的氢键的贡献;样品在 2 920 cm^{-1} 和 2 835 cm^{-1} 波段是脂肪族 CH、—CH_2、和 C—H 的伸缩振动;1 700～1 450 cm^{-1} 波段对应的是芳香族 C＝O、C＝C 键和羰基的伸缩振动;1 428 cm^{-1} 波段属于脂肪族 C—H 弯曲振动。有机质中峰强度要远远低于浮选精煤,干河浮选精煤在 1 009 cm^{-1}、533 cm^{-1} 和 471 cm^{-1} 属于 Si—O 的弯曲振动[222-223]。除了 870～600 cm^{-1} 波段位置属于 C—H 组的弯曲振动外,大部分低于 1 250 cm^{-1} 的波段属于黏土矿物,1 009 cm^{-1} 波段属于高岭石的吸收峰[223],因为酸洗有效地脱除了这些矿物。有机质中没有黏土矿物的峰。综上所述,通过酸洗试验,有机质中有机官能团减少(除了—OH),基本上所有的矿物被有效脱除。

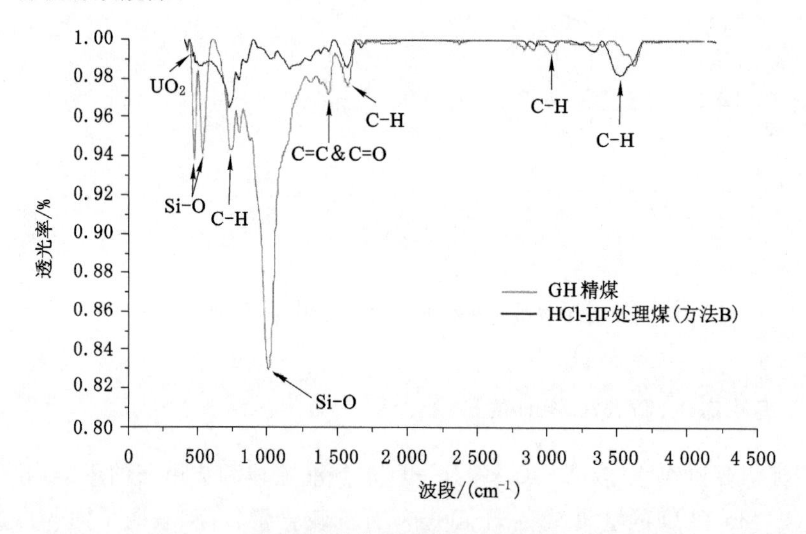

图 4-9　干河浮选精煤和酸洗后有机质的 FTIR 分析

含氧官能团与 Cu^{2+}、Hg^{2+}、Cd^{2+}、Pb^{2+}、Ni^{2+}、Fe^{2+}、U^{6+} 等金属离子形成络合物或螯合物[224]。邱林飞等[225]研究铀矿物发现 1 513 cm^{-1}、1 390 cm^{-1}、940 cm^{-1}、897 cm^{-1} 和 767 cm^{-1} 附近吸收带是由铀酰离子$(UO_2)^{2+}$的对称伸缩振动和反对称伸缩振动引起的,铀酰离子$(UO_2)^{2+}$可以与腐殖酸中的羧酸离子反应形成络合物和螯合物(Sýkorová 等[226]),如图 4-9 所示,$(UO_2)^{2+}$的峰不存在,表明酸洗以后$(UO_2)^{2+}$被羧酸中的 H^+ 取代,UO_2 处于 475～458 cm^{-1} 波段[227]。有机质残渣中 464 cm^{-1} 波段可能为 UO_2 的归属,铀氧化物存在于有机质包裹的微细粒矿物中,很难被酸消解[69]。

4.7 高硫煤中稀土元素的地化特征

稀土元素通常是指镧系元素和钇元素,这些元素具有相同的化合价、离子半径和相似的地球化学行为,因此可以作为地质体之间微量元素分异的地球化学跟踪。研究煤中稀土元素具有双重意义,首先,从地质成因方面来讲,煤中的稀土元素可以作为研究煤地质成因的地球化学指示剂,从稀土元素的分配模式可以推测成煤植物来源的信息,进而判断成煤环境;从资源利用方面来讲,煤中的稀土元素虽然含量相对较低,但是煤灰中的稀土元素可以富集起来进行利用[162]。热水河 C_5^6 煤分层中稀土元素的地球化学参数见表 4-14。

表 4-14 稀土元素的地球化学参数

样品号	∑REY	LREE	HREE	LREE/HREE	La_N/Yb_N	La_N/Sm_N	δEu	δCe
顶板	358.03	303.20	54.83	5.53	10.75	5.41	0.86	1.07
R1	34.69	22.19	12.51	1.77	2.59	2.70	1.10	0.85
夹矸 1	423.30	358.91	64.39	5.57	10.70	4.77	1.27	1.00
R2	41.26	27.00	14.26	1.89	3.19	3.39	1.15	0.85
R3	40.16	24.89	15.27	1.63	3.75	4.29	0.70	0.58
R4	68.23	48.05	20.18	2.38	4.16	6.57	0.45	0.78
R5	151.52	119.41	32.11	3.72	6.05	5.77	0.44	0.86
R6	160.61	124.78	35.83	3.48	5.94	5.46	0.46	0.93
夹矸 2	46.07	39.08	6.99	5.59	13.43	16.55	0.59	0.68
R7	128.84	94.33	34.51	2.73	4.48	4.29	0.50	0.89
R8	105.80	89.03	16.77	5.31	12.25	6.58	0.64	0.84
R9	134.72	104.72	30.00	3.49	8.87	4.39	0.82	0.80
R10	166.89	129.67	37.22	3.48	4.82	2.81	0.80	0.87
R11	81.62	57.43	24.18	2.37	4.03	2.70	0.85	0.87
R12	336.83	265.21	71.63	3.70	6.44	3.26	0.79	1.01
底板	56.31	47.48	8.83	5.38	6.70	3.69	0.89	1.76

注:La_N,Yb_N,La_N,Sm_N均为球粒陨石标准化数值;$\delta Ce=Ce_N/(La_N \times Pr_N)^{0.5}$,$Ce_N$,$La_N$,$Pr_N$均为球粒陨石标准值;$\delta Eu=Eu_N/(Sm_N \times Gd_N)^{0.5}$,$Eu_N$,$Sm_N$——均为球粒陨石标准值。

4.7.1 稀土元素的分布特征

(1) 稀土元素在垂向上的分布特征

热水河煤中稀土元素在垂向上的分布见表4-15和图4-10。热水河 C_5^b 煤中12个煤样的稀土元素总含量的变化范围为34.7～336.8 μg/g，绝大部煤分层的含量高于世界无烟煤的平均含量69 μg/g[43]，4个煤分层的含量高于中国值138 μg/g[43]。整个煤层中稀土元素的含量变化较大，含量最高的煤分层为R12，其含量为含量最低的煤分层的近10倍，煤分层中稀土元素含量分布不均匀，说明了煤层形成过程中成煤环境的差异。

表4-15 热水河煤中稀土元素在垂向上的含量 单位：μg/g

样品号	La	Ce	Pr	Nd	Sm	Eu	Gd	Tb	Dy	Y	Ho	Er	Tm	Yb	Lu	ΣREY
顶板	59.5	150.6	15.7	63.7	11.0	2.7	10.4	1.3	6.7	27.4	1.2	3.7	0.5	3.3	0.4	358.0
R1	4.1	8.9	1.3	5.9	1.5	0.5	1.7	0.2	1.4	6.7	0.3	0.9	0.1	0.9	0.1	34.7
夹矸1	68.8	170.0	19.7	80.6	14.4	5.5	14.8	1.7	7.9	29.4	1.4	4.2	0.6	3.8	0.6	423.3
R2	5.3	11.3	1.6	6.7	1.6	0.6	1.8	0.4	1.8	7.5	0.4	1.1	0.2	1.0	0.2	41.3
R3	6.3	9.1	1.8	5.9	1.5	0.3	1.6	0.3	1.6	9.3	0.3	0.9	0.2	1.0	0.2	40.2
R4	11.9	21.2	3.0	9.9	1.8	0.2	1.7	0.3	2.0	12.1	0.5	1.4	0.3	1.7	0.3	68.2
R5	27.8	53.8	6.7	25.8	4.8	0.5	3.5	0.6	3.2	18.5	0.7	2.1	0.4	2.7	0.4	151.5
R6	27.4	58.7	6.8	26.1	5.0	0.7	5.9	0.8	4.3	17.8	0.8	2.6	0.4	2.7	0.4	160.6
夹矸2	12.8	16.7	2.2	6.4	0.8	0.2	1.4	0.1	0.8	3.3	0.2	0.5	0.1	0.6	0.1	46.1
R7	19.3	41.9	5.5	22.5	4.5	0.7	5.1	0.7	4.1	17.8	0.8	2.6	0.4	2.6	0.4	128.8
R8	21.0	39.4	5.0	19.8	3.2	0.6	3.5	0.4	1.9	8.2	0.4	1.1	0.1	1.0	0.2	105.8
R9	23.2	43.5	6.0	25.4	5.3	1.4	6.3	0.8	4.0	14.4	0.7	1.9	0.2	1.6	0.2	134.7
R10	21.4	53.3	8.2	37.5	7.6	1.7	6.9	0.9	4.6	18.0	0.9	2.6	0.4	2.6	0.4	166.9
R11	10.2	23.6	3.5	15.5	3.8	1.0	4.1	0.6	3.1	12.2	0.6	1.7	0.2	1.5	0.2	81.6
R12	45.9	121.3	15.0	65.6	14.1	3.3	15.0	1.9	9.6	33.3	1.7	4.7	0.6	4.2	0.6	336.8
底板	6.3	28.9	2.0	8.1	1.7	0.5	1.9	0.3	1.4	3.7	0.2	0.7	0.1	0.6	0.1	56.3

热水河 C_5^b 煤的成煤环境为海陆交互相，而且煤中硫含量较高(全硫和黄铁矿硫均大于5%)，属于高硫煤，说明热水河 C_5^b 煤受到海水的影响明显，另外，由前面内容可知，热水河煤也受到了后生低温热液的影响，对比图4-4，稀土元素在垂向上的分布与全硫、黄铁矿硫以及受后生低温热液的标志性元素(As、Hg

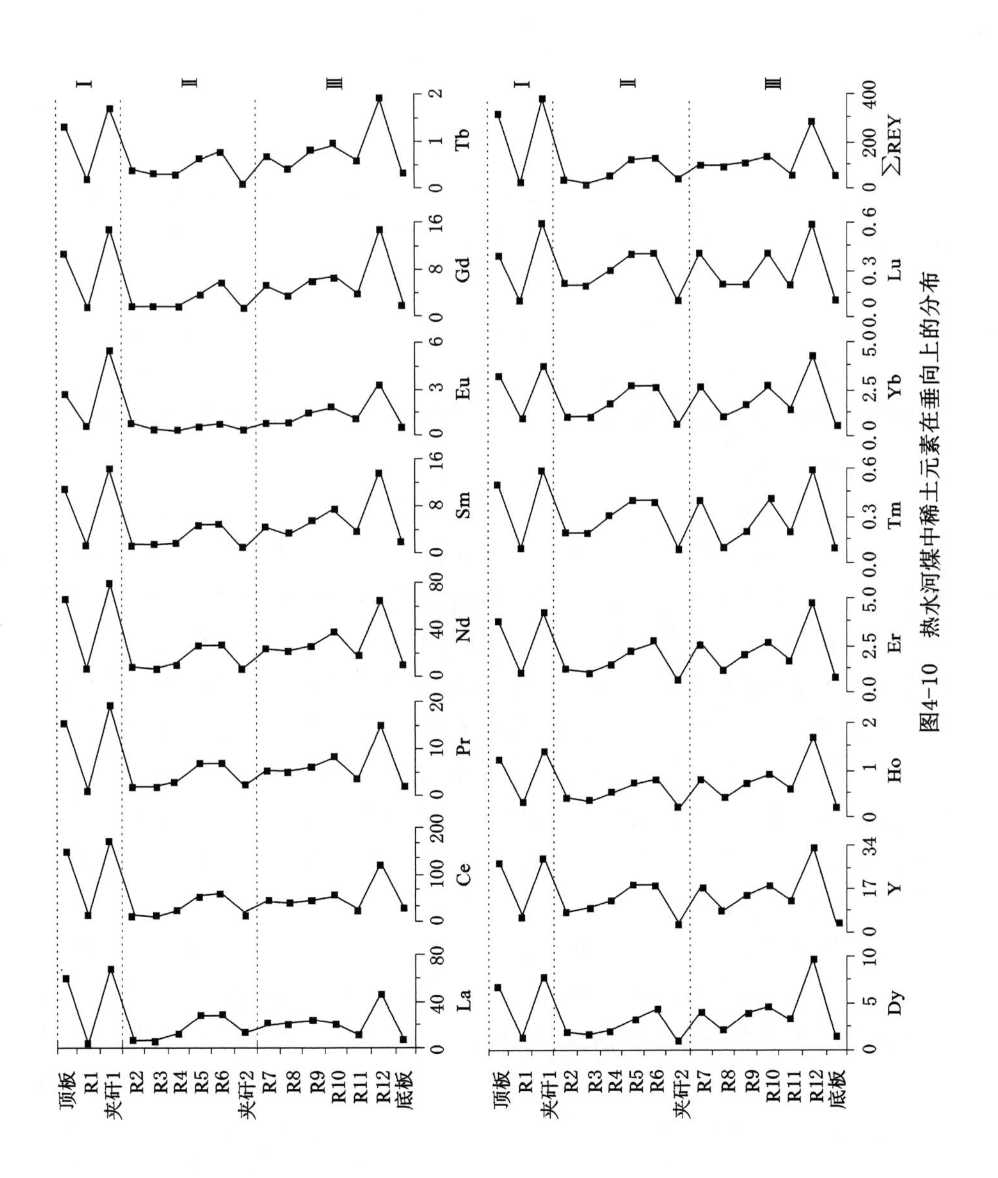

图4-10 热水河煤中稀土元素在垂向上的分布

等)分配模式并没有表现得非常同步,说明稀土元素可能不是来自后生热液;王文峰和秦勇[168]认为,海水会对煤分层中的稀土元素产生不同程度的影响,从而造成稀土元素在不同分层进行重新分布,但是对整个煤层的影响不大。一般情况下,陆相沉积物富集轻稀土,海相沉积物富集重稀土[230],热水河 C_5^b 煤分层中的 LREE/HREE 值变化范围为 1.77～5.59(表 4-14),说明煤中的稀土元素受到海水的影响较小。

热水河 C_5^b 煤在垂向上表现出如下的规律:

① 在煤层的第Ⅰ部分,煤层的顶板和夹矸 1 的稀土元素含量在整个煤层都相对较高,但是位于顶板和夹矸 1 之间的 R1 煤分层中稀土元素的含量很低,煤与围岩相比,煤中的矿物含量要低很多,说明了煤中的稀土元素以无机相赋存。

② 在煤层的第Ⅱ部分,夹矸 2 的稀土元素含量要远远低于夹矸 1 和顶板的,说明夹矸 2 中稀土元素的物源与顶板和夹矸 1 是不同的,而且在远离夹矸 2 的煤层中稀土元素的含量逐渐增多,说明这些煤层稀土含量增多可能是由成煤微环境发生改变导致。

③ 在煤层的第Ⅲ部分,煤中稀土元素的含量在底板的含量较低,但是在靠近底板的 R12 分层,与全硫在该层位含量稍高不同,含量出现异常高值,而且夹矸 2 中稀土元素的含量要低于与之临近的 R6 和 R7 煤层,说明第Ⅱ部分和第Ⅲ部分的煤层中稀土元素的富集行为并非是由于上覆煤层的淋滤作用,推断该煤层可能受到周期性海水影响,海水退去后,富含稀土元素的陆源碎屑物质增加,导致 R12 煤分层中稀土元素的含量增高,随后又进入海进阶段,煤中不再补充碎屑物,导致 R12 上覆煤层中的稀土元素含量降低,也可能是泥炭聚集阶段或成岩作用早期热液中携带的稀土元素进入泥炭沼泽中,导致 R12 煤分层中的稀土元素含量较高。第Ⅰ部分中的顶板和夹矸 1 可能与 R12 具有相同的来源。

(2) 稀土元素的地化参数

本节使用的地球化学参数包括 ∑REY、LREE、HREE、LREE/HREE、La_N/Yb_N、La_N/Sm_N、δ Eu和 δ Ce(表 4-14)。∑REY 为稀土元素和 Y 元素含量的总和;LREE 为轻稀土含量的总和,包括从 La 到 Eu 这几个元素;HREE 为重稀土元素的含量总和,包括元素 Gd 至 Lu 和 Y 元素,LREE/HREE 为轻重稀土含量的比值,用来反应稀土元素的分异程度;La_N/Yb_N 和 La_N/Sm_N 为这些元素分别对球粒陨石标准化后的比值,用来反映球粒陨石标准化后曲线的总体斜率,进而表征轻重稀土的分异程度;δ Eu和 δ Ce用来反映 Eu 和其他稀土元素的分离程度。Eu 元素为变价元素,一般情况下为+3 价,在还原条件下变成+2

价，而+2 价 Eu 离子的碱性度与其他稀土元素的+3 价离子发生分离，造成在 REE 球粒陨石标准化图解的位置出现“峰”或者“谷”。“峰”表示 Eu 过剩，正异常；“谷”表示 Eu 亏损，负异常。δCe 用来反映 Ce 与其他稀土元素的分离程度，与 Eu 相反，Ce 在氧化情况先呈+4 价，与+3 价的稀土元素发生分离，在风化过程中，Ce^{+4} 在弱酸性条件非常容易发生水解，在原地滞留，因此淋滤出的溶液中贫 Ce，表现为负异常，海水中一般表现为强烈亏损 Ce，显示 Ce 负异常。

4.7.2　稀土元素的分布模式

为了研究稀土元素在煤中的分配模式，排除“偶数规则”带来的影响，必须对稀土元素进行标准化，本书使用了 3 种标准化的方法，包括球粒陨石标准化、北美页岩标准化和上地壳标准化。

(1) 球粒陨石标准化

根据 Sun 和 McDonough[228] 的球粒陨石中稀土元素的含量均值对热水河 C_5^b 煤分层中稀土元素进行标准化，得出标准化分配模式见图 4-11，标准化图具有以下特点：

① 16 个分层样品中稀土元素球粒陨石标准化曲线呈现左高右低分布，按照斜率的变化和 Eu 的异常情况，分为：a 型曲线[图 4-11(a)]，曲线斜率平缓，Eu 呈轻微正异常(R3 呈轻微负异常，但是考虑到 R3 曲线比较平缓，与 R1 和 R2 归为一类)；b 型曲线[图 4-11(b)]，曲线斜率较大，Eu 异常不明显；c 型曲线[图 4-11(c)]，曲线斜率较大，Eu 呈明显负异常。

② R1、R2 和 R3 煤分层中稀土元素表现为 a 型，曲线的斜率相对于 b 型和 c 型较小，R1 和 R2 的 δEu值大于 1，表现为正异常；R3 表现为 Eu 轻微负异常。R1 和 R2 的 δCe值均为 0.85，表现为轻微负异常；R3 表现为 Ce 负异常。轻重稀土比值 LREE/HREE 的变化范围为 1.63～1.89。La_N/Yb_N值均大于 1，说明轻重稀土的分异作用不明显，重稀土只是轻微亏损。

③ 稀土元素分布模式表现为 b 型的煤分层有顶板、夹矸 1、R9、R10、R11、R12 和底板，曲线的斜率较大。这几个样品中的 Eu 的负异常不太明显，δEu为 0.79～1.27，其中夹矸 1 的 Eu 为正异常。δCe值在 1 左右，大部分样品表现为轻微负异常，其中顶板、夹矸 1 和 R12 的 Ce 基本上为无异常。轻重稀土比值 LREE/HREE 的变化范围为 2.37～5.57；La_N/Yb_N值为 4.03～10.75，表明轻重稀土的分异作用比 a 型曲线明显，重稀土亏损严重。

④ 具有 c 型曲线的煤分层样品为 R4、R5、R6、夹矸 2、R7 和 R8，该类型曲

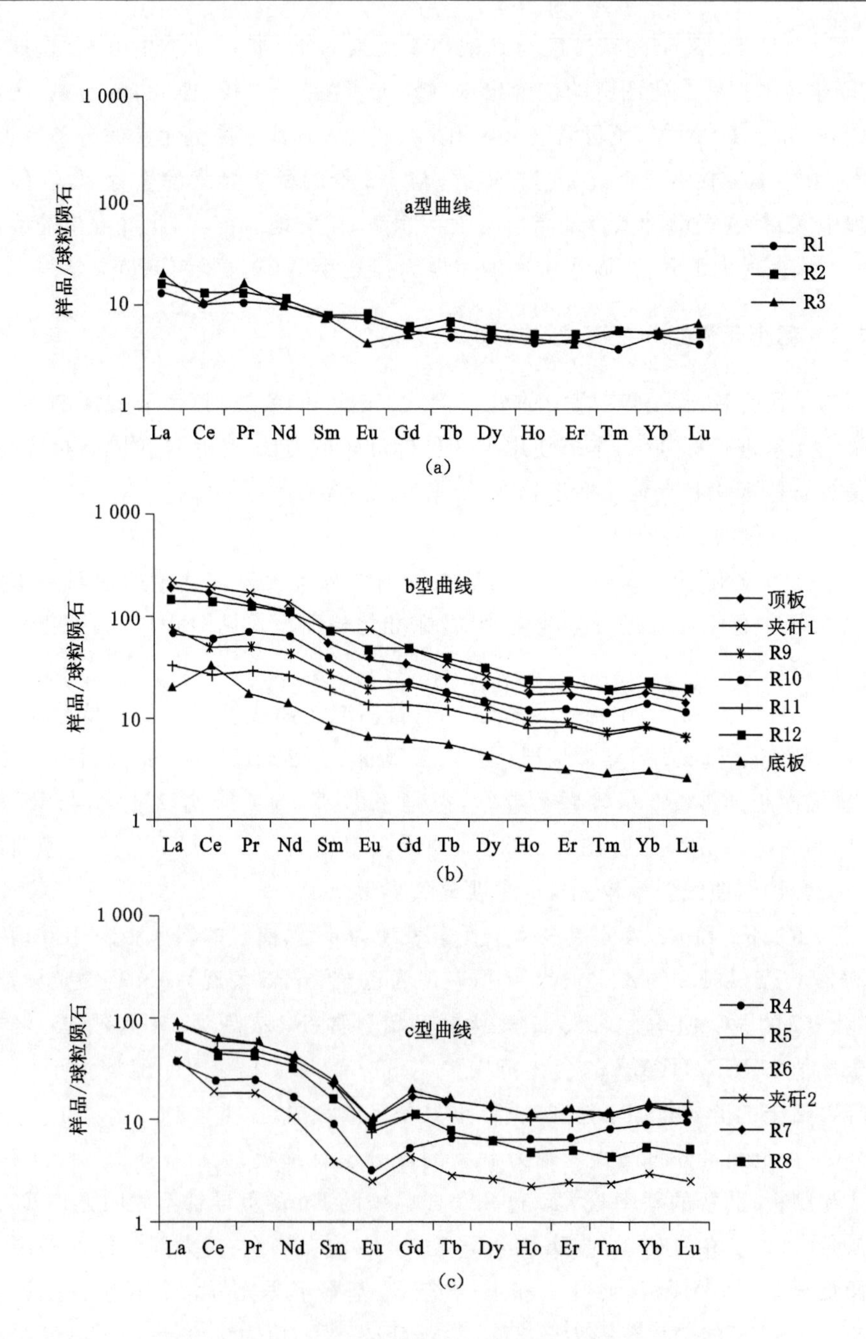

图 4-11 热水河 C_5^b 煤层稀土元素球粒陨石标准化分配模式图

线稀土的下降速度要高于重稀土。Eu 的异常显现明显，曲线表现为“V”字形分布，δEu值为 0.44～0.64，较 a 型和 c 型曲线 Eu 负异常明显，曲线的斜率由陡变缓。Ce 均表现为轻微负异常，LREE/HREE 值均大于 1，La_N/Yb_N 值为 4.16～13.43，说明轻重稀土的分异作用明显，重稀土亏损严重。

以上分析表明，即使在同一层煤中，不同煤分层中稀土元素的分布模式也是不一样的。王文峰和秦勇[168]认为，这主要是由成煤微环境的不同导致的，煤层中 δCe值均接近 1，Ce 亏损不明显，说明热水河 C_5^b 煤受到海水影响较小。

(2) 北美页岩标准化

煤属于沉积岩，使用北美页岩作为标准值对煤中稀土元素进行标准化，可以更好地反映煤中稀土元素的富集程度。煤中稀土元素的标准化分配模式见图 4-12，分为 3 种类型：a 型，右倾型，Eu 正异常；b 型，左倾型，Eu 轻微正异常；c 型，平缓型，Eu 负异常。这 3 种类型分别对应球粒陨石标准化分配模式图的 a、b 和 c 型。

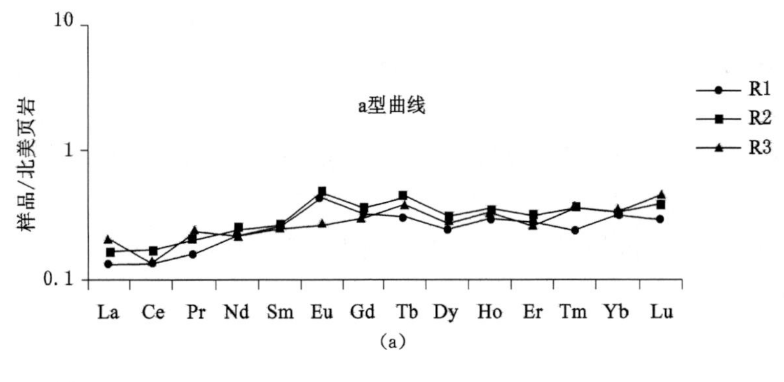

(a)

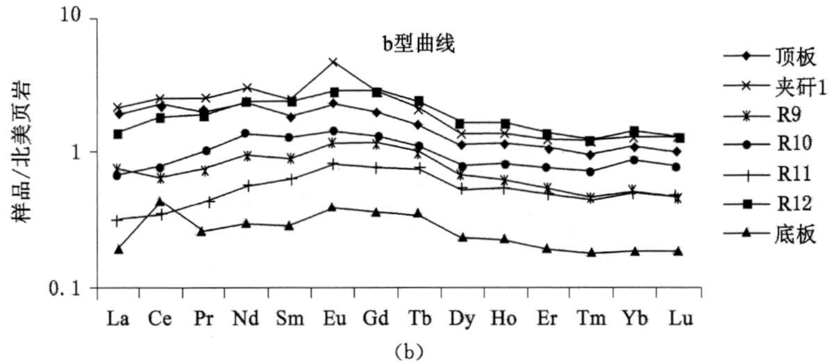

(b)

图 4-12　热水河 C_5^b 煤层稀土元素北美页岩标准化分配模式图

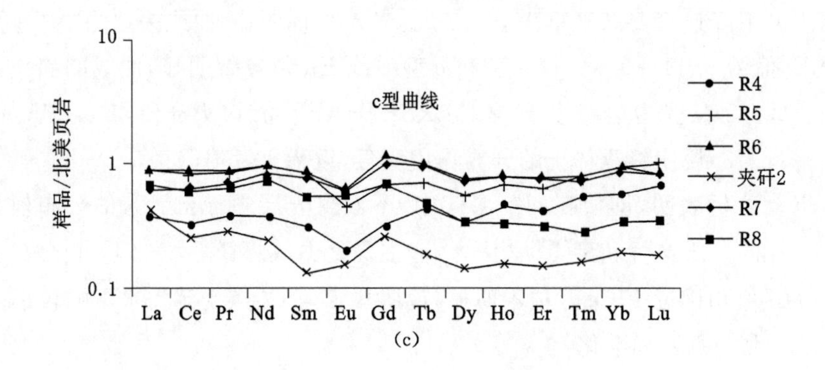

(c)

续图 4-12　热水河 C_5^b 煤层稀土元素北美页岩标准化分配模式图

北美页岩标准化图具有如下几个特点：

① a 型曲线，从轻稀土到重稀土，曲线呈下降趋势，与北美页岩相比，重稀土较富集，而且显示 Eu 正异常。

② b 型曲线，从 La 到 Lu，以 Eu 为拐点，曲线先上升后下降，上升的幅度要低于下降的幅度，因此整体显示为下降趋势，大多数煤分层中显示 Eu 为正异常，轻稀土要比重稀土富集。

③ c 型曲线，曲线呈平缓型，Eu 为负异常，轻稀土和重稀土的分异不明显。

(3) 上地壳标准化

根据 Taylor 和 McLennan[229] 的上地壳元素含量均值对稀土元素进行标准化。如图 4-13 所示。

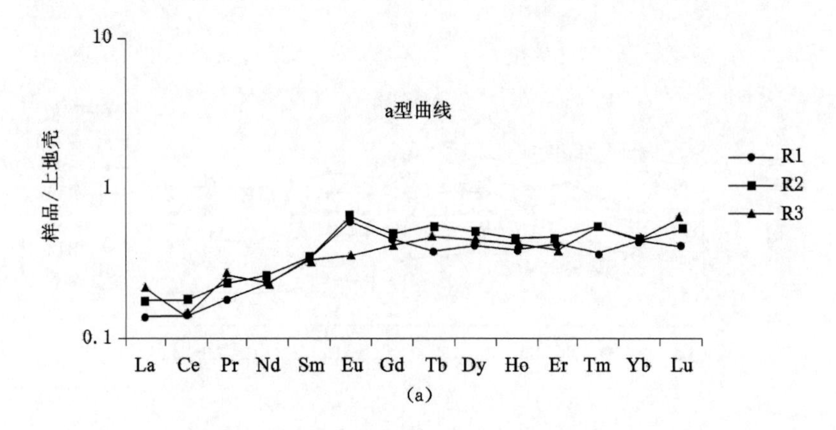

(a)

图 4-13　热水河 C_5^b 煤层稀土元素上地壳标准化分配模式图

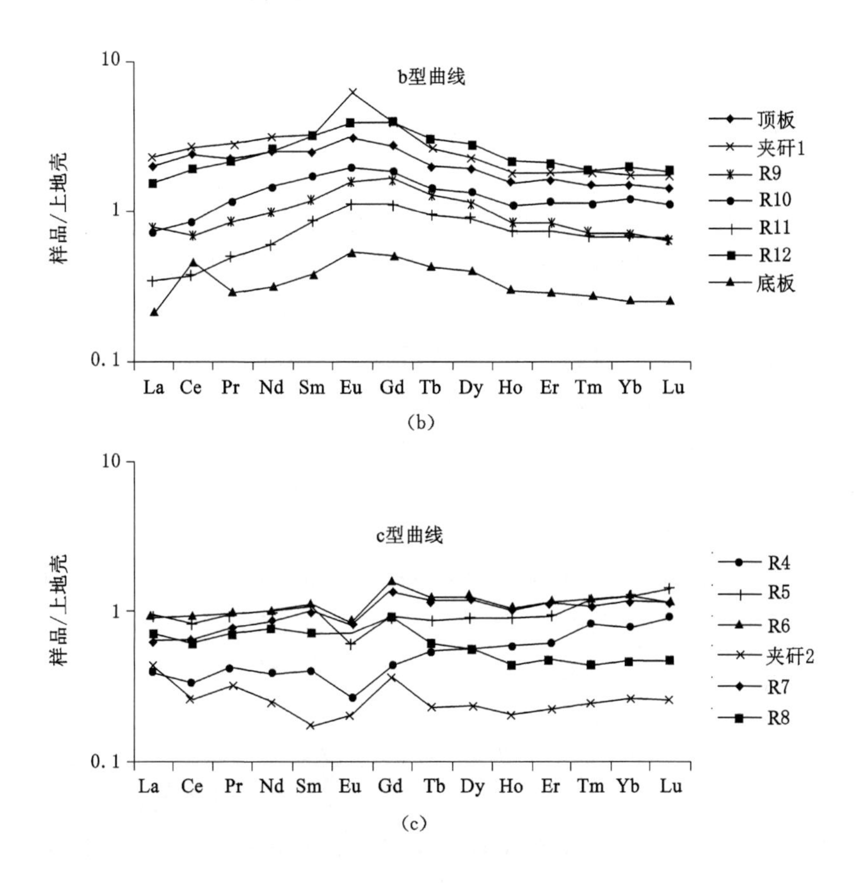

续图 4-13 热水河 C_5^b 煤层稀土元素上地壳标准化分配模式图

上地壳标准化得到煤的分配模式与北美页岩标准化得到的分配模式基本一致:a 型,右倾型,Eu 正异常;b 型,左倾型,Eu 正异常;c 型,平缓型,Eu 负异常。与上地壳中稀土元素含量相比,除了顶板、夹矸 1 和 R12 这几个样品外,其余煤分层中的稀土元素是亏损的。

4.8 本章小结

(1) 热水河 C_5^b 煤属于高灰、高硫无烟煤,以黄铁矿硫为主。煤中的 Hg、As 和 V、Co、Cu、Se、Hg 和 Th 富集。干河吴家坪组煤属于中灰超高有机硫煤,有害元素 U 超常富集,V、Cr 和 Mo 高度富集。荣阳煤中的 V、Mo 和 U 高度富集,元素 Cr、Co、Cu、Se 和 Ba 在荣阳煤中富集,具有高 U—V—Mo—Cr—Se 元素组合的特征。荣阳龙潭组煤为中灰、高硫煤，煤中硫以黄铁矿硫为主，其次是有机硫，硫酸盐硫含量较低。

(2) 对热水河煤中的灰分、硫分和伴生元素在垂向上的分布模式进行研究，C_5^b 煤层中的全硫、黄铁矿硫和 Fe 元素、S 元素在垂向上呈现同步的变化，从煤层的垂向上来看，全硫和黄铁矿硫在远离顶板、底板和夹矸的部分含量最高。在热水河 C_5^b 煤层中发现脉状的方解石和黄铁矿，说明该煤层中的后生黄铁矿来自后生热液，由于 C_5^b 煤层中的顶板、底板和夹矸都是致密泥岩和灰岩，其孔隙度、透水性和裂隙远远低于煤层，导致后生低温热液侵入煤层比较容易，因此煤层中的硫含量要高于顶板、底板和夹矸。煤中 As、Hg 和 Tl 含量的变化模式与 $S_{t,d}$、$S_{p,d}$和 Fe_2O_3 非常接近，表明煤中的 Fe、As、Hg、Tl 与黄铁矿相关。样品 R1、R4 和 R9 中的 As、Hg、Tl 含量较高，其中 As 和 Hg 在这 3 个分层高度富集，As 和 Hg 含量分别高达 15.3 μg/g、44.3 μg/g、25.5 μg/g 和 2.64 μg/g、2.84 μg/g、0.52 μg/g。煤中的 Cu、Co、Ni 和 Se 的含量与全硫和黄铁矿硫不完全相似，说明这些微量元素既赋存在黄铁矿中，也有部分赋存在黏土矿物中，Be、F、V 和 Cr 除了赋存在黏土矿物中，也有一部分赋存在有机质中；Th 和 U 均匀分布在有机物和黏土矿物中。

(3) 聚类分析和相关性分析表明，$S_{t,d}$、$S_{p,d}$、As、Tl、Fe_2O_3、F、Hg、Pb、Se 位于一个组群，而且 As、Tl、Hg、Pb、Se、Co、Ni、Cu 与黄铁矿硫的相关性较强，说明：大部分 S 元素赋存在黄铁矿中；F 元素主要赋存在黏土矿物和氟磷灰石中；Th、U、Be、Cs 元素主要赋存在黏土矿物等无机矿物中；V 和 Cr 赋存在有机质和无机矿物中。

(4) 干河精煤中，V 和 Mo 的有机亲和性较差，Cr 和 U 的有机亲和性较强；通过酸洗，大部分有机官能团减少，矿物基本被脱除，但是铀氧化物依然存在有机质残渣中；西南地区煤中有机态的 V 和 Mo 与有机硫呈负相关，有机态的 Cr、U 与有机硫呈高度正相关，说明有机态的 V、Mo 的赋存与有机硫没有相关关系，而有机态的 Cr 和 U 的赋存与有机硫关系密切。

(5) 热水河 C_5^b 煤中稀土元素总含量的变化范围为 34.7～336.8 μg/g，绝大部分煤分层的含量高于世界煤均值。顶板和夹矸 1 的稀土元素含量在整个煤层都相对较高，煤与围岩相比，煤中的矿物含量要低很多，说明了煤中的稀土元素以无机相赋存，也可能以吸附状态附着在黏土上面。

5 高硫煤分选过程中有害元素的分配规律

煤炭分选是进行脱灰脱硫分和脱除有害元素的有效手段,目前中国的原煤入洗率远远低于发达国家,而选煤技术是中国的煤洁净技术中最为成熟、经济和有效的手段[230]。加快中国选煤技术的发展,有利于提高煤炭的利用率,对保护环境也具有重要意义。西南地区的煤由于受到海水影响,绝大多数具有高硫的特点,迄今为止,关于中国西南地区高硫煤中有害元素的脱除报道较少,前人的研究集中在煤中硫分和灰分的脱除问题,深度脱除高硫煤中的有害元素的问题尚未解决,因此研究西南典型高硫煤中有害元素在分选过程中的分配规律十分必要。本次研究选择云南镇雄热水河、干河和贵州荣阳煤中的微量元素进行分选脱除试验,试验结果表明:热水河煤具有高黄铁矿硫和高 As、Hg 的特点;干河煤具有高有机硫和高 U、V、Cr、Mo 的特点;贵州荣阳煤具有高硫和高 U、V、Cr、Mo 的特点。因此,该研究区的煤在西南地区具有很强的代表性,通过研究有害元素在选煤过程中的分配规律,从而为高硫煤中有害元素的深度分选提供科学依据。

5.1 研究样品和试验方法

5.1.1 研究样品

选择热水河 C_5^b 全煤层样品、荣阳龙潭组煤样、干河吴家坪组煤样品进行筛分、浮沉、分步释放浮选和浮选试验。3 个煤矿的样品在西南地区具有代表性,均具有高硫的特点,其中热水河煤和荣阳煤具有高黄铁矿硫的特点,干河煤具有高有机硫的特点。

5.1.2 试验方法

(1) 筛分试验

按照《煤炭筛分试验方法》(GB/T 477—2008)[231]利用煤样进行筛分试验。筛分操作按照筛孔大小从大到小进行。首先利用颚式破碎机把煤样破碎至能够全部通过孔径为 13 mm 的筛子,破碎之后的煤产品依次通过孔径为 6 mm、3 mm 和 0.5 mm 的筛子,得到 6～13 mm、3～6 mm、0.5～3 mm 和<0.5 mm 4 种粒度级的煤产品,之后每个粒度级分别取总样,把原煤总样、4 个粒度级的总样及各级煤样称重、标记,并保存。

(2) 浮沉试验

按照《煤炭浮沉试验方法》(GB/T 478—2008)[232]进行。粒度大于 0.5 mm 的试验为大浮沉试验;粒度小于 0.5 mm 的试验为小浮沉试验。

① 大浮沉试验

浮沉实验室:进行浮沉试验的实验室面积不小于 36 m^2,室温不低于 16 ℃。

浮沉试验器具:重液桶、网底桶、密度计、干燥箱、台秤、托盘天平、捞勺、盘子、煤泥桶等。

配置重液:本次试验选用氯化锌作为重液,配置好密度为 1.4 kg/L、1.5 kg/L、1.6 kg/L、1.7 kg/L、1.8 kg/L 的重液以备使用。

试验步骤:首先将配置好的浮沉液倒入重液桶中,保证重液桶的液面至少为 35 cm,把重液桶按密度级从小到大进行排序,做好准备工作后,按照密度级从小到大进行试验。进行浮沉试验的样品粒度下限为 0.5 mm,在每个重液桶的分层时间为 3 min 左右。

进行浮沉试验前先把煤样称重、标记,然后用水冲洗附着的煤泥,将冲下的煤泥水过滤,烘干后封闭保存。去除煤泥的样品用干燥箱烘干后放入重液桶中,3 min 后用捞勺捞起浮物,注意不要碰到沉物,以免在浮物中混入,捞起浮物后搅拌剩余的沉物与重液,待静止后再次捞取浮物,反复进行,将浮物捞取干净,接着捞取重液桶内的沉物,放入下一个更高密度的重液桶中,按照上述方法在各个密度级重液桶内依次进行。重液的密度要严格控制,以免试验造成误差,得到浮沉试验的各密度级产品,用水洗净上面残留的重液,直到滤液用硝酸银溶液检测到无白色沉淀为止,接着将浮沉产品用干燥箱烘干,称重后标记,密封保存。

云南热水河煤矿筛分得到 3 个粒度级的煤样,依次把 13～6 mm、6～3 mm、

3～0.5 mm 中的煤粉末用水冲下，视为煤泥，其余煤烘干后使用 1.4 kg/L、1.5 kg/L、1.6 kg/L、1.7 kg/L、1.8 kg/L 5 个密度级的氯化锌进行浮沉试验，浮沉试验的步骤和方法按照上述方法进行，各粒度级共得到<1.4 kg/L、1.4～1.5 kg/L、1.5～1.6 kg/L、1.6～1.7 kg/L、1.7～1.8 kg/L、>1.8 kg/L 和煤泥 7 个样品。对于贵州荣阳煤矿 13～6 mm、6～3 mm、3～0.5 mm 3 个粒度级的煤样采用 1.5 kg/L 和 1.8 kg/L 的氯化锌溶液进行浮沉试验，每个粒度级得到<1.5 kg/L、1.5～1.8 kg/L 和>1.8 kg/L 3 种煤产品，分别定义精煤、中煤和尾煤。

② 小浮沉试验

粒度<0.5 mm 的煤粉浮沉试验通常称为“小浮沉试验”，采用苯、四氯化碳以及三溴甲烷配置成重液，在离心机转速为 3 000 r/min 的条件下离心 12 min。在离心力的作用下，使煤粉按密度分层，从而获取不用密度级别的产物。将有机溶剂配成密度为 1.4 kg/L、1.5 kg/L、1.6 kg/L 和 1.8 kg/L 4 个不同密度级别的有机重液进行浮沉试验，得到<1.4 kg/L、1.4～1.5 kg/L、1.5～1.6 kg/L、1.6～1.8 kg/L 和>1.8 kg/L 5 个密度级的样品；荣阳煤矿<0.5 mm 的煤样品采用的浮沉试验方法与上述云南热水河<0.5 mm 煤样品采用的方法一致，使用 1.5 kg/L 和 1.8 kg/L 2 个密度级的有机重液进行小浮沉试验，得到<1.5 kg/L、1.5～1.8 kg/L 和>1.8 kg/L 3 个密度级的煤产品。

(3) 浮选试验

煤样浮选按照《煤粉(泥)实验室单元浮选试验方法》(GB/T 4757—2001)[233]进行煤泥浮选试验。

试验设备和药剂：浮选机、计时装置、微量注射器、微量进样器、天平、恒温干燥箱、捕集器、起泡剂。

试验步骤：首先将煤样破碎至<0.5 mm，然后依次在 XFD-63 型 1.5 L 单槽浮选机内加入水和制备好的煤样，搅拌煤浆混合均匀，3 min 后按先后顺序加入抑制剂、捕收剂、起泡剂，充气后 30 s 后进行刮泡，3 min 后停止刮泡，把精煤和尾煤放至专门容器内，将精煤及尾煤抽滤后在干燥箱烘干后密封保存。试验完毕后，往浮选机的浮选槽内加入清水，打开浮选机进行搅拌，直至清洗干净。

(4) 分步释放浮选试验

煤样分步释放浮选试验按照煤炭工业部部标准《选煤实验室分步释放浮选试验法》(MT 144—1986)[234]进行。煤泥分步释放试验是对煤泥进行多次浮选，分选出灰分不同的产物，得到不同阶段的浮选产品，根据浮选产品参数绘制煤泥可浮性曲线，判断煤的可选性并进行生产难易程度的评价。本次分步释放浮选试验采用柴油作为捕收剂，仲辛醇作为起泡剂。分步释放浮选试验步骤如图 5-1 所示。

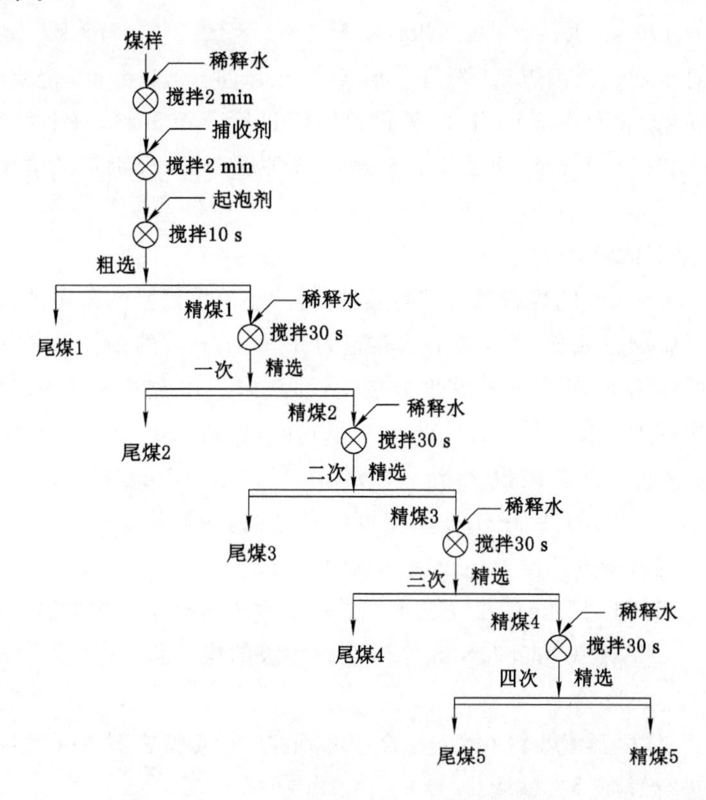

图 5-1　分步释放浮选试验流程图

5.2　有害元素在不同粒度、密度煤中重选产品的分布

5.2.1　高硫煤中有害元素在不同粒度级煤中的分布

(1) 热水河煤中有害元素在不同粒度级煤中的分布

对热水河原煤经破碎机破碎后进行筛分，筛分结果见表 5-1。由表 5-1 可以看出，热水河煤样的各个粒度级的产率分布不均匀，而且产率随着密度的减小而减小，灰分也存在相同的变化趋势，在粗粒度级煤中的灰分最高。6～13 mm

粒度级的产率最高，为 33.82%，灰分为 33.67%；<0.5 mm 粒度级的产率最低，只有 15.94%，灰分为 20.62%，低于平均灰分 29%，说明不会产生矸石泥化现象，对这个粒度级进行浮选不会对精煤产品造成污染。

表 5-1　热水河煤的粒度分布

粒度/mm	产率/%	灰分/%	筛上累计		筛下累计	
			产率/%	灰分/%	产率/%	灰分/%
6～13	33.82	33.67	33.82	33.67	100	27.41
3～6	27.80	27.80	61.62	31.02	66.18	24.22
0.5～3	22.44	22.33	84.06	28.70	38.38	21.62
<0.5	15.94	20.62	100.00	27.41	15.94	20.62

不同粒度级原料煤中 A_d、$S_{t,d}$、$S_{p,d}$和有害元素的分布见图 5-2。灰分和硫分在粗粒度级试样的含量较高。不同粒度级煤中 Co、Ni、Cu、As、Se、Hg、Tl 的分布与 A_d、$S_{t,d}$和 $S_{p,d}$相似，说明这些元素赋存在无机矿物中，特别是黄铁矿中，与前人的研究一致[59,70,85,235-237]，并且灰分、$S_{t,d}$、$S_{p,d}$、Co、Ni、Cu、As、Se、Hg、Tl 在较大粒度级煤中的含量相对较高，这是因为粗粒度的煤中含有很多的裂隙，后生矿物更容易充填其中[168,172]。而煤中其他元素如 Be、F、V、Cr、Cs、Th 和 U 等元素随粒度级的变化表现出与 A_d、$S_{t,d}$和 $S_{p,d}$随粒度级的变化不同的变化，说明这些元素的赋存状态比较复杂。

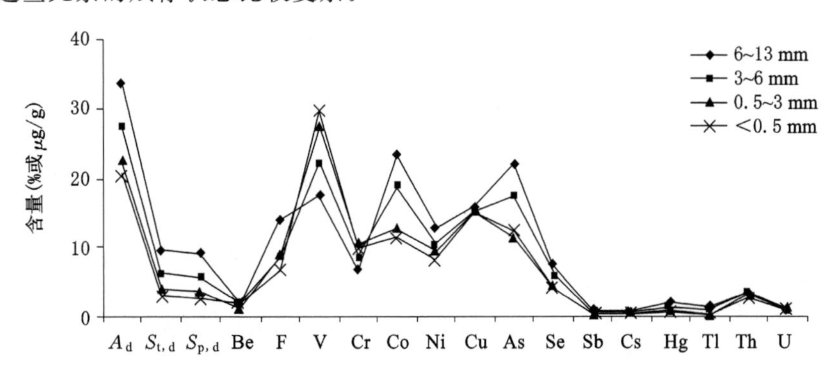

图 5-2　不同粒度级原料煤中 A_d、$S_{t,d}$和 $S_{p,d}$(%)和有害元素的含量(μg/g)

(2) 荣阳煤中有害元素在不同粒度级煤中的分布

荣阳煤的粒度分布见表 5-2，与热水河煤一样，荣阳煤的各个粒度级的产率分布不均匀，而且产率随着粒度级的减小而减小，6～13 mm 粒度级的产率为 33.82%，<0.5 mm 粒度级的产率最低，仅有 8.82%，灰分与热水河煤在各个粒度级分布不一致；荣阳煤在<0.5 mm 粒度级的灰分最高，为 25.52%，高于平均值，说明存在矸石泥化现象，对这个粒度级的物料进行浮选，可能对分选精度造成影响。

表 5-2　荣阳煤的粒度分布

粒度/mm	产率/%	灰分/%	筛上累计		筛下累计	
			产率/%	灰分/%	产率/%	灰分/%
6～13	33.82	20.64	33.82	20.64	100.00	19.64
3～6	30.88	17.29	64.70	19.04	66.18	19.13
0.5～3	26.47	19.15	91.17	19.07	35.29	20.74
<0.5	8.82	25.52	100.00	19.64	8.82	25.52

从图 5-3 可以看出，荣阳原料煤中 A_d、$S_{t,d}$、$S_{p,d}$的含量在<0.5 mm 粒度级含量最高，其次是 6～13 mm 粒度级，在 3～6 mm 和 0.5～3 mm 粒度级煤中含量相对较低。有害元素 Be、F、Cr、Co、Ni、Cu、Se、Mo、Cd、Sb、Ba、U 在 6～13 mm 粒度级的含量最高，在其余几个粒度级含量相差不大，As、Hg、Tl、Pb 的含量总体上随粒度级的减小而增加，在<0.5 mm 粒度级含量最高。Wang 等[172,238]认为大粒度的煤具有更多的裂隙，后生矿物更容易充填其中。矿物是大部分有害元素的载体，因此 6～13 mm 粒度级煤中微量元素含量更高。

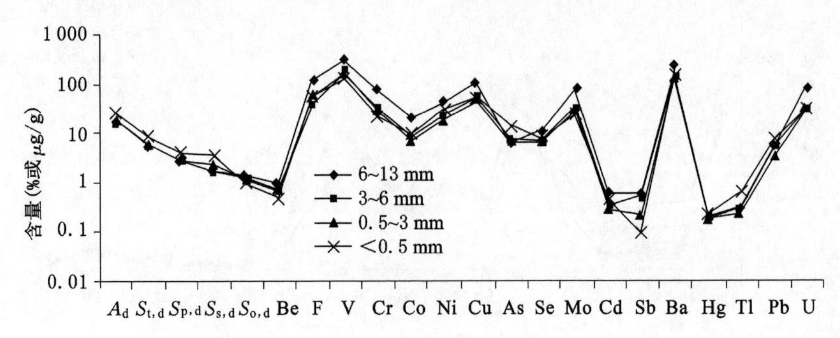

图 5-3　不同粒度级原料煤中 A_d、$S_{t,d}$和 $S_{p,d}$(%)和有害元素的含量(μg/g)

5.2.2　高硫煤中有害元素在不同密度级煤中的分布

（1）热水河煤中有害元素在不同密度级煤中的分布

浮沉试验是根据粉煤颗粒与矿物颗粒密度的差异，应用不同的比重液将它们进行分离。灰分和黄铁矿硫富集在重密度级煤中（图 5-4），说明重选可以有效脱除煤中的灰分、硫分和有害元素。浮沉试验灰分和微量元素在不同粒度级和密度级煤中的含量如表 5-3 所示。

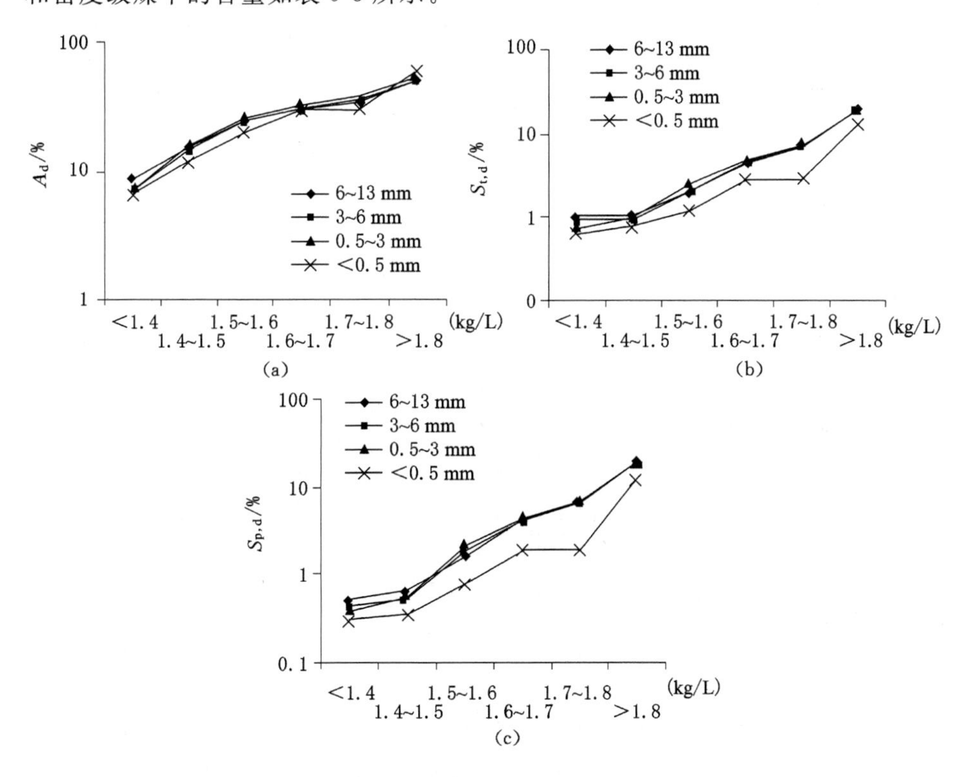

（a）灰分在不同密度级煤样中的分布；（b）全硫在不同密度级煤样中的分布；
（c）黄铁矿硫在不同密度级煤样中的分布。

图 5-4　灰分、全硫和黄铁矿硫在不同密度级煤样中的分布

在相同的密度级，煤中 $S_{t,d}$、As、Hg、Se、Sb 和 Tl 的含量随着密度级的增加而增加（图 5-5），这些元素富集在高密度级煤中，而在低密度级煤中含量相对较低，表明 As、Hg、Se、Sb 和 Tl 的赋存与黄铁矿有关，与前人的研究成果一致[9,70,239-241]。

表 5-3 热水河不同粒度级、密度级煤中 A_d(%)、$S_{t,d}$(%)、$S_{p,d}$(%)和微量元素(μg/g)的分布

粒度/mm	密度/(kg·L^{-1})	A_d	$S_{t,d}$	$S_{p,d}$	Be	F	V	Cr	Co	Ni	Cu	As	Se	Sb	Cs	Hg	Tl	Th	U
6~13	<1.4	8.3	1.0	0.5	1.8	27.2	47.9	14.2	9.1	9.5	20.8	1.3	2.4	0.18	0.16	0.16	0.03	2.4	1.0
	1.4~1.5	15.1	1.0	0.6	1.3	10.2	31.4	12.0	5.7	4.8	13.5	1.8	3.3	0.26	0.24	0.18	0.04	3.5	1.2
	1.5~1.6	24.0	1.9	1.6	1.8	13.6	24.9	8.9	6.1	4.6	10.2	3.2	2.8	0.37	0.45	0.21	0.07	4.0	1.5
	1.6~1.7	29.1	4.3	4.0	1.5	16.4	16.5	6.5	18.6	10.8	12.5	10.9	5.2	0.45	0.45	0.76	0.40	3.2	1.1
	1.7~1.8	33.4	6.7	6.3	0.8	15.1	12.1	6.8	22.6	15.1	9.1	13.5	6.3	0.36	0.34	1.47	0.65	2.3	0.8
	>1.8	48.9	19.0	18.8	0.9	10.4	12.0	4.8	38.0	20.2	21.0	52.5	12.6	0.66	0.40	3.77	2.32	3.0	0.8
	煤泥	31.0	3.3	3.1	1.4	47.9	33.2	15.1	26.0	15.6	24.6	20.3	6.2	0.92	0.51	0.58	0.49	4.6	1.5
	原料煤	33.7	9.5	9.1	1.7	13.8	17.7	6.5	23.3	12.6	15.7	21.9	7.5	0.57	0.43	1.83	1.14	3.3	1.0
3~6	<1.4	7.0	0.9	0.4	1.5	27.5	48.3	12.4	8.7	6.3	19.0	1.1	2.5	0.16	0.13	0.15	0.04	2.5	0.9
	1.4~1.5	14.6	0.9	0.5	1.1	6.8	29.9	12.4	5.9	4.7	13.1	1.7	3.1	0.23	0.21	0.17	0.05	3.8	1.1
	1.5~1.6	24.1	1.9	1.8	1.8	8.2	23.5	9.9	6.9	6.1	10.6	3.9	3.0	0.37	0.44	0.24	0.11	4.2	1.4
	1.6~1.7	30.1	4.3	4.1	1.0	9.6	17.1	9.6	17.9	11.0	11.7	8.6	4.4	0.39	0.43	0.75	0.41	3.4	1.1
	1.7~1.8	34.8	6.7	6.4	0.8	13.6	14.1	8.8	23.1	14.4	11.9	16.0	6.4	0.42	0.41	1.38	0.70	3.2	0.9
	>1.8	50.1	18.8	18.5	2.3	12.0	11.2	5.0	41.1	23.2	22.6	55.1	13.9	0.86	0.40	3.62	2.44	3.8	1.0
	煤泥	33.5	2.6	2.5	1.4	53.0	31.7	22.3	18.2	15.2	27.0	19.3	5.4	1.57	0.52	0.48	1.06	5.8	1.5
	原料煤	27.8	6.2	5.7	1.8	8.3	22.3	8.6	18.7	10.4	14.9	17.4	6.1	0.44	0.36	1.25	0.66	3.6	1.1

表 5-3(续)

粒度/mm	密度/(kg·L^{-1})	A_d	$S_{t,d}$	$S_{p,d}$	Be	F	V	Cr	Co	Ni	Cu	As	Se	Sb	Cs	Hg	Tl	Th	U
0.5～3	<1.4	6.8	0.7	0.4	1.1	12.5	43.7	11.3	7.0	5.5	17.7	1.1	2.9	bdl	0.06	0.14	bdl	2.4	0.9
	1.4～1.5	15.8	0.9	0.6	0.8	16.1	26.6	11.8	5.1	3.9	11.1	2.2	3.4	bdl	0.18	0.16	bdl	3.7	0.9
	1.5～1.6	25.7	2.3	2.1	0.8	10.6	20.9	8.6	8.3	6.2	10.4	5.1	3.0	0.03	0.38	0.39	bdl	4.2	1.3
	1.6～1.7	32.3	4.6	4.4	1.3	15.8	16.8	6.1	16.7	9.1	12.7	12.5	5.5	0.14	0.40	0.82	0.20	3.2	0.9
	1.7～1.8	37.7	7.2	6.8	2.2	18.9	15.9	6.3	24.5	14.3	16.6	25.4	7.0	0.29	0.39	1.44	0.49	3.0	0.8
	>1.8	54.0	18.3	18.1	3.4	17.6	12.8	7.0	45.2	26.4	30.2	75.8	16.8	0.85	0.32	3.42	1.90	4.6	1.1
	煤泥	35.6	1.9	1.7	1.5	55.1	37.7	180.5	24.4	15.2	26.2	19.9	4.4	1.17	0.52	0.26	0.39	4.4	1.1
	原料煤	22.3	3.9	3.5	0.9	8.7	27.4	10.3	12.7	9.2	15.1	11.5	4.1	0.33	0.30	0.77	0.19	2.7	0.8
<0.5	<1.4	6.3	0.6	0.3	0.8	6.5	44.9	12.5	5.8	5.5	16.0	1.1	2.2	bdl	0.07	0.16	bdl	2.7	0.7
	1.4～1.5	11.6	0.8	0.3	0.6	7.4	28.0	11.1	4.6	3.7	11.7	1.3	2.6	bdl	0.14	0.15	bdl	2.7	0.7
	1.5～1.6	19.7	1.1	0.8	0.6	11.9	25.1	10.6	5.5	4.3	16.0	2.8	2.7	bdl	0.26	0.21	bdl	3.9	1.2
	1.6～1.8	29.3	2.7	1.9	0.6	18.6	22.2	10.5	12.1	7.7	17.2	9.0	4.2	0.10	0.37	0.56	0.07	3.8	1.1
	>1.8	57.6	12.4	12.2	6.8	30.7	17.8	10.1	41.1	34.3	44.4	67.6	17.8	1.22	0.21	2.30	1.24	3.2	0.8
	原料煤	20.6	2.8	2.6	1.7	6.5	29.7	9.7	11.4	8.1	14.9	12.2	4.3	0.18	0.22	0.50	0.03	3.3	1.0

注:bdl,低于检出限。

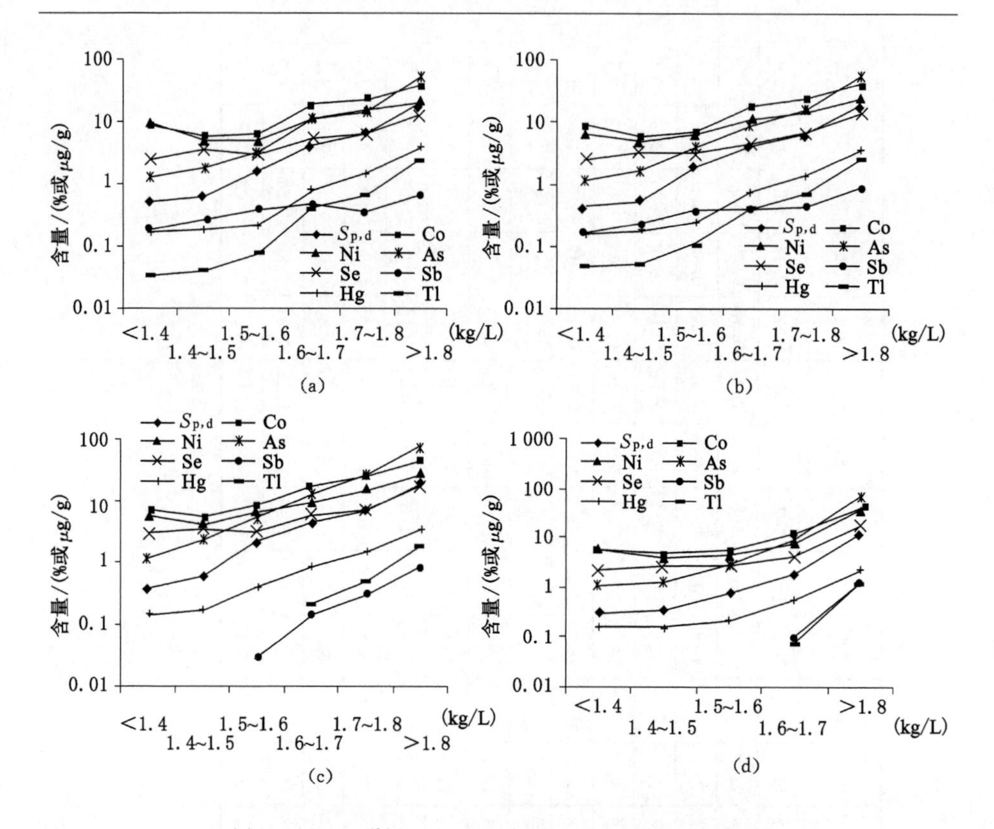

(a) 6～13 mm；(b) 3～6 mm；(c) 0.5～3 mm；(d) <0.5 m。

图 5-5 元素 Co、Ni、As、Se、Sb、Hg 和 Tl 在不同粒度级、密度级煤样中的含量

Co 和 Ni 在高密度级和低密度级煤中都存在富集，表明 Co 和 Ni 除了赋存在黄铁矿中，也赋存在有机组分中(图 5-5)。元素 F、Be、Cs、Th 和 U 随灰分(主要成灰组分为 Al_2O_3 和 SiO_2)增加的变化趋势不明显(图 5-6)，说明这些元素均匀赋存在黏土矿物和有机质中[75]。元素 V 和 Cr 含量随着密度级的增加而降低，说明 V 和 Cr 赋存在有机组分中(图 5-7)。

(2) 荣阳煤中有害元素在不同密度级煤中的分布

荣阳煤中灰分、硫分和微量元素在不同粒度级和密度级煤中的含量如表 5-4所示。从图 5-8 可以看出，灰分和黄铁矿硫、硫酸盐硫在密度小的精煤中含量较低，其次是中煤，尾煤中含量最高，说明通过重选，精煤和中煤的无机硫和灰分得到有效脱除，最后富集到尾煤中，但是有机硫在精煤、中煤和尾煤中的分布没有规律，选煤产品中有机硫的含量相差不大，而<0.5 mm 粒度级的尾煤中有机硫的含量很低，说明通过重选很难脱除精煤中的有机硫。

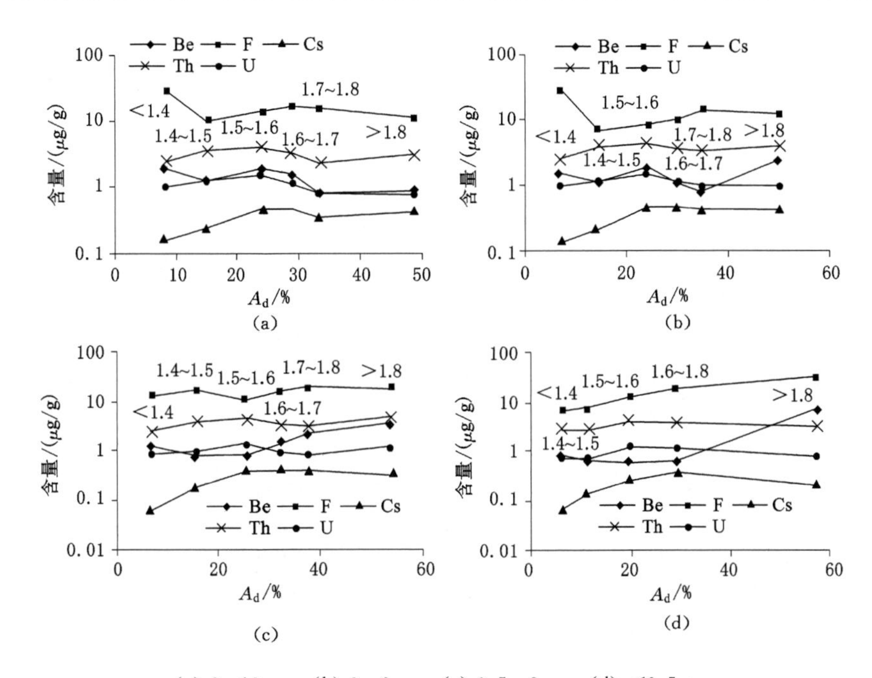

(a) 6～13 mm;(b) 3～6 mm;(c) 0.5～3 mm;(d) <0.5 mm。

图 5-6　Be、F、Cs、Th 和 U 含量在不同粒度级和密度级煤中的分配规律

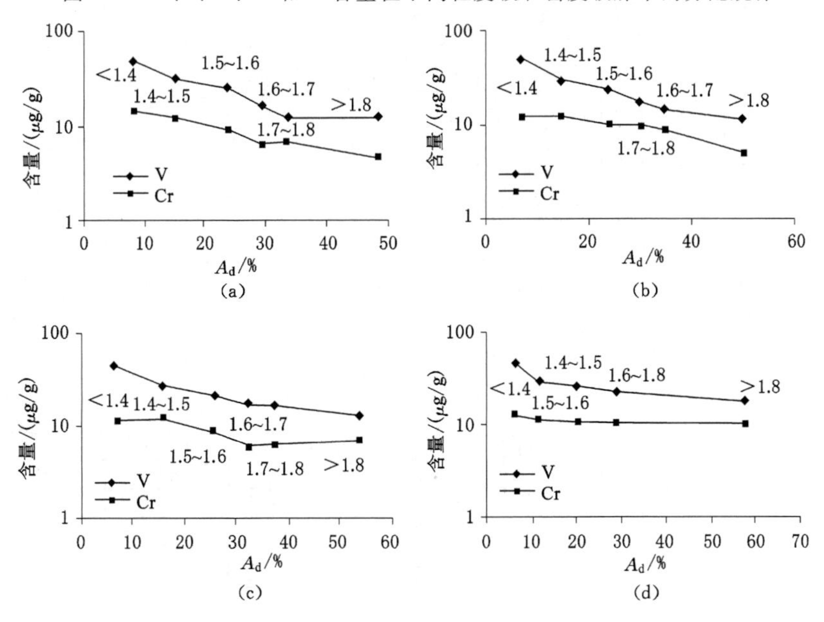

(a) 6～13 mm;(b) 3～6 mm;(c) 0.5～3 mm;(d)<0.5 mm。

图 5-7　V 和 Cr 含量在不同粒度级和密度级煤中的分配规律

表 5-4　荣阳煤中的灰分(%)、硫分(%)和有害微量元素(μg/g)在不同粒度级选煤产品中的含量

粒度/mm	选煤产品	A_d	$S_{t,d}$	$S_{p,d}$	$S_{s,d}$	$S_{o,d}$	Be	F	V	Cr	Co	Ni	Cu	As	Se	Mo	Cd	Sb	Ba	Hg	Tl	Pb	U
6～13	精煤	8.79	2.94	1.26	0.45	1.23	0.55	51.8	209.9	39.8	5.1	16.3	31.0	2.86	3.60	40.3	0.41	0.25	95.1	0.11	0.15	2.4	58.7
	中煤	21.34	5.59	3.35	0.98	1.26	1.07	79.2	349.6	143.4	19.4	52.2	83.8	6.07	10.11	97.7	0.89	0.97	252.9	0.19	0.44	4.4	68.7
	尾煤	46.57	12.71	8.76	2.87	1.08	1.32	101.7	264.4	35.8	26.4	46.5	231.3	9.88	21.51	59.4	1.15	1.02	464.2	0.35	0.69	10.7	25.0
	原料煤	20.64	5.78	2.75	1.68	1.35	0.95	112.5	298.7	67.3	17.8	41.1	98.3	6.19	11.43	76.6	0.59	0.57	208.4	0.18	0.28	4.5	83.9
3～6	精煤	8.08	2.63	1.06	0.35	1.22	0.60	22.9	249.9	48.6	4.5	15.3	28.1	1.90	3.06	39.7	0.36	0.26	69.7	0.12	0.23	3.2	10.5
	中煤	18.46	5.12	2.69	1.09	1.34	0.77	56.4	198.9	49.7	9.5	24.8	53.6	4.84	6.59	52.9	1.85	0.57	179.0	0.17	0.33	6.5	15.8
	尾煤	43.89	12.35	7.48	3.53	1.34	1.41	105.6	243.8	39.1	18.9	39.1	173.9	9.52	19.06	49.4	1.04	1.03	454.7	0.33	0.63	10.7	43.7
	原料煤	17.29	5.72	2.79	1.67	1.26	0.70	37.9	171.5	32.4	8.1	22.9	52.9	7.27	6.70	33.9	0.38	0.49	143.5	0.20	0.31	5.3	33.1
0.5～3	精煤	9.12	2.70	1.19	0.41	1.10	0.50	26.3	182.1	39.8	2.7	9.4	21.0	2.83	2.91	29.2	0.28	0.24	74.8	0.33	0.21	5.7	13.5
	中煤	20.05	5.97	3.71	0.99	1.27	0.60	57.4	155.2	47.1	5.3	12.5	41.0	4.56	6.86	33.2	0.36	0.42	194.3	0.21	0.29	7.6	12.6
	尾煤	42.66	11.47	8.18	2.31	0.98	1.24	108.5	254.5	68.1	12.5	30.1	130.9	9.89	18.54	42.8	0.61	0.99	588.9	0.33	0.49	21.0	21.0
	原料煤	19.15	6.35	2.83	2.38	1.14	0.65	53.9	162.8	27.6	6.4	18.1	45.3	6.31	6.32	29.6	0.27	0.21	118.1	0.17	0.22	3.2	32.4
＜0.5	精煤	9.60	2.90	0.81	0.86	1.22	0.43	28.8	164.7	33.9	5.1	17.9	28.7	6.79	3.14	32.4	0.15	0.01	75.7	0.15	0.23	4.6	31.3
	中煤	20.97	6.68	2.96	2.58	1.14	0.47	33.4	122.0	22.9	6.8	20.7	42.0	11.78	4.05	23.1	0.29	0.09	114.7	0.31	0.39	7.8	36.4
	尾煤	44.05	15.17	8.25	6.82	0.10	0.58	45.9	138.5	18.8	10.9	36.4	73.4	15.71	8.14	21.8	0.58	0.24	237.7	0.32	0.74	7.7	21.9
	原料煤	25.52	8.45	3.98	3.53	0.94	0.46	53.0	127.8	21.9	9.2	30.0	52.8	13.45	7.59	23.9	0.44	0.09	151.8	0.22	0.65	7.1	31.4

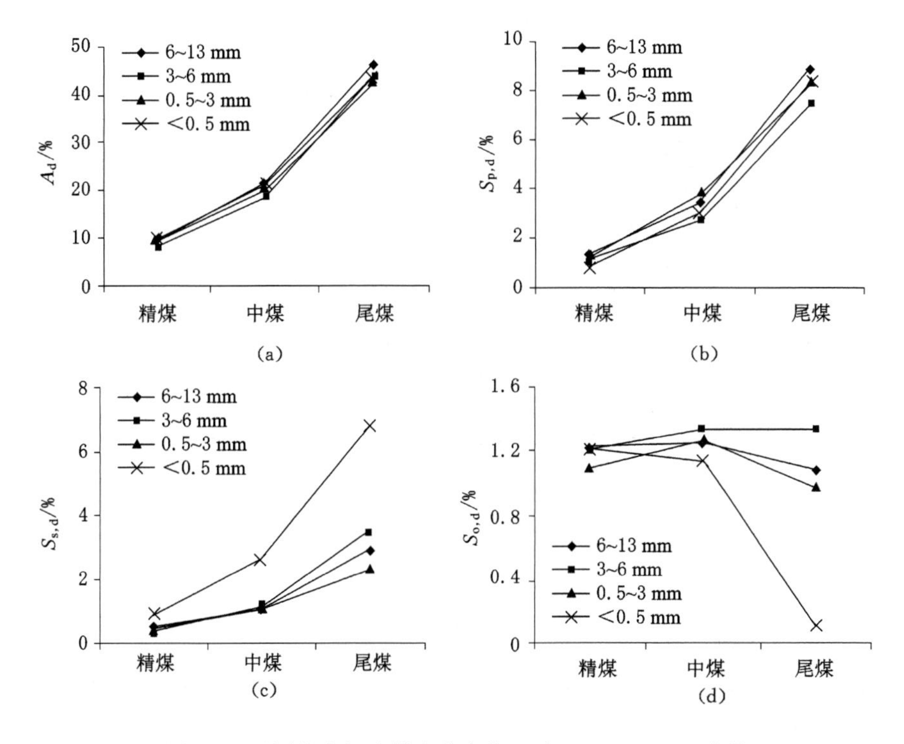

图 5-8 不同粒度级选煤产品中的 A_d 与 $S_{p,d}$、$S_{s,d}$、$S_{o,d}$ 含量

煤中 U 元素在各个粒度级选煤产品中变化不规律，有的粒度级在精煤和中煤富集，说明 U 元素除了富集在黏土矿物、锐钛矿和铀钛矿中，还有一些赋存在有机物中，与贵定、砚山、合山煤中的 U 赋存状态一致。元素 Co、Ni、Cu、As、Se、Cd、Sb、Hg、Tl、Pb 为亲硫性元素，这些元素在精煤、中煤和尾煤中的含量随 $S_{p,d}$的增大而增大(图 5-9)，表明它们的赋存与黄铁矿有关。荣阳煤的主要成灰组分为 SiO_2、Al_2O_3和 Fe_2O_3，表明矿物主要是黏土矿物和黄铁矿，Be、F 和 Ba 是亲石性元素，在不同选煤产品中的含量随灰分的增加而增加(图 5-10)，说明 Be、F 和 Ba 主要赋存在黏土或其他无机矿物中。V、Cr、Mo 和 U 随灰分的变化不规律(图 5-11)，说明这些元素赋存模式比较复杂，可能赋存在无机矿物和有机组分中。

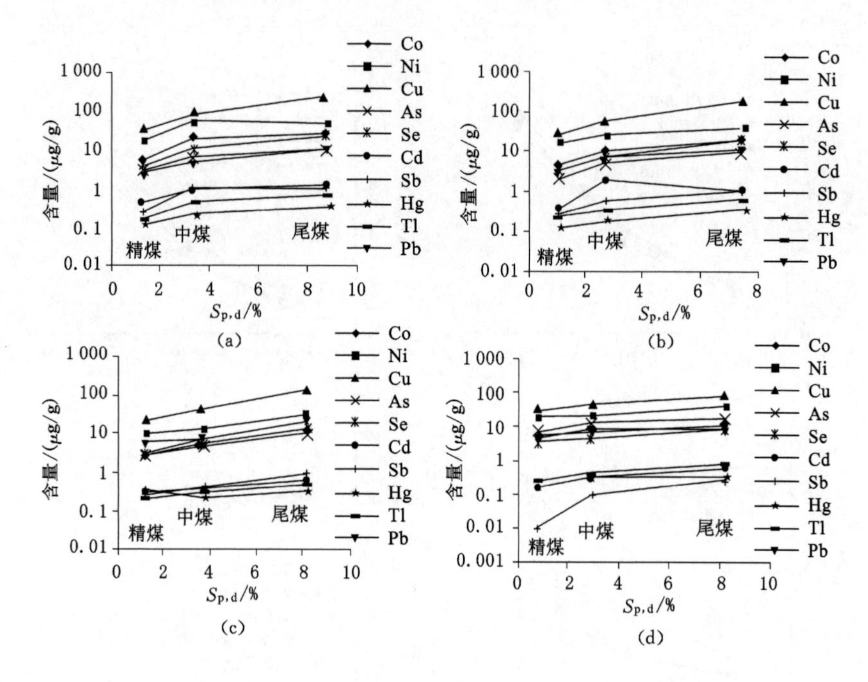

(a) 6～13 mm；(b) 3～6 mm；(c) 0.5～3 mm；(d) <0.5 mm。

图 5-9　元素 Co、Ni、Cu、As、Se、Cd、Sb、Hg、Tl、Pb 在不同粒度级选煤产品中的分布

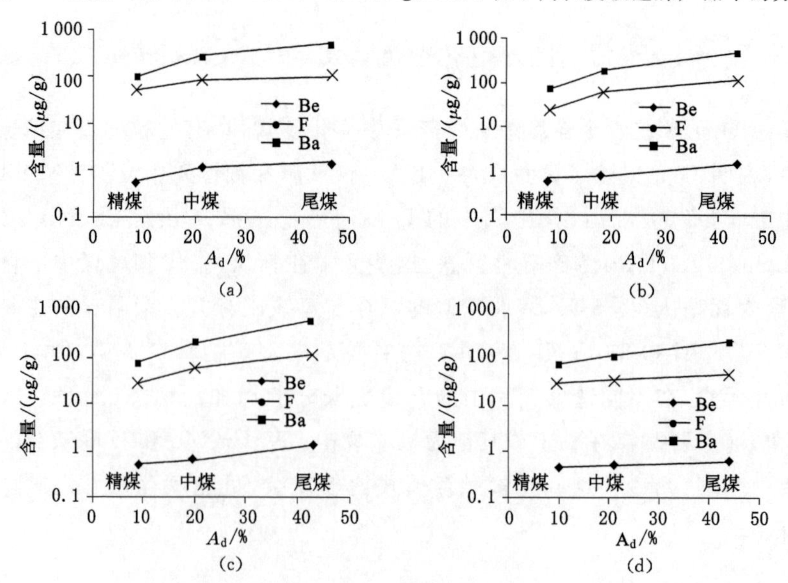

(a) 6～13 mm；(b) 3～6 mm；(c) 0.5～3 mm；(d) <0.5 mm。

图 5-10　元素 Be、F、Ba 在不同粒度级选煤产品中的分布

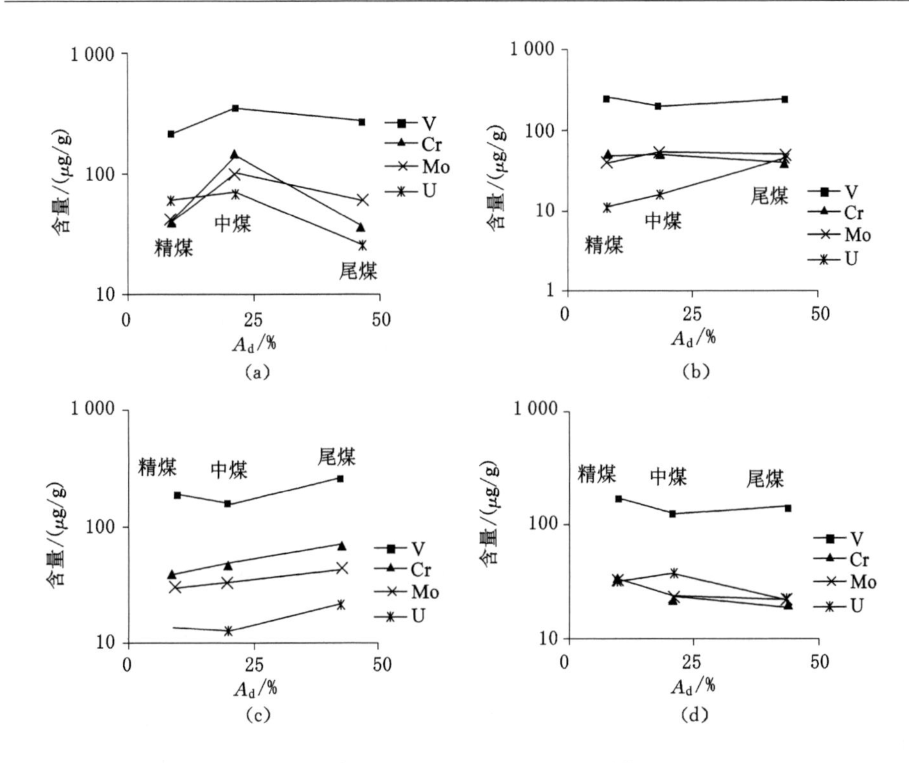

(a) 6～13 mm;(b) 3～6 mm;(c) 0.5～3 mm;(d) <0.5 mm。

图 5-11　元素 V、Cr、Mo 和 U 在不同粒度级选煤产品中的分布

通过重选,对各粒度级精煤中的元素与世界煤中的元素进行对比发现(图 5-12),U、V 和 Mo 的含量还是高于世界煤,说明重选可以减少 U 的含量但是不能脱除至较低水平,而 V 和 Mo 通过重选基本不可脱除。除 Be、As、Cd、Hg 外,其余元素含量仍高于世界煤。

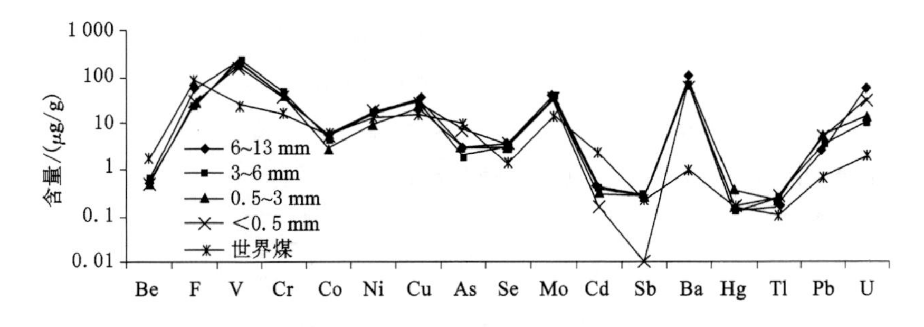

图 5-12　各粒度级精煤和世界煤中有害元素的含量

5.3 有害元素在浮选产品中的分布

5.3.1 浮选试验

浮选一般是针对粒度<0.5 mm 粒度级的煤,利用煤中有机质和矿物表面性质的差异进行分离的一种选煤技术。本次浮选试验使用的原料煤为来自干河煤矿的两个样品、荣阳煤矿的原煤以及荣阳煤经过筛分和浮沉试验得到的 3～6 mm 粒度级精煤,由于有害元素在该粒度级精煤中的脱除率最高[但是含量仍然高于世界煤均值(具体分析见第 6 章)],因此,选用该粒度级精煤作为原料煤,分析浮选对重选得到的精煤中有害元素的脱除效果。浮选产品的产率、灰分和有害元素的含量见表 5-5。

从表 5-5 可以看出,干河样 1 和样 2 煤的精煤产率较高,达到 50%左右,但是浮选效果不是很好,精煤灰分分别为 15.98%和 15.45%,高于一般精煤灰分 10%;荣阳原煤的浮选精煤产率较高,灰分为 9.19%,说明荣阳煤比干河煤易于浮选;荣阳 3～6 mm 粒度级的精煤经过浮选,得到的精煤灰分为 3.96%,说明浮选可以进一步脱除重选精煤的无机矿物。

干河和荣阳煤原煤(YM)以及通过浮选所得的精煤(JM)、尾煤(WM)中有害微量元素的含量分布见表 5-5 和图 5-13,有害元素的分配规律如下。

干河样 1 精煤中的大部分元素的含量都低于原煤,并且含量按照精煤、原煤和尾煤的顺序增加,说明浮选可以脱除精煤中的大部分有害元素,但是 Co、Ni、Sr 的脱除效果并不是很好,Cr、Mo、Cs 的含量甚至高于原煤,在干河煤中富集的有害元素 U 和 V 的含量与原煤相差很小。

与干河样 1 相似,干河样 2 精煤中的大部分元素含量低于精煤,尾煤中的含量最高,精煤中 Cs、Ni、Sr、Ba 的脱除效果较好,其余元素脱除效果不是很明显,比较关注的元素如 V、Cr、Mo 和 U 在精煤中的含量高于或者接近原煤中的含量,说明浮选难以从精煤中脱除这些元素。

对于荣阳煤,经过浮选之后,精煤中的大部分有害元素含量都低于原煤,而且精煤中的大部分元素(如 Sc、Co、Cs、Tl、Rb、Cu、Sr、Ba)都得到有效脱除,但是元素 Be、Cr、V、Mo、U 的含量与原煤相差不大或者高于原煤,说明浮选难以有效脱除这些有害元素。

表 5-5 浮选产品的产率(%)、灰分(%)和有害元素的含量(μg/g)

样品号		产率	灰分	Be	Sc	V	Cr	Co	Ni	Cu	Rb	Sr	Mo	Sb	Cs	Ba	Tl	Pb	Bi	U
干河样 1	精煤	49.63	15.98	1.04	3.06	586	453	3.03	49.7	40.6	17.1	74.5	142	1.18	3.62	33.9	6.76	14.8	0.35	164
	尾煤	50.37	26.32	1.22	3.74	620	314	7.20	75.2	62.0	19.3	92.9	136	1.63	4.91	50.3	9.20	19.8	0.60	178
	原煤	100	24.20	1.11	3.12	603	344	5.67	121	40.9	17.1	116	138	1.07	3.87	34.7	7.50	15.7	0.37	173
干河样 2	精煤	51.04	15.45	1.72	4.09	561	215	8.58	34.1	18.8	11.9	94.9	159	0.38	1.11	26.6	1.52	8.82	0.27	234
	尾煤	48.96	27.71	2.28	5.06	533	194	5.37	43.6	38.1	18.2	115	153	0.81	2.71	54.9	3.17	27.6	1.80	218
	原煤	100	23.37	1.97	4.09	532	202	6.33	70.5	22.3	17.1	111	153	0.45	2.01	37.9	2.34	9.43	0.31	230
荥阳原煤	精煤	65.14	9.19	0.50	1.92	67.4	16.8	0.74	3.42	11.4	2.92	42.8	11.6	0.20	0.57	32.8	0.32	11.1	0.23	16.0
	尾煤	34.86	18.75	0.55	2.24	79.9	15.9	0.92	3.61	18.0	5.90	58.9	14.1	0.55	0.92	82.7	0.55	46.6	0.81	14.9
	原煤	100	19	0.50	2.01	69.0	16.1	3.32	20.1	22.5	4.42	51.2	12.0	0.09	0.86	51.5	0.56	11.7	0.26	19.2
重选精煤(3～6 mm)	精煤	31.22	3.96	0.62	2.43	230	42.1	1.41	8.21	12.1	1.53	33.6	21.7	0.09	0.34	19.0	0.14	6.48	0.13	41.4
	尾煤	68.78	10.84	0.79	2.98	163	80.8	3.63	26.0	68.3	6.19	51.6	44.5	0.17	0.94	79.1	0.34	35.6	1.31	36.4
	原煤	100	9.12	0.69	2.74	168	73.1	3.60	24.1	63.3	5.43	41.3	38.2	0.13	0.90	83.6	0.34	30.5	1.12	37.0

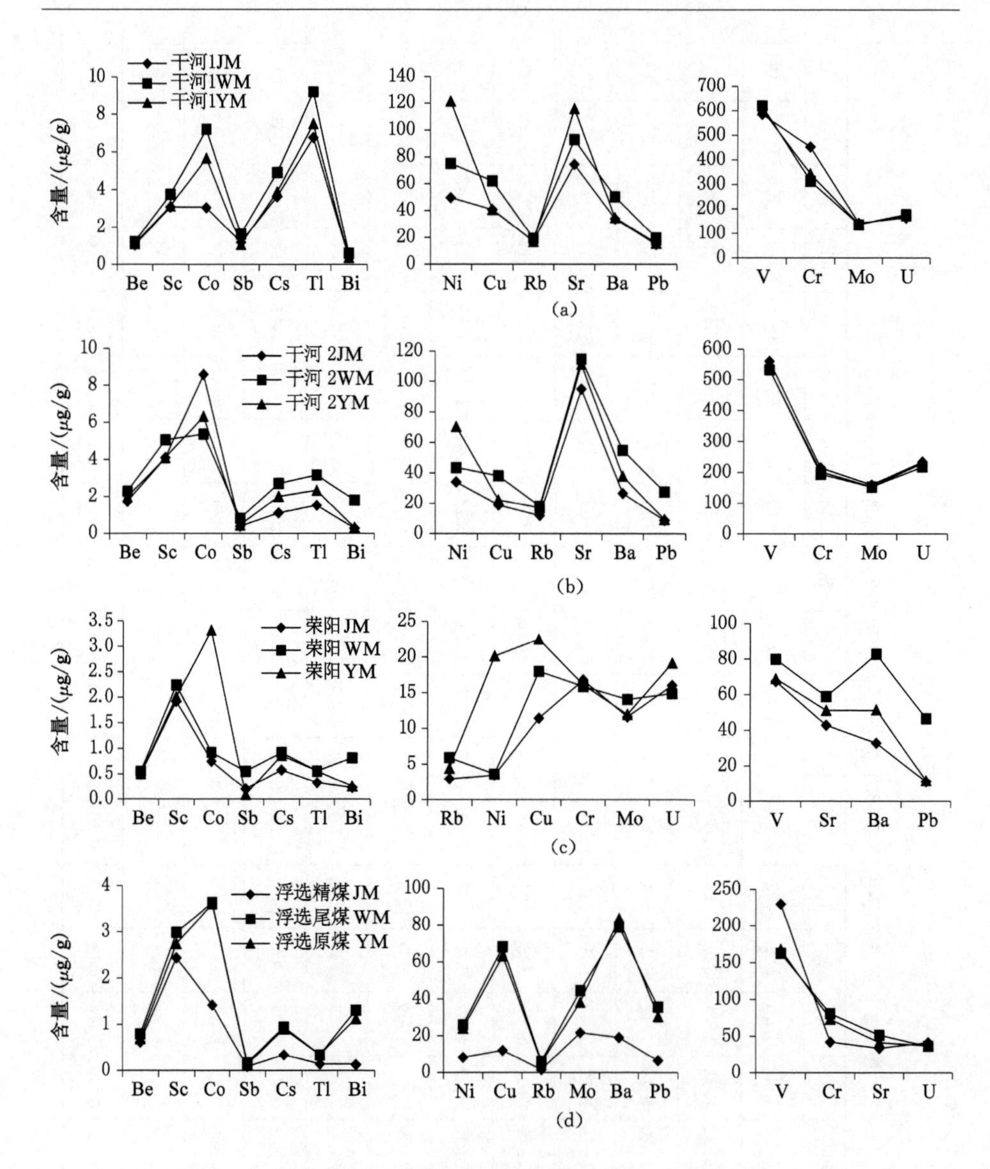

(a) 干河样 1;(b) 干河样 2;(c) 荣阳煤;(d) 浮选精煤。

图 5-13 有害元素在浮选原煤、精煤和尾煤中的含量

对于荣阳 3～6 mm 粒度级重选得到的精煤进行浮选,精煤中的大部分有害元素得到了进一步脱除,而且脱除效果很好,例如 Sc、Co、Sb、Cs、Bi、Ni、Cu、Mo、Ba、Pb 和 Cr 的含量远低于重选得到的精煤,但是荣阳煤中受到关注的元素如 U 依然高于重选得到的精煤,含量依然远远高于世界煤的平均值,说明即

使通过浮选，也是难以有效脱除荥阳煤中的 U 元素。

总而言之，通过浮选，原煤大部分有害元素得到脱除，但是在干河和荥阳煤中富集的有害元素如 V、Cr、Mo、U 等依然难以有效脱除，这是由于煤中部分 V、Cr、Mo、U 的赋存与有机质相关（详见第 4 章第 6 节），荥阳煤中有害元素脱除效果要好于干河煤；对于荥阳煤重选得到的精煤，除了 U 之外，其余 V、Cr、Mo 的含量在精煤中减少，说明浮选可以进一步脱除重选中难以脱除的元素，但是 U 元素即使通过重选和浮选都难以从精煤中脱除。王文峰和秦勇[168]认为精煤中有害元素的分布如同灰分一样，精煤中脱除的有害元素会富集在尾煤中，但是本次研究出现了某些元素在精煤或者尾煤中同时富集或者亏损的情况，是由元素与浮选介质存在离子交换或者试验误差导致的。

5.3.2　有害元素在分步释放试验中的迁移特性

本次试验采用 150 g 荥阳的无烟煤粉煤进行煤泥浮选分步释放试验，试验目的是为探索浮选脱除有害元素的极限。试验采用柴油作为捕收剂，仲辛醇作为起泡剂，用量分别为 800 g/t、400 g/t，试验结果如图 5-14。荥阳粉煤的分步释放结果表明，荥阳煤的可浮性较好，4 次精选后，尾煤的的累计产率仅为 17.62%，最后得到的精煤产率高达 82.38%。

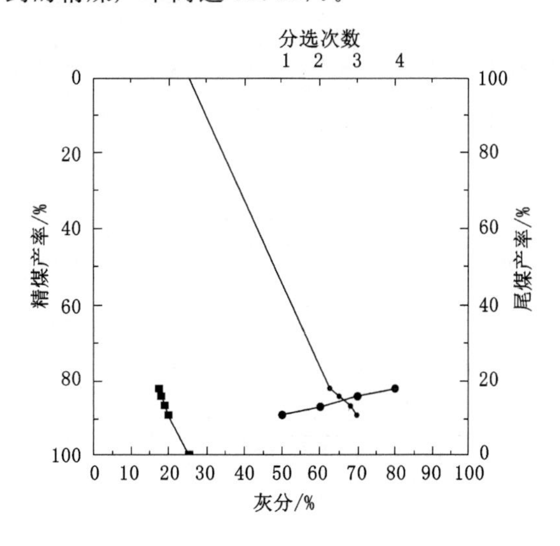

图 5-14　浮选分步释放结果

分步释放浮选产品的产率、灰分和微量元素的含量见表 5-6 和图 5-15，由于

4 号尾煤(W4)的产率过低，得到的产品仅有 2 g 左右，未能进行煤中微量元素的测试，因此，只能从大体上对微量元素在迁移过程中的分布规律进行评价。微量元素在分步释放浮选产品中的含量变化规律显示：

(1) 除 U 外所有的微量元素在精煤(JM)中的含量最低，Be、F、V、Cr、Cd、Ba、Cs、Tl 在分步释放浮选产品的变化趋势一致，大多数元素(Cr 除外)在 1 号尾煤(W1)中的含量最高，中间产品呈现含量逐级降低的趋势，这几个元素都具有亲石性，而且它们的变化趋势与灰分一致，说明经过深度浮选，可以有效脱除这些亲石性元素。

(2) 前面的研究表明，Co、Cu、As、Se、Sb 和 Hg 大部分赋存在黄铁矿中，这些元素的浮选产品曲线具有相同的变化趋势，粗选之后的 1 号尾煤(W1)中 Co、Cu、As、Se、Sb 和 Hg 的含量最低，随着精选次数的增加，尾煤中有害元素的含量逐渐增加，即 2 号尾煤(W2)和 3 号尾煤(W3)中有害元素的含量逐渐增加，说明多次精选有助于这些亲硫性元素从精煤中分离，得到纯度更高的煤。与 Co、Cu、As、Se、Sb 和 Hg 不同的是，Pb 和 Tl 元素在 2 号尾煤(W2)中的含量最高，在 3 号尾煤(W3)中的含量逐渐降低。

表 5-6 分步释放浮选产品的产率(%)、灰分(%)和微量元素的含量(μg/g)

产品	产率	灰分	Be	F	V	Cr	Co	Ni	Cu	As
W1	10.76	69.81	1.34	239.3	355.56	61.73	4.42	19.22	78.42	21.33
W2	2.38	60.62	1.17	205.7	274.54	64.02	4.41	20.74	85.62	28.80
W3	2.55	49.53	0.53	102.6	152.47	53.90	4.75	24.25	89.72	30.65
W4	1.93	42.89	nd	nd	nd	nd	nd	nd	nd	nd
JM	82.38	17.43	0.39	32.6	140.68	27.07	3.54	11.35	54.18	9.94

产品	Se	Mo	Cd	Sb	Ba	Cs	Hg	Tl	Pb	U
W1	15.43	28.91	0.78	3.82	580.60	4.46	0.61	0.93	81.49	15.23
W2	16.98	34.37	0.70	4.83	346.47	3.77	0.71	0.75	91.16	16.27
W3	28.37	39.49	0.69	2.29	254.37	2.06	0.68	0.81	55.79	12.90
W4	nd	nd	nd	nd	nd	nd	nd	nd	nd	nd
JM	14.03	34.55	0.29	0.37	98.05	1.07	0.36	0.58	17.76	23.32

注：“nd”表示无资料。

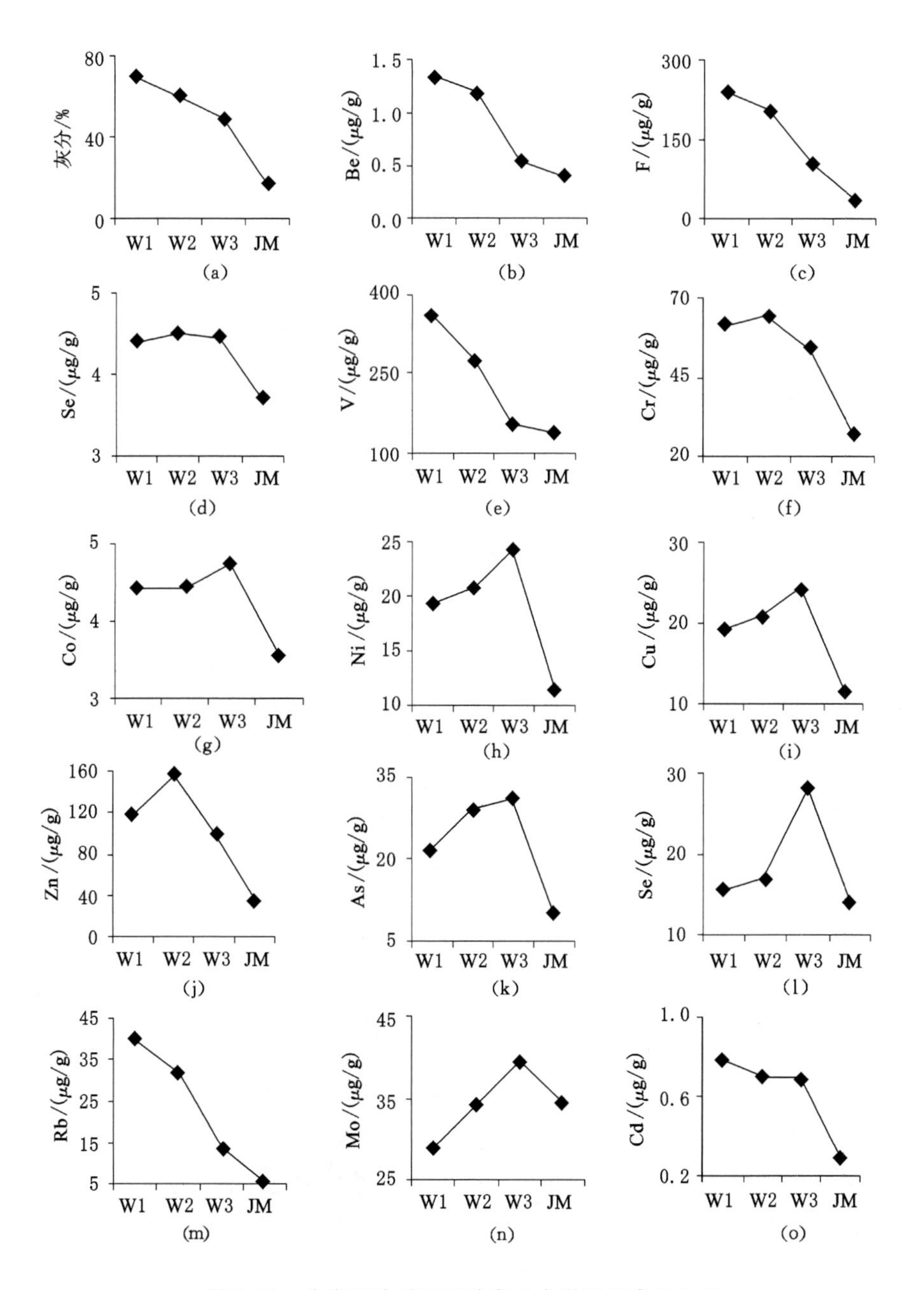

图 5-15　分步释放浮选试验产品中微量元素的含量

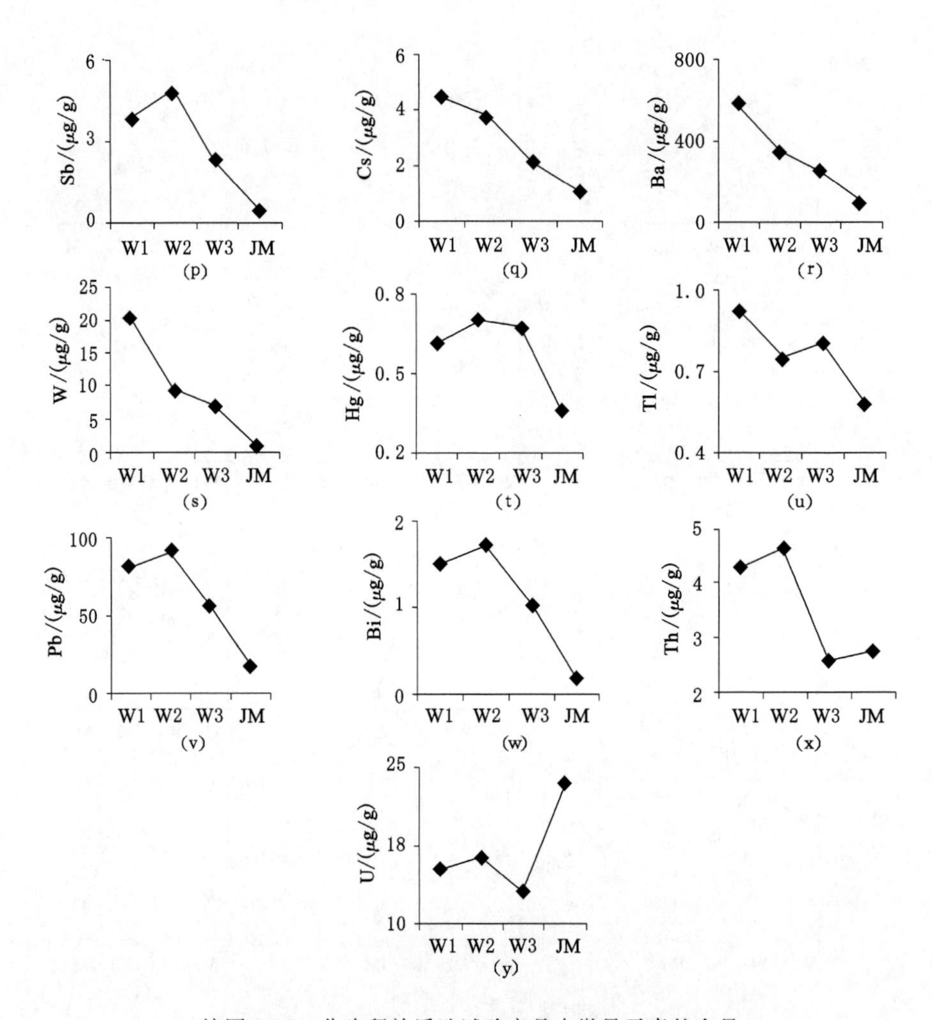

续图 5-15 分步释放浮选试验产品中微量元素的含量

(3) U 和 Mo 元素在分步释放浮选产品中变化趋势最为特别，精煤中的 Mo 和 U 含量要高于尾煤，说明浮选难以脱除煤中的 U 和 Mo。

对分步释放浮选得到的精煤与中国煤和世界煤进行对比(图 5-16)，仅有少数几种有害微量元素(Be、F、Co、Ni、Cd、Ba)在精煤中的含量低于中国煤和世界煤的平均含量，精煤中的 V、Cr、Cu、As、Se、Mo、Hg、Tl、Pb 和 U 的含量仍然高于中国煤和世界煤，尤其是 V、Mo 和 U，高于中国煤和世界煤的 5～10 倍左右，因此精煤中的大部分有害元素无法通过浮选进行脱除。

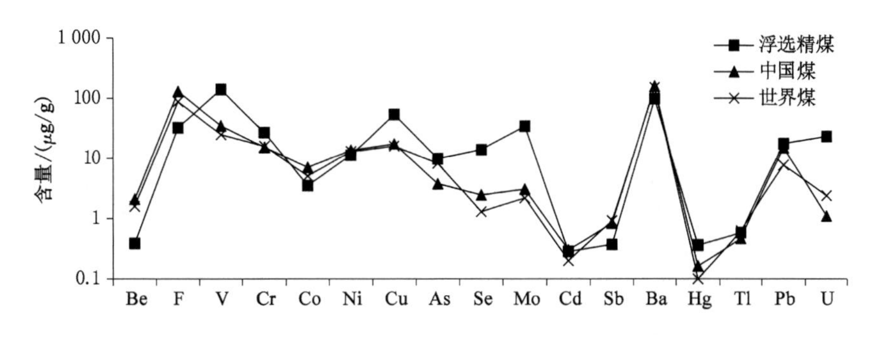

图 5-16 分步释放浮选精煤和中国煤、世界煤中有害元素的含量

5.4 稀土元素的分异特征

稀土元素在不同粒度和密度级煤中的含量如表 5-7 所示。稀土元素的地球化学参数∑REY、富集类型、La_N/Yb_N、Eu 异常（Eu_N/Eu_N^*）和 Ce 异常（Ce_N/Ce_N^*）如表 5-8 所示。由于样品为全煤层混合样，本节使用上地壳（UCC）元素含量均值进行标准化，可以更好地反映各类选煤产品中稀土元素的富集程度。稀土元素富集类型可以划分为：L 型（轻稀土：La、Ce、Pr、Nd 和 Sm；$La_N/Lu_N>1$）；M 型（中稀土：Eu、Gd、Tb、Dy 和 Y；$La_N/Sm_N<1$，$Gd_N/Lu_N>1$），和 H 型（重稀土：Ho、Er、Tm、Yb 和 Lu；$La_N/Lu_N<1$）[242]。

5.4.1 不同粒度级稀土的分异特征

使用上地壳中稀土元素对不同粒度级煤进行标准化结果见图 5-17。从 La 到 Gd，大部分稀土元素在<0.5 mm 粒度煤中含量相对较高，但是稀土的分异（不同粒度级煤中稀土元素的含量差异）在 4 个粒度级不明显。从 Tb 到 Lu，稀土元素的分异在 4 个粒度级分异明显，稀土元素含量在 6～13 mm 和 3～6 mm 粒度级含量相对较高，4 个粒度级原煤中具有中稀土富集的特点，并且具有轻微 Eu 负异常。

表 5-7 灰分、全硫和形态硫含量(%),稀土元素在不同粒度级和密度级煤中含量(μg/g)

粒度/mm	密度/(kg·L^{-1})	A_d	$S_{t,d}$	$S_{p,d}$	$S_{s,d}$	$S_{o,d}$	Y	La	Ce	Pr	Nd	Sm	Eu	Gd	Tb	Dy	Ho	Er	Tm	Yb	Lu
6~13	<1.4	8.34	1.34	0.11	0.19	1.05	8.05	19.12	35.35	4.23	16.74	2.50	0.43	2.29	0.26	1.53	0.29	0.92	0.13	0.94	0.13
	1.4~1.5	15.05	1.76	0.60	0.35	0.80	10.72	9.60	19.36	2.45	10.31	2.06	0.36	2.18	0.29	1.96	0.38	1.19	0.17	1.26	0.17
	1.5~1.6	24.04	2.48	0.94	0.60	0.95	13.43	12.34	26.04	3.26	13.29	2.71	0.41	2.71	0.39	2.40	0.48	1.52	0.21	1.51	0.23
	1.6~1.7	29.10	3.95	1.76	1.93	0.26	12.36	9.06	19.15	2.53	10.62	2.40	0.44	2.64	0.39	2.32	0.44	1.37	0.19	1.31	0.19
	1.7~1.8	33.39	6.30	0.59	3.72	1.99	11.66	5.43	11.61	1.67	7.35	1.95	0.44	2.22	0.34	2.15	0.43	1.32	0.17	1.22	0.17
	>1.8	48.88	12.28	2.98	8.92	0.38	7.34	6.13	12.48	1.65	6.81	1.49	0.33	1.71	0.22	1.43	0.27	0.88	0.11	0.88	0.13
	Feed coal	33.67	7.07	1.48	4.92	0.67	10.15	9.43	19.02	2.48	10.12	2.25	0.38	2.20	0.32	1.91	0.38	1.20	0.16	1.17	0.18
3~6	<1.4	7.00	1.24	0.30	0.17	0.77	6.62	17.72	32.51	3.93	15.51	2.27	0.38	2.02	0.24	1.26	0.24	0.78	0.11	0.79	0.11
	1.4~1.5	14.56	1.26	0.25	0.24	0.78	9.99	9.71	19.47	2.52	10.56	2.02	0.37	1.99	0.30	1.82	0.37	1.17	0.16	1.11	0.16
	1.5~1.6	24.12	2.74	0.81	0.75	1.18	13.16	11.40	23.72	3.05	12.62	2.51	0.42	2.53	0.38	2.38	0.50	1.56	0.22	1.59	0.23
	1.6~1.7	30.07	4.03	1.74	2.05	0.24	11.79	8.83	18.60	2.44	10.58	2.22	0.41	2.42	0.36	2.21	0.43	1.43	0.19	1.44	0.20
	1.7~1.8	34.81	6.57	2.52	3.67	0.37	10.98	7.51	15.89	2.14	9.11	2.07	0.44	2.27	0.34	2.10	0.39	1.26	0.18	1.25	0.18
	>1.8	50.14	12.95	4.61	8.25	0.10	8.68	7.26	14.67	1.93	7.93	1.77	0.40	1.96	0.26	1.65	0.31	0.97	0.13	1.01	0.14
	Feed coal	27.80	5.16	1.79	3.05	0.32	9.86	9.23	18.78	2.40	9.92	1.99	0.39	2.11	0.29	1.86	0.37	1.19	0.16	1.18	0.17

表 5-7(续)

粒度/mm	密度/(kg·L^{-1})	A_d	$S_{t,d}$	$S_{p,d}$	$S_{s,d}$	$S_{o,d}$	Y	La	Ce	Pr	Nd	Sm	Eu	Gd	Tb	Dy	Ho	Er	Tm	Yb	Lu
0.5～3	<1.4	6.82	1.05	0.00	0.13	0.92	5.99	14.27	26.56	2.97	12.21	1.81	0.26	2.14	0.17	1.21	0.20	0.69	0.06	0.72	0.08
	1.4～1.5	15.76	1.22	0.36	0.25	0.61	9.34	9.52	19.57	2.25	9.18	1.83	0.32	2.06	0.27	1.68	0.31	0.98	0.13	1.04	0.15
	1.5～1.6	25.69	3.18	0.94	1.07	1.18	12.18	11.28	24.12	2.82	11.62	2.27	0.38	2.57	0.33	2.23	0.40	1.44	0.16	1.47	0.19
	1.6～1.7	32.29	4.45	1.44	2.63	0.38	10.47	9.85	20.73	2.32	9.56	2.03	0.35	2.23	0.25	1.84	0.32	1.08	0.11	1.15	0.15
	1.7～1.8	37.74	6.34	2.10	3.97	0.26	10.21	9.32	19.83	2.20	9.45	1.88	0.42	2.11	0.27	1.75	0.30	1.06	0.10	0.98	0.12
	>1.8	53.96	14.19	3.67	8.31	2.21	10.61	8.65	18.15	2.20	9.52	2.41	0.62	2.54	0.33	2.08	0.35	1.13	0.12	1.11	0.13
	Feed coal	22.33	3.73	1.42	2.00	0.31	9.08	10.67	21.78	2.43	9.56	1.82	0.27	2.21	0.22	1.50	0.24	0.96	0.09	0.91	0.09
<0.5	<1.4	6.29	0.96	0.02	0.05	0.88	6.02	12.35	22.65	2.54	9.93	1.56	0.46	1.80	0.19	1.02	0.20	0.66	0.08	0.69	0.08
	1.4～1.5	11.60	1.48	nd	nd	nd	7.96	9.72	18.80	1.96	8.30	1.53	0.58	1.68	0.16	1.25	0.22	0.81	0.07	0.80	0.09
	1.5～1.6	19.72	3.13	0.39	0.35	0.74	9.45	10.76	22.30	2.52	10.48	1.94	0.72	2.21	0.23	1.74	0.31	1.12	0.12	1.15	0.13
	1.6～1.8[a]	29.30	12.37	1.18	1.51	0.44	10.96	12.33	25.20	2.74	11.06	2.12	0.94	2.51	0.25	1.87	0.33	1.15	0.12	1.15	0.14
	>1.8	57.61	3.57	5.81	4.72	1.85	17.03	11.38	21.02	2.45	11.17	3.32	1.59	3.87	0.51	3.04	0.49	1.50	0.14	1.34	0.16
	Feed coal	20.62	1.34	1.15	1.53	0.89	10.11	10.70	21.72	2.46	10.34	2.06	0.39	2.35	0.27	1.76	0.32	1.07	0.12	1.10	0.13

注:nd 表示无数据；a 表示 1.6～1.7 kg/L 和 1.7～18 kg/L 密度级煤合并,因为 1.6～1.7 kg/L 密度级煤产率极低。

表 5-8　热水河不同粒度级和密度级煤中稀土元素的地球化学参数

粒度/mm	密度/(kg·L^{-1})	ΣREY/(μg·g^{-1})	富集类型	La_N/Yb_N	Ce_N/Ce_N^*	Eu_N/Eu_N^*
6～13	<1.4	92.89	L	1.49	0.90	0.95
	1.4～1.5	62.44	M	0.56	0.91	0.89
	1.5～1.6	80.91	M	0.60	0.93	0.77
	1.6～1.7	65.42	M	0.51	0.91	0.88
	1.7～1.8	48.13	M	0.33	0.87	1.07
	>1.8	41.87	M	0.51	0.89	1.13
	原料煤	61.33	M	0.59	0.89	0.86
3～6	<1.4	84.49	L	1.64	0.89	0.95
	1.4～1.5	61.71	M	0.64	0.90	0.93
	1.5～1.6	76.28	H	0.52	0.92	0.85
	1.6～1.7	63.55	M	0.45	0.91	0.91
	1.7～1.8	56.12	M	0.44	0.90	1.03
	>1.8	49.08	M	0.53	0.89	1.13
	原料煤	59.89	M	0.57	0.91	0.98
0.5～3	<1.4	69.33	L	1.46	0.93	0.82
	1.4～1.5	58.61	M	0.67	0.97	0.90
	1.5～1.6	73.48	M	0.56	0.97	0.84
	1.6～1.7	62.46	M	0.63	0.99	0.93
	1.7～1.8	59.99	M	0.70	1.00	1.14
	>1.8	59.96	M	0.57	0.95	1.34
	原料煤	61.83	L	0.86	0.98	0.80
<0.5	<1.4	60.22	L	1.31	0.92	1.58
	1.4～1.5	53.92	L	0.89	0.98	2.14
	1.5～1.6	65.19	M	0.69	0.98	2.01
	1.6～1.8	72.85	M	0.79	0.99	2.40
	>1.8	79.01	M	0.62	0.91	2.38
	原料煤	64.86	M	0.71	0.97	1.00

注：ΣREY 是 La 到 Lu 加上 Y 含量。$Eu_N/Eu_N^* = Eu_N/(Sm_N \times 0.66 + Tb_N \times 0.33)$；$Ce_N/Ce_N^* = Ce_N/(La_N \times 0.5 + Pr_N \times 0.5)$[43]。$La_N$、$Ce_N$、$Pr_N$、$Sm_N$、$Eu_N$和 Tb_N为 UCC 标准数值。

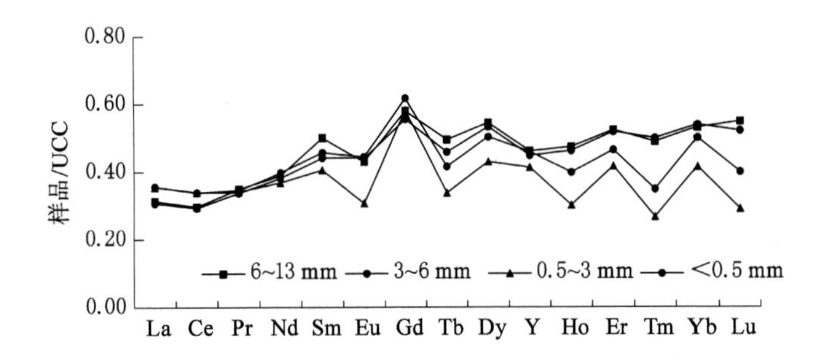

图 5-17 不同粒度级煤中稀土元素的分布模式

（使用上地壳标准化结果[229]）

5.4.2 不同密度级稀土的分异特征

不同粒度和密度级煤中 UCC 标准化稀土元素的分布结果见图 5-18。在每个粒度级，＜1.4 kg/L 密度煤中具有轻稀土富集，但是随着密度级增加，以中稀土元素为主(表 5-7)。在大的粒度级(6～13 mm)，稀土元素在＞1.8 kg/L 密度级的含量低于轻密度级，与前人研究不一致[162,243]，稀土元素在低密度级煤中含量较低。当粒度级降至＜0.5 mm，高密度级中 M 型稀土元素和 H 型稀土元素含量较高。物理分选结果显示，L 型稀土元素显示在轻密度级富集，M 型稀土元素和 H 型稀土元素在小粒度级和高密度级富集，表明轻稀土赋存在有机质中，M 型稀土元素和 H 型稀土元素富集在矿物中。

稀土元素在不同粒度和密度级显示不同程度的分异(不同密度级的含量差异)。大粒度级(6～13 mm)煤中显示较强的轻稀土分异，当粒度级减少的情况下，中稀土和重稀土的分异程度变化不大，但是轻稀土的分异程度降低，这是由于：① 根据上述分析，热水河煤中 L 型稀土元素主要赋存在有机质中，从表 5-8 可以看出，LTAs 产率(矿物含量)随着粒度级减小而减小，换句话说，大粒度级煤中有机质含量相对较低，所以不同密度级大粒度级煤中非均质性较强，导致 L 型稀土元素分异较为明显；② 热水河煤中 M 型稀土元素和 H 型稀土元素主要赋存在矿物中，在大粒度级、不同密度级煤样中灰分的差异较小。例如，在 6～13 mm 粒度级煤样中，灰分的最大差异(1.4 kg/L 和 1.8 kg/L)为 40.54%，但是＜0.5 mm 粒度级煤的灰分的最大差异为 51.32%。M 型稀土元素和 H 型稀土元素应该在小粒度级煤样中分异较小，由于小粒度煤中矿物含量最低，最终导致 M 型稀土元素和 H 型稀土元素的分异不明显。

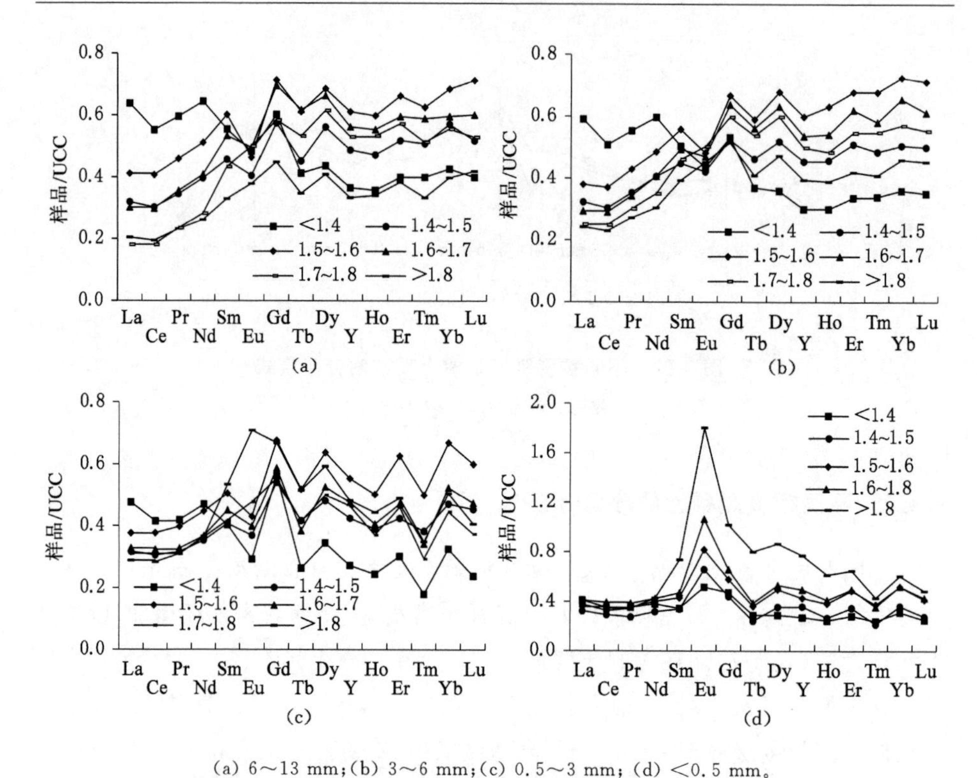

(a) 6～13 mm;(b) 3～6 mm;(c) 0.5～3 mm; (d) <0.5 mm。

图 5-18　不同粒度级和密度级煤中稀土元素的分布特点

(稀土元素的标准化数值根据 UCC[229])

La_N/Yb_N比值可以反映轻稀土和重稀土的分馏，La_N/Yb_N值在不同密度级和粒度级的变化范围从 0.33 到 1.64(表 5-8)。对于相同的粒度级，轻密度级煤(1.4 kg/L)中 La_N/Yb_N比值最高，随着密度级升高，比值降低(表 5-8)，表明轻稀土含量在低密度级煤样中较高，这是由于热水河煤中 L 型稀土元素具有更强的有机亲和性。

5.4.3　沉积源区判定

Ce_N/Ce_N^*可以反映 Ce 元素与其他稀土元素的氧化还原解耦程度。Ce 元素在源区为长英质或者中酸性长英质输入的煤中显示轻微负异常[244]。在热水河不同粒度和密度级煤中，Ce_N/Ce_N^*值变化范围为 0.87 到 1.00(表 5-8)，表明没有明显的或者只有轻微的 Ce 负异常，热水河煤的沉积源区为长英质岩或中性长英质岩。

除了 Ce，Eu 是 REE 中唯一的氧化敏感元素[245]，在超强的还原环境以及高温环境下，Eu^{3+} 可以还原成 Eu^{2+}[246]，$Eu_N/Eu_N{}^*$ 比值可以用来评价 Eu 从其他稀土元素的解耦[43]，Eu 在长英质岩和中性长英质岩输入的陆源碎屑煤中呈现负异常，但是一些情况下，Eu 的正异常是继承了斜长石沉积源区的特征，而这些斜长石主要是钙长石[247-248]，在陆源碎屑为铁镁质沉积区输入的煤中，或者在高温热液和还原环境下，Eu 呈现正异常[43]。

在 6～13 mm、3～6 mm、0.5～3 mm 粒度级煤样中，随着密度级的增加，Eu 从轻微负异常变成轻微正异常(表 5-8)。在<0.5 mm 粒度级，除了入料原煤，Eu 在不同密度级都表现为正异常，这些正异常可能是由于测试过程中高含量的 BaO 或者 BaOH 造成了干扰[43]。如果 Ba/Eu>1 000，煤中 Ba 就会强烈干扰 Eu[249]。不同粒度级和密度级煤样中 Eu 和 Ba 的相关关系见图 5-19。在6～13 mm 煤样中不同的密度级煤中 Ba 与 Eu 不相关，在 3～6 mm、0.5～3 mm 和<0.5 mm 粒度级煤样中，Eu 与 Ba 呈强烈正相关，表明 Eu 的正异常是由于 Ba 的干扰引起的，因此，本节只分析 6～13 mm 粒度级煤中 Eu 的异常情况。

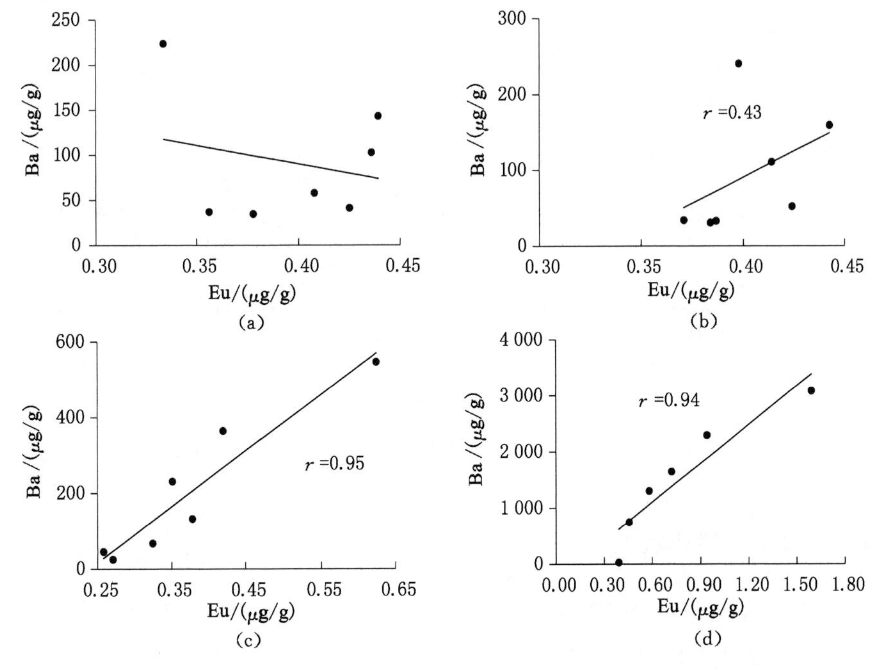

(a) 6～13 mm；(b) 3～6 mm；(c) 0.5～3 mm；(d) <0.5 mm。

图 5-19　不同粒度级和密度级煤中 Eu 和 Ba 的关系

对于6～13 mm粒度级原煤，Eu表现出轻微负异常（表5-8），表明热水河煤的物源区主要为长英质岩和中性长英质岩组成，不同密度级煤中也应该为Eu负异常，但是在1.7～1.8 kg/L和＞1.8 kg/L密度级煤中表现为Eu正异常（表5-8），1.7～1.8 kg/L密度级煤中CaO含量较高（表5-9），所以Eu正异常可能是由于富Ca矿物如钙长石[43,248]。在＞1.8 kg/L密度级，煤中Ba含量是223.67 μg/g，导致了Eu正异常。

除了 Ce_N/Ce_N^* 和 Eu_N/Eu_N^*，Al_2O_3/TiO_2 比值可以作为指示沉积源岩[17,90,198,250]，Al_2O_3/TiO_2 比值为3～8、8～21、21～70分别代表物源来源为基性岩、中性岩和酸性岩[251]，6～13 mm粒度级原煤和不同密度级煤中 Al_2O_3 和 TiO_2 的关系表明热水河煤中矿物主要来源于长英质陆源碎屑[图5-20(a)]，Zr/Sc-Th/Sc关系图表明原料煤和各个密度级煤中都落在峨眉山大火成岩省(ELIP)过碱性硅质岩区域[图5-20(b)]，峨眉山玄武岩顶部主要是中性长英质岩[17,252-254]，因此可以判断热水河煤中矿物主要来源于峨眉山玄武岩顶部的中性长英质岩陆源岩石。

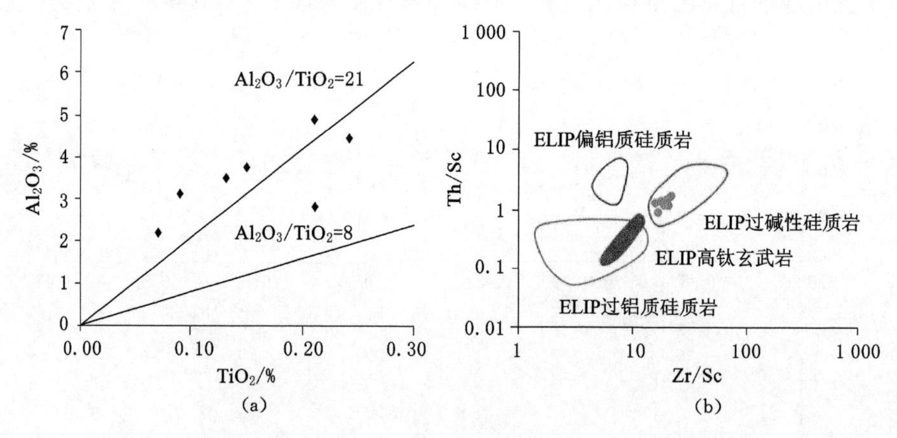

图5-20 热水河原煤和不同密度级煤中 Al_2O_3-TiO_2、Th/Sc-Zr/Sc图谱[250]

5.4.4 REY的赋存状态

本节利用6～13 mm粒度级煤中分析REY的赋存状态，原料煤和不同密度级煤中主量元素的百分比见表5-9。

原料煤中，主量元素主要是 SiO_2 和 Al_2O_3，其次是 Fe_2O_3，还有少量的 TiO_2、MnO、MgO、CaO、Na_2O 和 K_2O（表5-9）。REY与 $S_{t,d}$、主量元素的相关

关系见图 5-21。相关性分析可以分为两组：第一组主要包括 $S_{t,d}$、Fe_2O_3 和 CaO，根据 XRD 数据，主要组成矿物是黄铁矿和方解石（表 3-14）。REY 与 $S_{t,d}$、Fe_2O_3和 CaO 呈负相关，表明 REY 与黄铁矿和方解石不相关；第二组主要包括 SiO_2、Al_2O_3、TiO_2、Na_2O、K_2O 和 MgO，该组主要是 SiO_2和 Al_2O_3，根据 XRD 数据矿物组成主要是石英、钠长石、高岭石和斜绿泥石（表 3-14）。REY 与 SiO_2、$SiO_2+Al_2O_3$、Na_2O、K_2O、MgO 和 TiO_2 呈正相关，然而 REY 与 SiO_2 相关性较差，表明 REY 赋存在硅铝酸盐矿物中，前人研究表明 LREY、MREY 和 HREY 显示出不同程度的有机和无机亲和性[255-256]，因此，$SiO_2+Al_2O_3$ 与 LREY、MREY、HREY 的分析如图 5-22。

表 5-9　6～13 mm 粒度级原煤和各个密度级煤中主量元素的百分比

单位：%

密度/(kg·L^{-1})	SiO_2	TiO_2	Al_2O_3	Fe_2O_3	MnO	MgO	CaO	Na_2O	K_2O	$SiO_2+Al_2O_3$
<1.4	5.56	0.21	2.83	1.04	0.000	0.039	0.57	0.057	0.051	8.39
1.4～1.5	11.75	0.24	4.44	1.79	0.014	0.055	0.92		0.082	16.19
1.5～1.6	18.38	0.21	4.87	2.58	0.024	0.071	1.33	0.064	0.129	23.25
1.6～1.7	17.51	0.15	3.74	5.99	0.035	0.065	2.03	0.061	0.092	21.25
1.7～1.8	15.77	0.09	3.11	8.62	0.051	0.050	3.17	0.043	0.082	18.88
>1.8	10.20	0.07	2.19	17.31	0.024	0.044	1.02		0.050	12.39
原料煤	14.25	0.13	3.48	10.45	0.030	0.067	1.66	0.047	0.074	17.73

从图 5-22 可以看出，LREY 与 $SiO_2+Al_2O_3$不相关，此外，图 5-8 显示，<1.4 kg/L 密度级的 REY 含量高于其他密度级，该密度级主要是有机质，表明 LREY 主要赋存在有机质中，MREY 和 HREY 与 $SiO_2+Al_2O_3$呈强正相关，表明 MREY 和 HREY 主要赋存在铝硅酸盐矿物中，研究结果与前人研究一致，LREE 比 HREE 有机亲和性强[92,255]，但是一些研究[162,243,256-257]表明 HREE 比 LREE 有机亲和性强，这些不一致可能是由于泥炭沉积环境、沉积源等差异造成的[258-259]。

5.4.5　不同密度级煤产品中 REY 的评价

中国煤和世界煤中 REY 的含量分别是 138 μg/g[79] 和 69 μg/g[212]。从表 5-8 可以看出，不同粒度级原煤中 REY 含量低于 Dai 等[79]和 Ketris 和 Yudov-

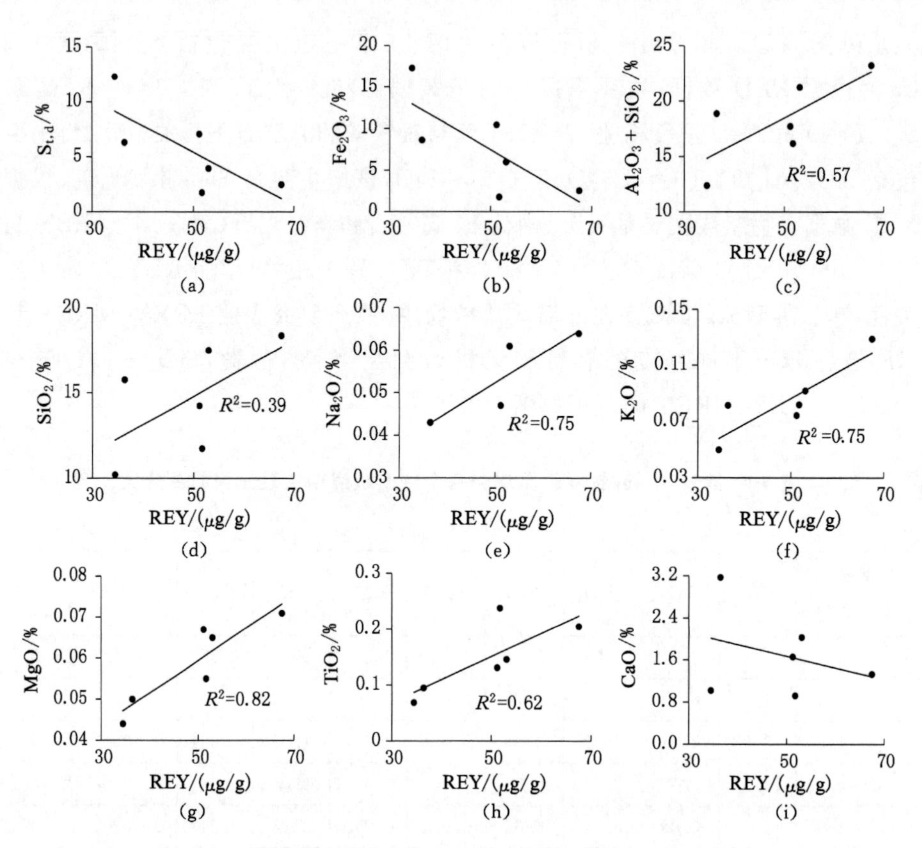

图 5-21　REY 与 $S_{t,d}$、主量元素的相关性

（不包括 1.4 kg/L 密度级，煤主要因为有机质和 REY 含量较高）

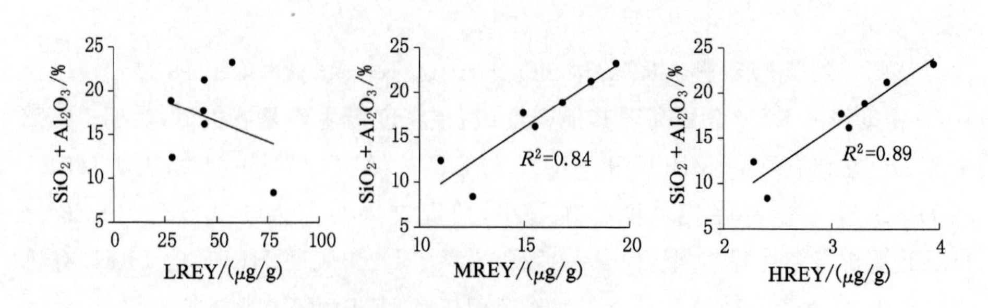

图 5-22　$SiO_2+Al_2O_3$ 和 LREY、MREY、HREY 的相关关系

ich[212]分别提出的中国煤和世界煤中 REY 含量。

物理分选以后，＜1.4 kg/L 密度级煤中 REY 高于其他密度级（表 5-8）、中

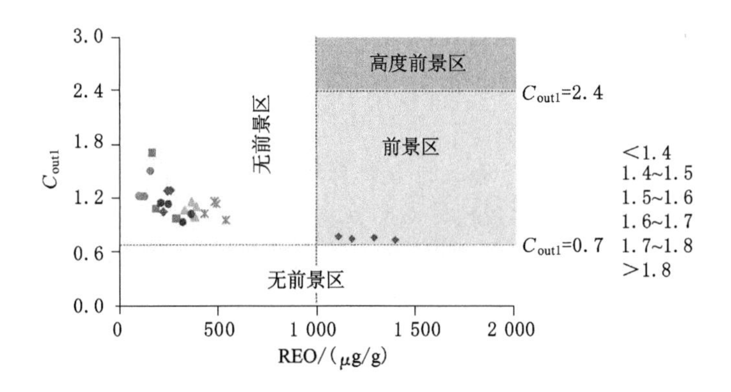

图 5-23　不同粒度和密度级煤中 REY 的评估

国煤和世界煤。<1.4 kg/L 密度级煤中灰分含量低、有机质含量高，REY 应该会富集在<1.4 kg/L 密度级煤的燃烧产物中（例如飞灰）。为了评价不同密度级选煤产品的经济意义，本书通过 Dai 等[198]及 Seredin 和 Dai[242]提出的前景系数（outlook coefficient C_{outl}）和工业品位对 REO（煤灰中 REY 的氧化物）进行评价。C_{outl}根据公式(5-1)进行计算[242]。REY 的前景系数为 $0.7 \leqslant C_{outl} \leqslant 1.9$ 和 $C_{outl} > 2.4$ 被认为具有可利用前景，煤灰中 REO 含量≥1 000 μg/g 为边界品位[242]，基于 Dai 等[198]和 Seredin 和 Dai[242]的以上分类标准，<1.4 kg/L 密度级煤都落在可利用前景区域，不同粒度级原煤和其他密度级煤均未达到边界品位(图 5-23)，因此不具有利用前景。因此，<1.4 kg/L 密度级煤的燃烧产物具有潜在经济价值可以用作提取稀土元素的原料。

$$C_{outl} = \frac{(Nd+Eu+Tb+Dy+Er+Y)/\sum REY}{(Ce+Ho+Tm+Yb+Lu)/\sum REY} \tag{5-1}$$

5.5　本章小结

对西南高硫煤在分选过程中的分配规律进行研究，得出如下结论：

(1) 重选试验表明，硫分、灰分与有害元素的分布与粒度级有关，粗粒度的煤矿物质的含量比较高，因此热水河和荣阳煤中的硫分、灰分和大部分有害元素的含量随着粒度级的增加而增加。热水河煤中 A_d、$S_{t,d}$、$S_{p,d}$、Co、Ni、Cu、As、Se、Hg、Tl 在 6～13 mm 粒度级煤中的含量最高，其他元素如 Be、F、V、Cr、Cs、Th 和 U 等元素随粒度级的变化与 A_d、$S_{t,d}$和 $S_{p,d}$不同，说明这些元素的赋存状态比较复杂。荣阳煤中 A_d、$S_{t,d}$、$S_{p,d}$的含量在<0.5 mm 粒度级含量最高；有害

元素 Be、F、Cr、Co、Ni、Cu、Se、Mo、Cd、Sb、Ba、U 在 6～13 mm 粒度级的含量最高；As、Hg、Tl、Pb 的含量总体上随粒度级的减小而降低；在<0.5 mm 粒度级含量最低。

(2) 硫分、灰分与有害元素的分布与煤的密度级有关。热水河煤中 As、Hg、Se、Sb 和 Tl 的赋存与黄铁矿有关，与硫分的分布模式相同，都富集在高密度级煤中，Co 和 Ni 在高密度级和低密度级中都存在富集，表明 Co 和 Ni 除了赋存在黄铁矿，也赋存在有机组分中，元素 F、Be、Cs、Th 和 U 随灰分增加的变化趋势不明显，说明这些元素均匀分布在黏土矿物和有机质中。元素 V 和 Cr 含量随着密度级的增加而降低，说明 V 和 Cr 赋存在有机组分中。荥阳煤中的 A_{d}、$S_{t,d}$、$S_{p,d}$ 在密度小的精煤中含量较低，其次是中煤，尾煤中含量最高，但是有机硫在精煤、中煤和尾煤中的分布没有规律。煤中 U 在各个粒度级选煤产品中变化不规律，说明 U 元素除了富集在黏土矿物、锐钛矿和铀钛矿中，还有一些 U 赋存在有机物中。元素 Co、Ni、Cu、As、Se、Cd、Sb、Hg、Tl、Pb 在精煤、中煤和尾煤中的含量随 $S_{p,d}$ 的增大而增加，Be、F 和 Ba 在不同选煤产品中的含量随灰分的增加而增加，说明 Be、F 和 Ba 主要赋存在黏土矿物中。V、Cr、Mo 随灰分的变化不规律，说明这些元素赋存模式比较复杂，可能赋存在无机矿物和有机组分中。

(3) 通过浮选，精煤大部分有害元素含量低于原煤，但是在干河和荥阳煤中富集的有害元素如 V、Cr、Mo、U 的含量要高于或者接近原煤；对于荥阳煤重选得到的精煤，除了 U 之外，其余 V、Cr、Mo 的含量在精煤中减少，说明浮选可以进一步脱除重选中难以脱除的元素，但是 U 元素即使是重选和浮选都难以从精煤中脱除。

(4) 分步释放试验表明，经过深度浮选，可以有效脱除 Be、F、V、Cr、Cd、Ba、Cs、Tl 元素，多次精选有助于这些亲硫性元素 Co、Cu、As、Se、Sb 和 Hg 从精煤中分离，精煤中的 Mo 和 U 含量要高于尾煤，说明浮选难以脱除煤中的 U 和 Mo。

(5) 粗粒度煤中轻稀土的分异程度高于中稀土和重稀土，随着煤粒度级降低，中稀土和重稀土的分异程度变化不明显，但是轻稀土的分异明显降低；轻稀土的赋存与有机组分相关，中稀土和重稀土趋向于赋存在铝硅酸盐矿物中，经过物理分选，轻稀土(中稀土和重稀土)赋存在低密度级(高密度级)的粗粒度(细粒度)煤中；热水河煤的物源主要峨眉山玄武岩顶部的中酸性岩；热水河原煤中稀土元素不富集，但是 1.4 kg/L 密度级煤中稀土元素富集，因此，1.4 kg/L 密度级煤的灰产物可作为稀土元素可利用的原材料。

6 有害元素分选分配的地球化学控制

煤中有害元素的脱除往往受到多因素的控制，从地球化学角度来讲，煤中有害微量元素的赋存状态、成因类型、载体矿物的粒度和赋存模式决定了煤中有害元素的脱除效果。煤中有害元素的赋存有多种状态，有害元素的赋存状态决定了其在分选过程中的迁移，使用物理选煤方法，赋存在无机矿物中的有害元素大部分可以被脱除，比如 Pb、As、Hg、Sb、Cu、Ba 和黄铁矿硫，以有机结合态存在的有害元素比较难以脱除，这些元素有可能被有机质包裹，可能还会在精煤中得到进一步富集[104,167,260-262]。煤中有害元素的成因类型也是决定有害元素分选脱除的重要因素，赋存在后生矿物中的有害元素容易从煤中分离出来，而赋存在同生矿物中的有害元素的脱除率相对较低[161,168,172,238]，这是因为后生矿物一般充填在煤的裂隙中，经过破碎后可以根据矿物与煤的密度不同进行分离，同生矿物一般与煤有机质紧密结合，例如充填在丝质体或者结构镜质体胞腔中，或者呈浸染状分布在基质镜质体中，因此难以从煤中分离出来。煤中矿物的粒度对选矿有重要影响，煤中的粗粒矿物可以通过一般的选煤方法脱除，而微细粒的矿物，由于其粒度较小，会被有机质包裹或者形成复杂的结构，难以从煤中脱除[263]。

6.1 西南高硫煤的可选性评价

煤的可选性是评价从原料煤中分选出产品的难易程度的重要指标，根据物料的浮沉试验结果绘制可选性曲线，可选性曲线可以直观地反映所选物料在各个密度级的质量分布情况，对热水河煤进行筛分和浮沉实验，根据浮沉试验结果(表 6-1)，进行初步计算，并绘制 6～13 mm、3～6 mm、0.5～3 mm 和＜0.5 mm 粒度级煤的可选性曲线(图 6-1)。

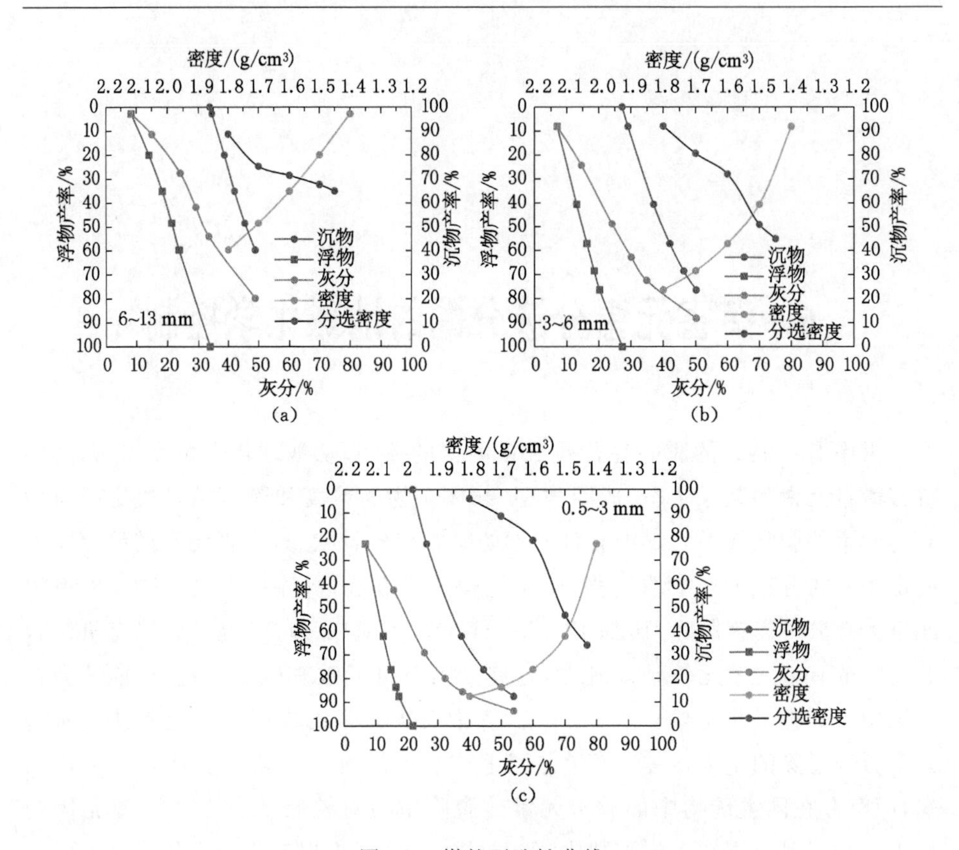

图 6-1　煤的可选性曲线

因为热水河煤属于高灰煤，难以作为炼焦用煤，一般会作为动力用煤，因此规定精煤灰分大于 10%。《煤炭可选性评定方法》(GB/T 16417—2011)[264] 规定：δ±0.1<10%可选性等级为易选；10.1%<δ±0.1<20%为中等可选；20%<δ±0.1<30%为较难选；30.1%<δ±0.1<40%为难选；δ±0.1>40.1%为极难选。对于 6～13 mm 粒度级的煤，当规定精煤灰分为 17%时，理论分选密度为 1.57 kg/L，此时对应的 δ±0.1 含量为 32%。根据可选性等级标准可知，当精煤灰分为 17%的时候，可选性等级为难选；当精煤灰分为 20%时，对应的理论分选密度为 1.65 kg/L，δ±0.1 含量为 27%，可选性等级为较难选。对于 3～6 mm 粒度级的煤，规定精煤灰分为 17%时，对应的理论分选密度为 1.62 kg/L，δ±0.1 含量为 26%，可选性等级为较难选；当规定精煤灰分为 20%时，对应的理论分选密度为 1.8 kg/L，δ±0.1 含量为 8%，可选性等级为易选。对于0.5～3 mm 粒度级的煤，规定精煤灰分为 17%时，对应的理论分选密度为

1.8 kg/L,$\delta\pm0.1$ 含量为 4%,可选性等级为易选;规定精煤灰分为 20%时,无法根据趋势线确定具体的分选密度,但是可以根据曲线的变化趋势判断 $\delta\pm0.1$ 含量小于 4%,可选性等级为易选。最后总结出来的结论是,当规定相同的精煤灰分时,$\delta\pm0.1$ 值随着粒度级的减小而减小,也就是细粒度级的煤更有利于脱灰。

表 6-1 热水河煤的浮沉试验结果

粒度级/mm	密度级/(g/cm³)	产率/%	灰分/%	粒度级/mm	密度级/(g/cm³)	产率/%	灰分/%
6～13	<1.4	2.78	8.34	0.5～3	<1.4	23.09	6.82
	1.4～1.5	17.22	15.05		1.4～1.5	38.97	15.76
	1.5～1.6	15.1	24.04		1.5～1.6	14.23	25.69
	1.6～1.7	13.38	29.1		1.6～1.7	7.42	32.29
	1.7～1.8	11.26	33.39		1.7～1.8	3.92	37.74
	>1.8	40.26	48.88		>1.8	12.37	53.96
	总计	100	33.79		总计	100	21.92
3～6	<1.4	8.12	7	<0.5	<1.4	31.13	6.29
	1.4～1.5	32.47	14.56		1.4～1.5	24.62	11.6
	1.5～1.6	16.56	24.12		1.5～1.6	17.48	19.72
	1.6～1.7	11.36	30.07		1.6～1.8	11.05	29.3
	1.7～1.8	7.95	34.81		>1.8	15.72	57.61
	>1.8	23.54	50.14		总计	100	20.56
	总计	100	27.28				

6.2 煤中有害元素的脱除率

6.2.1 重选对有害元素的脱除率

(1) 热水河煤的脱除率

为了研究有害元素在分选过程中的脱除程度,使用公式(6-1)来计算不同粒度级和密度级煤中有害元素的脱除率 R_{ij}:

$$R_{ij}=\left(1-\sum_{i=0}^{j}\frac{c_{ij}\times f_{ij}}{C_{ij}}\right)\times 100\% \tag{6-1}$$

其中，c 代表灰分和元素的含量；f 代表浮率；C 代表原料煤或者全煤中元素的含量；i 代表粒度级，j 代表密度级（表 6-2）。

表 6-2　i 和 j 代表的粒度级和密度级

i		j				
		0	1	2	3	4
1	6～13 mm	<1.4 kg/L	1.4～1.5 kg/L	1.5～1.6 kg/L	1.6～1.7 kg/L	1.7～1.8 kg/L
2	3～6 mm	<1.4 kg/L	1.4～1.5 kg/L	1.5～1.6 kg/L	1.6～1.7 kg/L	1.7～1.8 kg/L
3	0.5～3 mm	<1.4 kg/L	1.4～1.5 kg/L	1.5～1.6 kg/L	1.6～1.7 kg/L	1.7～1.8 kg/L
4	0～0.5 mm	<1.4 kg/L	1.4～1.5 kg/L	1.5～1.6 kg/L	1.6～1.8 kg/L	—

不同粒度级和密度级中煤的浮率和沉率见表 6-3。

表 6-3　不同粒度级和密度级中煤的浮率(F)和沉率(S)　　单位：%

粒度/mm	密度/(kg·L^{-1})							
	<1.4 (F)	1.4～1.5(F)	1.5～1.6(F)	1.6～1.7(F)	1.7～1.8(F)	>1.8 (S)	煤泥	总量
6～13	2.77	17.18	15.07	13.35	11.24	40.18	0.21	100
3～6	8.1	32.39	16.52	11.33	7.93	23.48	0.26	100
0.5～3	23	38.83	14.18	7.39	3.91	12.32	0.37	100
<0.5	31.13	24.62	17.48	11.65	15.72		100	

灰分、$S_{t,d}$、$S_{p,d}$和微量元素在不同粒度级和密度级的脱除率见表 6-4 和图 6-2。

(2) 荣阳煤中有害元素的脱除率

为了反映有害微量元素在煤中的脱除程度，引用 Wang 等[172]提出的公式进行脱除率的计算：

$$R = \frac{1 - c_i}{C_i} \times 100\% \tag{6-2}$$

式中：R 代表脱除率；c_i 代表元素 i 在各个粒度级的中煤或者精煤中的含量；C_i 代表该粒度级原料煤中元素 i 的含量。

精煤和中煤的硫分和微量元素的脱除率见表 6-5 和图 6-3、图 6-4。

表 6-4 A_d、$S_{t,d}$、$S_{p,d}$和微量元素在不同密度级和粒度级的脱除率

单位:%

粒度/mm	密度/(kg·L^{-1})	$S_{t,d}$	$S_{p,d}$	A_d	Be	F	V	Cr	Co	Ni	Cu	As	Se	Sb	Cs	Hg	Tl	Th	U
6～13	1.4	100	100	99	97	95	93	94	99	98	96	100	99	99	99	100	100	98	97
	1.5	98	96	92	84	82	62	62	95	91	82	98	91	91	90	98	99	80	76
	1.6	95	89	81	68	67	41	41	91	86	72	96	86	82	74	96	98	62	54
	1.7	89	72	69	56	51	28	28	80	74	61	90	77	71	60	91	94	49	39
	1.8	81	49	58	51	39	21	16	69	61	55	83	67	64	51	82	87	41	30
3～6	1.4	99	99	98	93	73	82	88	96	95	90	99	97	97	97	99	99	95	93
	1.5	94	92	81	73	47	39	53	86	80	61	96	80	80	78	95	97	60	60
	1.6	89	80	67	56	31	22	34	76	71	50	93	72	67	58	91	94	41	38
	1.7	81	61	54	49	18	13	21	70	59	41	87	64	57	44	85	87	30	26
	1.8	73	41	44	46	5	8	13	60	48	34	80	56	49	35	76	79	23	19
0.5～3	1.4	96	95	93	70	67	63	75	87	86	73	98	83	100	95	96	100	80	77
	1.5	86	83	66	35	−4	26	31	72	83	44	90	51	100	73	87	100	27	34
	1.6	78	65	49	22	−22	15	19	62	74	35	84	41	99	55	80	100	5	12
	1.7	69	46	39	11	−35	10	14	53	67	29	76	31	97	45	72	92	−4	4
	1.8	62	31	32	1	−43	8	12	45	61	24	67	24	94	40	65	82	−8	0
<0.5	1.4	93	97	91	86	69	53	60	84	79	67	97	84	100	90	90	100	75	77
	1.5	87	93	77	77	41	30	32	74	67	47	95	69	100	74	83	100	55	59
	1.6	80	88	60	72	9	15	13	66	58	28	91	58	100	53	75	100	35	38
	1.8	69	80	43	67	−24	6	0	53	47	15	82	47	94	33	62	73	22	25

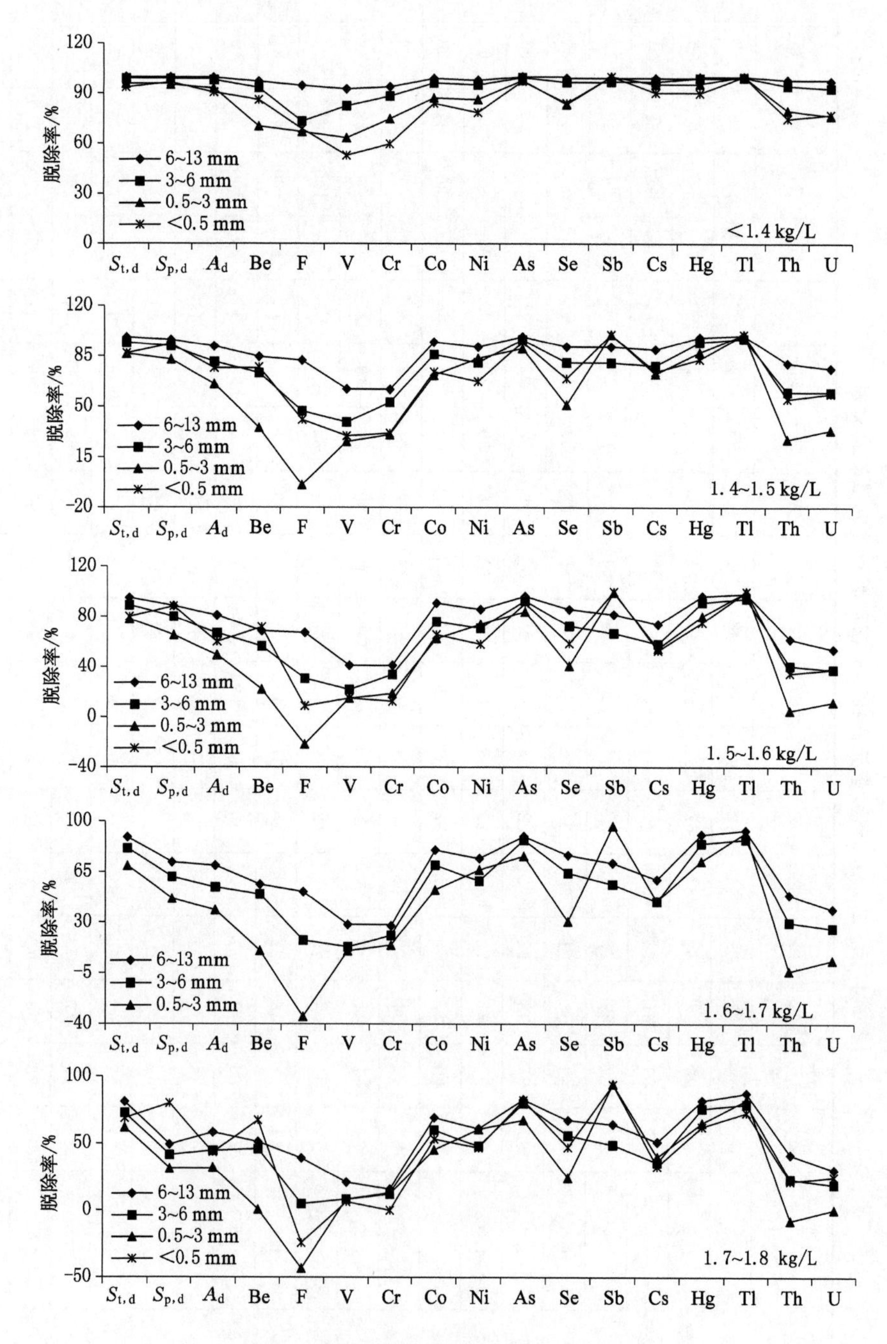

图 6-2 A_d、$S_{t,d}$、$S_{p,d}$和微量元素在不同密度级和粒度级煤的脱除率

表 6-5 精煤和中煤的有害元素的脱除率 单位:%

粒度级 选煤产品	6～13 mm		3～6 mm		0.5～3 mm		<0.5 mm	
	精煤	中煤	精煤	中煤	精煤	中煤	精煤	中煤
A_d	57.41	−3.39	53.27	−6.77	52.38	−4.70	62.38	17.83
$S_{t,d}$	49.21	3.25	53.99	10.53	57.48	5.96	65.66	21.01
$S_{p,d}$	54.05	−21.77	61.95	3.42	58.10	−30.91	79.59	25.80
$S_{s,d}$	73.23	41.30	79.27	34.88	82.84	58.54	75.51	26.97
$S_{o,d}$	9.22	6.99	2.83	−6.05	3.11	−11.40	−30.06	−21.80
Be	41.83	−12.92	14.29	−9.60	23.94	7.94	5.84	−2.68
F	53.95	29.56	39.48	−48.69	51.28	−6.34	45.56	36.91
V	29.75	−17.04	−45.71	−15.99	−11.88	4.68	−28.92	4.50
Cr	40.84	−113.10	−50.05	−53.42	−44.17	−70.78	−54.62	−4.33
Co	71.26	−8.72	44.56	−17.71	58.24	17.42	44.14	26.11
Ni	60.26	−26.82	33.17	−8.55	47.96	30.73	40.28	31.08
Cu	68.51	14.79	46.88	−1.27	53.63	9.62	45.54	20.40
As	53.71	1.85	73.88	33.49	55.09	27.68	49.53	12.44
Se	68.50	11.49	54.24	1.57	54.01	−8.49	58.69	46.67
Mo	47.34	−27.57	−17.14	−55.89	1.51	−11.95	−35.23	3.51
Cd	30.04	−52.64	5.19	−388.68	−1.81	−32.17	65.37	35.03
Sb	56.87	−69.14	47.59	−15.29	−15.02	−99.88	94.13	−8.11
Ba	54.37	−21.32	51.42	−24.74	36.63	−64.63	50.14	24.43
Hg	36.09	−7.19	39.66	14.04	−96.84	−23.38	28.30	−44.33
Tl	45.67	−56.02	26.10	−5.06	2.70	−30.90	64.47	39.12
Pb	45.86	0.74	38.46	−24.36	−78.95	−139.45	35.29	−9.72
U	30.01	18.09	68.33	52.23	58.22	61.05	0.14	−16.14

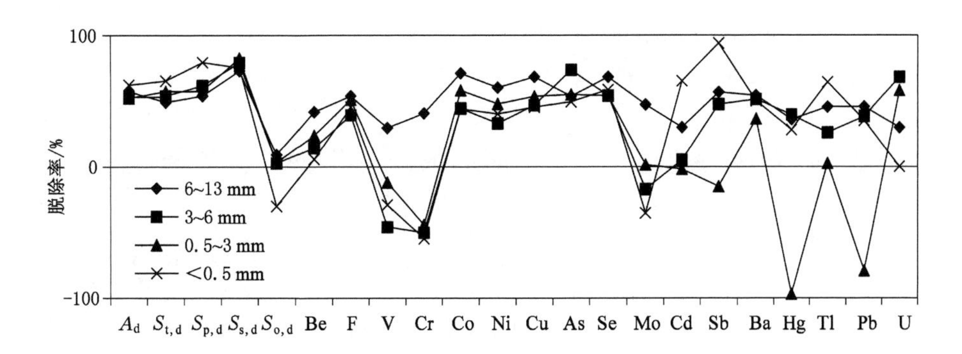

图 6-3 精煤中的有害微量元素的脱除率

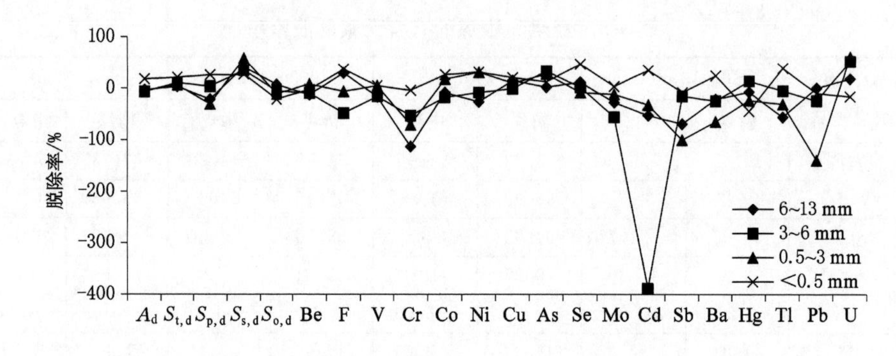

图 6-4 中煤的有害微量元素的脱除率

6.2.2 浮选对有害元素的脱除率

使用式(6-2)对浮选得到精煤中有害元素的脱除率进行计算,得到的脱除率如图 6-5 所示。干河煤样 1 中亲硫性和亲海性元素如 Co、Ni、Sr 的脱除率较高,其余元素的脱除率较低或为负值;干河样 2 中的大部分元素(Ni、Cu、Rb、Sr、Sb、Cs、Ba、Tl)脱除率都较高,干河样 1 和干河样 2 中的 V、Cr、Mo 和 U 的脱除率较低或者为负值;荣阳精煤脱除率比较高的元素为 Co、Ni、Cu、Rb、Sr、Sb、Cs、Ba、Tl,与干河煤一样,V、Cr、Mo 和 U 这几种受关注的有害元素的脱除率仍然很低。总之,干河煤和荣阳原煤大部分亲硫性和亲海性元素可以有效脱除,荣阳重选精煤中大部分有害元素都能通过浮选有效脱除,但是 V 和 U 的脱除率为负值,说明这两种元素在精煤中富集,即浮选和重选都无法脱除研究区煤中的 U 和 V 元素。

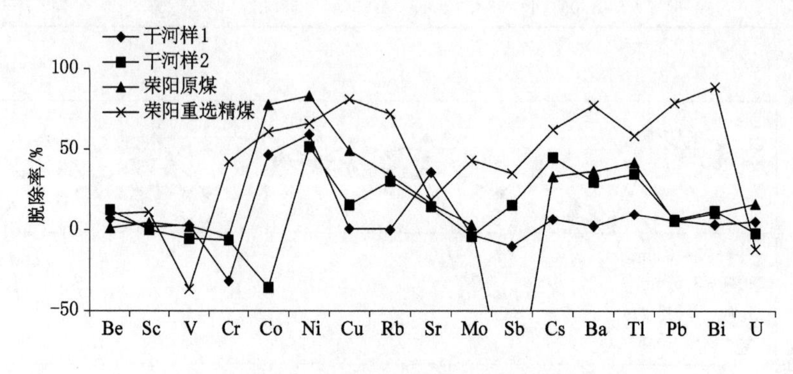

图 6-5 精煤中的有害微量元素的脱除率

6.2.3　浮选和重选对有害元素的脱除的对比

对<0.5 mm 粒度级浮沉试验得到的精煤和分步释放得到的精煤中的有害微量元素进行对比发现(图 6-6)，浮选得到的精煤中 Be、F、V、Cr、Co、Ni、U 含量要低于重选得到的精煤，这些元素中大部分都是亲石性元素，在煤中的赋存状态比较复杂，大部分赋存在黏土矿物和有机质中，U 元素更是赋存在微细粒矿物中，说明浮选更有利于脱除这些难选的有害元素，Cu、As、Se、Cd、Sb、Tl、Pb 这些元素在浮选精煤中的含量要高于重选精煤，这些元素大部分赋存在黄铁矿中，因为黄铁矿的密度要高于煤，因此重选可以根据密度的差异把黄铁矿和煤进行分离。

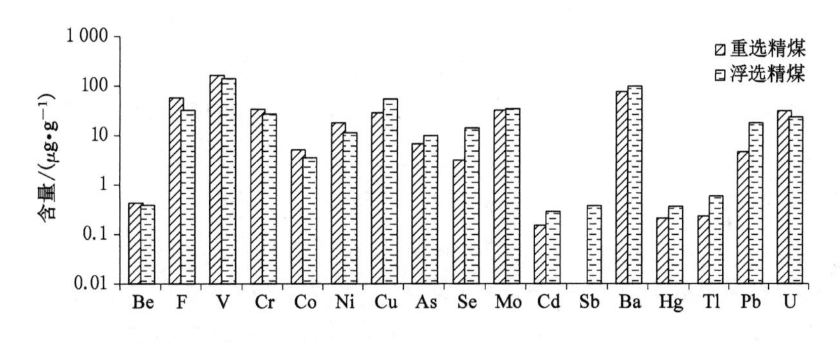

图 6-6　浮选和重选精煤有害微量元素对比

6.3　煤的粒度级与有害元素脱除率的关系

6.3.1　煤的粒度级与脱除率的关系

(1) 热水河煤中有害元素的脱除率

如图 6-2 所示，在<1.4 kg/L 密度级煤中，大部分微量元素和 $S_{t,d}$、$S_{p,d}$的脱除率随着粒度级的减小而减小，灰分和微量元素在 6～13 mm 粒度级的脱除率最高；有害元素在 3～6 mm、0.5～3 mm 和<0.5 mm 粒度级的脱除率相对较低。在 1.5 kg/L、1.6 kg/L 和 1.7 kg/L 密度级，煤中灰分和有害元素在 6～13 mm 粒度级脱除率最高，在 0.5～3 mm 粒度级脱除率最低。在 1.8 kg/L 密度级，除 $S_{p,d}$和 F 外，大部分微量元素在 6～13 mm 粒度级的脱除率最高。总而言

之，大部分元素在3～6 mm和0.5～3 mm粒度级的脱除率较低；有害微量元素在6～13 mm粒度级的脱除率较高是因为粗粒度级矿物在煤中一般是后生矿物，因此比较容易被脱除；微量元素在粒度级为＜0.5 mm的煤中脱除率也相对较高，说明充分研磨有助于矿物的脱除。因此，为了充分脱除煤中的有害元素，建议在重选之前把3～6 mm和0.5～3 mm粒度级的煤破碎到0.5 mm以下。

(2) 荣阳煤中有害元素的脱除率

从表6-5和图6-2可以看出，精煤中灰分、硫分和大部分有害元素在＜0.5 mm的脱除率最高，其次是6～13 mm，而在3～6 mm和0.5～3 mm的脱除率较低。

U元素的脱除率在3～6 mm和0.5～3 mm粒度级，分别为68%和58%，高于硫分和灰分的脱除率，说明在这两个粒度级可以通过脱灰脱硫脱除U元素。U在6～13 mm和＜0.5 mm较低，分别为30%和0。与U元素一样，As和Hg也在3～6 mm粒度级的脱除率最高。V和Mo的脱除率在6～13 mm粒度级最高，分别为30%和47%，其余粒度级为负值。亲硫性元素Co、Ni、Cu、Se、Pb和F元素在6～13 mm粒度级脱除率最高，Cd、Sb、Tl的脱除率在＜0.5 mm粒度级最高。Ruppert等[192]认为，粗粒度的黄铁矿容易从煤中脱除，而微细粒的黄铁矿就比较难以脱除。Wang等[172]认为，后生来源的矿物比较容易脱除。荣阳煤中的部分黄铁矿来源于后生热液，因此，充填在裂隙中的粗粒度矿物和充分破碎的矿物可以被有效脱除。Cr和Ba元素的脱除率在6～13 mm粒度级最高。亲石性元素的脱除率普遍低于亲硫元素的脱除率。

中煤灰分、硫分和有害元素的脱除率见表6-5和图6-4。灰分和硫分在＜0.5 mm粒度级的脱除最高。U元素在3～6 mm和0.5～3 mm粒度级中煤的脱除率最高，分别为52%和61%，在6～13 mm和＜0.5 mm粒度级的脱除率较低。F元素在6～13 mm粒度级脱除率最高，为29.56%。V和Mo的脱除率在所有粒度级的中煤脱除效果都较差。中煤中的Cr的脱除率在各个粒度级均为负值，说明Cr在中煤中富集，其余元素在中煤的脱除率都较低或者为负值，而且在＜0.5 mm粒度级的脱除率比其他3个粒度级的脱除率要高。

6.3.2 微细粒矿物与有害元素脱除率的关系

煤的可选性主要是受矿物质种类和嵌布方式影响，煤中矿物颗粒越大，通过破碎解离与有机质分离相对容易，可选性就好；相反，若煤中矿物嵌布粒度极细，则常规的破碎难以达到其解离粒度的需求，就很难和有机质分离[265]。煤中微细粒矿物一般是指肉眼难以分辨的、嵌布在有机质中通过常规选煤方法不能脱除的矿物。胡为柏[266]认为低于 19 μm 的矿物难以有效回收。对于煤中微细粒矿物的尺度，王文峰[263]在总结了前人研究成果的基础上，认为煤中微细粒矿物的尺度应该在 60 μm 以下。

(1) 电子探针分析

对西南地区热水河煤 6～13 mm 粒度级煤中的<1.4 kg/L、1.7～1.8 kg/L 密度级煤和 6～13 mm 粒度级原料煤的煤进行的背散射图像进行对比(图6-7)，其中黑色为煤的基底，亮色为矿物，发现通过重选，在 1.7～1.8 kg/L 密度级煤样中，矿物的密度很大，说明重选之后，矿物都富集在高密度级，<1.4 kg/L 密度级的煤中的矿物含量远远少于原料煤，但是该密度级的煤中还存在一些矿物，这些矿物的粒度属于微细粒，微细粒矿物一般嵌布在有机质中，通过普通的物理选煤是难以脱除的，对荣阳煤进行电子探针微区分析，发现 U 元素一般是赋存在 10 μm 以下的矿物中，而这些矿物分布在基质镜质体中，由于其赋存的矿物被有机质包裹，重选后精煤中的 U 含量依然很高。

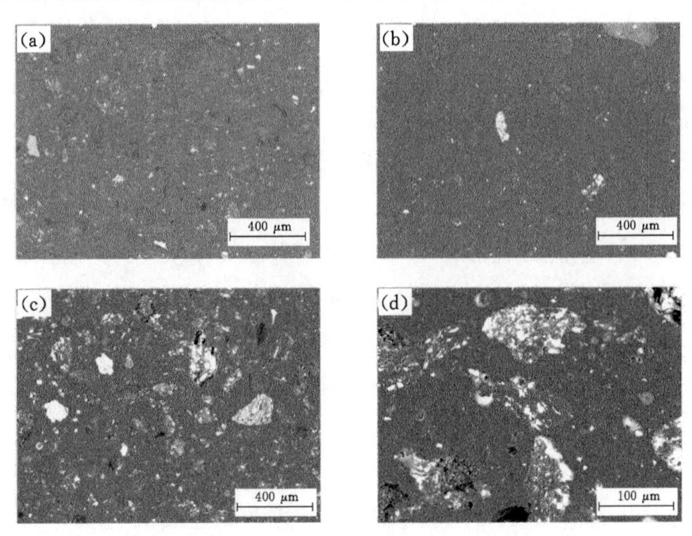

(a) <1.4 kg/L；(b) 1.7～1.8 kg/L；(c)，(d) 原料煤的背散射图像。

图 6-7　热水河 6～13 mm 粒度级原煤

(2) TEM 分析

对砚山干河浮选精煤、尾煤和原料煤进行透射电镜分析(第 3 章)，煤中的

V、Cr 和微细的钒云母、白云石或者黏土矿物伴生，U 元素赋存在铀钛矿中，这些矿物粒度在 50 nm 以下，而一般的磨矿粒度的下限为几十微米，因此对于这些极微细粒的矿物，即使使用磨矿的手段，也是无法脱除的，通过透射电镜也观测到纳米级的微细粒黄铁矿和有机硫，这些硫元素被有机质包裹或者与煤大分子结合，说明浮选难以脱除精煤中的有机硫。

6.4 有害元素的赋存状态与脱除率的关系

6.4.1 有害元素的赋存状态与脱除率的关系

(1) 热水河煤中有害元素的赋存状态与脱除率的关系

从图 6-2 可知，在每一个粒度级，元素 Co、Ni、Cu、As、Se、Sb、Hg 和 Tl 通常赋存在黄铁矿中，这些元素的脱除率高于或者接近黄铁矿的脱除率，因此，可以通过脱硫脱除这些有害元素。元素 F、Th 和 U 的脱除率较低是因为它们的赋存状态比较复杂，既存在于无机组分，也存在于有机组分中；元素 V 和 Cr 的脱除率较低是因为它们主要赋存在有机质中。

(2) 荣阳煤中有害元素的赋存状态与脱除率的关系

从图 6-3 可知，荣阳精煤中的大部分亲硫性元素如 Co、Ni、Cu、As、Se、Cd、Hg、Sb、Tl、Pb 的脱除率相对较高，由第 5 章分析可知，这些元素大部分都赋存在黄铁矿中，而且它们的脱除率与全硫或者黄铁矿硫的脱除率相近，说明可以通过脱硫脱除这些有害元素，Be 和 Ba 由于赋存在无机矿物中，脱除率相对较高，F、V、Cr、Mo 和 U 的脱除率较低，一方面由于这些元素赋存在有机质中，另一方面这些元素赋存在微细粒矿物中，被有机质包裹，难以被脱除。

6.4.2 煤中硫的赋存状态

X 射线光电能谱(XPS)是近年来新出现的最有效的元素定性方法之一。XPS 法测定有机硫的基本原理是，各种元素都有它的特征电子结合能，因此，在能谱图中就出现特征谱线。同时 XPS 可以判别不同化学环境中的同种原子，并借此测定出其相对含量。XPS 法测定有机硫的基本原理是，由于不同硫化物具有不同的结合能，通过对 S2p 元素的峰进行窄谱高分辨扫描以获取结合能的准确位置，并结合 Peak 4.0 软件进行分析，由此确定硫的化学状态。Li 等[267]、Mattila 等[268]、Pietrzak 等[269]、代世峰等[270]、刘雪锋等[164]、么秋香等[132]国内外学者对 XPS 法中含硫模型化合物的 2p 结合能进行了总结。

本次研究使用 Escalab 250Xi 型电子能谱仪，运用 XPS 宽谱扫描和 XPS 窄谱扫描进行分析。XPS 宽谱扫描可以分析样品表面元素的种类及相对含量，XPS 窄谱扫描可以分析元素的化学态及各种化学态的相对含量。XPS 宽谱扫描参数：采集时间为 685 s；电子枪源类型为 Al Kα；光束斑为 650 kcps；步长为 1 eV；能量步数为 1 361。XPS 窄谱扫描参数为：采集时间为 100.8 s；电子枪源类型为 Al Kα；光束斑为 650 kcps；步长为 0.05 eV；能量步数为 401。

（1）热水河煤中硫的 XPS 分析

对热水河 6～13 mm 粒度级原煤及＜1.4 kg/L、1.7～1.8 kg/L 和＞1.8 kg/L 密度级煤中的硫元素进行 XPS 表面分析，硫元素的 XPS 拟合分析结果见表 6-6。

表 6-6　6～13 mm 粒度级原煤及各密度级煤中硫元素的 XPS 拟合分析结果

密度	编号	位置/eV	峰面积	半峰宽/eV	相对含量	归属
＜1.4kg/L	1	168.2	81.5	1.2	0.15	硫酸盐
	2	169.4	40.8	1.2	0.08	硫酸盐
	3	167	25.4	1	0.05	砜
	4	166.2	0.1	1	0	亚砜
	5	164.35	117.2	1	0.22	噻吩
	6	163.85	10.8	1	0.02	硫醇硫醚
	7	163.15	262.6	1	0.49	硫化物
1.7～1.8 kg/L	1	168.4	1 645.1	1.6	0.49	硫酸盐
	2	169.6	839.2	1.4	0.25	硫酸盐
	3	167	0.1	1	0	砜
	4	166.2	45.8	1	0.01	亚砜
	5	164.7	177.0	1	0.05	噻吩
	6	164.1	89.1	1	0.03	硫醇硫醚
	7	163.3	453.4	1	0.14	硫化物
	8	162	76.7	1	0.02	硫化物

表 6-6(续)

密度	编号	位置/eV	峰面积	半峰宽/eV	相对含量	归属
>1.8 kg/L	1	168.45	4513.8	1.25	0.56	硫酸盐
	2	169.65	2256.9	1.2	0.28	硫酸盐
	3	167	49.8	1	0.01	砜
	4	166.2	35.7	1	0	亚砜
	5	165	171.7	1	0.02	噻吩
	6	164.2	143.1	1	0.02	硫醇硫醚
	7	163.45	556.2	1	0.07	硫化物
	8	162.25	286.0	1	0.04	硫化物
6～13 mm 原煤	1	168.3	1 721.5	1.4	0.5	硫酸盐
	2	169.5	860.7	1.2	0.25	硫酸盐
	3	167	50.5	1	0.01	砜
	4	166.2	36.0	1	0.01	亚砜
	5	164.5	222.9	1	0.06	噻吩
	6	164.2	0.1	1	0	硫醇硫醚
	7	163.3	451.5	1	0.13	硫化物
	8	162	97.6	1	0.03	硫化物

热水河煤中的硫主要表现为硫酸盐硫、硫化物硫、砜、亚砜、噻吩、硫醇硫醚的形式。<1.4 kg/L 密度级煤中硫的 XPS 谱图显示，该密度级煤中无机硫以硫化物硫为主，有机硫以噻吩硫为主，<1.4 kg/L 密度级煤虽然密度级比较低，但是硫化物硫的含量依然很高，说明这些硫化物通过重选难以脱除，可能以微细粒嵌布在有机质中。

1.7～1.8 kg/L 密度煤中硫元素的 XPS 谱图和拟合分析结果显示，该密度级煤中硫以无机硫为主，硫酸盐硫的含量高于硫化物硫，有机硫以噻吩硫为主。

>1.8kg/L 密度级沉煤中硫元素的 XPS 谱图和拟合分析结果显示，硫酸盐和硫化物硫的含量总和为 88%，砜、亚砜、噻吩和硫醇硫醚的含量为 12%，表明经过浮沉试验，高密度煤中主要富集无机硫。

通过对 6～13 mm 粒度级的不同密度级煤中硫的赋存形式进行对比，得出以下发现：

① 6～13 mm 粒度级原煤中以硫酸盐硫和硫化物硫为主，有机硫含量较低，以噻吩为主。

② 有机硫在低密度级煤中含量较高，在高密度级煤中含量较低，这与化学法测得的各种形态硫在各密度级的分布一致。煤中有机硫与煤中的有机质结合，采用一般的重选或者浮选无法脱除，其分布特征和赋存规律与黄铁矿不同，经过脱硫处理后低密度级煤中的有机硫仍占很大比例。

③ 硫酸盐硫在低密度级煤中含量较高，在高密度级煤中含量较低，说明硫酸盐矿物可能为后生矿物，可以通过重选将精煤中硫酸盐矿物分离。硫化物硫在低密度级和高密度级煤中含量都很高，说明硫化物矿物在热水河煤中的存在方式比较复杂，既有充填在裂隙的后生矿物，也有同生的微细粒矿物。

(2) 荣阳煤中硫的 XPS 分析

6～13 mm 粒度级的选煤产品中的硫元素的 XPS 拟合分析结果见表 6-7。

荣阳煤中的硫主要为 6～13 mm 粒度级精煤中以无机硫为主，部分硫酸盐硫是从硫化物硫氧化而来，有机硫以砜、亚砜、噻吩和硫醇硫醚为主。

6～13 mm 粒度级精煤中硫的 XPS 谱图显示，精煤中的无机硫以硫酸盐硫和硫化物硫为主，有机硫以噻吩和硫醇硫醚为主，无机硫含量占全硫含量的 84%，与热水河低密度级煤一样，荣阳精煤中的无机硫以微细粒矿物的形式存在，在煤中难以脱除。6～13 mm 粒度级中煤的无机硫含量达到 91%，有机硫的含量较低，含量最高有机硫为噻吩，与精煤相比，中煤的无机硫含量增大。6～13 mm 粒度级尾煤中硫也是以无机硫为主，无机硫含量为 90%，与中煤接近，有机硫的也以噻吩硫为主。6～13 mm 粒度级原煤中无机硫元素含量为 89%，有机硫中噻吩含量最高。

通过对 6～13 mm 粒度级不同密度级煤和原煤中各种硫组分的对比发现，有机硫在低密度级煤中含量较高，在高密度级煤中含量相对较低，说明经过重选脱硫处理精煤中有机硫很难脱除；硫酸盐硫和硫化物硫的含量与化学法测试结果有差距，可能是由于制样过程中硫化物硫氧化为硫酸盐硫。硫酸盐硫含量在选煤产品中变化不大，说明荣阳煤中的硫酸盐矿物为成岩时期形成的，难以通过重选脱除。硫化物硫在精煤中含量相对较低，在尾煤中含量相对较高，说明通过重选可以脱除荣阳精煤中的硫化物。

表 6-7　荥阳 13～6 mm 粒度级原煤及选煤产品中硫元素的的结合能和半峰宽

选煤产品	编号	位置/eV	峰面积	半峰宽/eV	相对含量	归属
精煤	1	169	562.22	1.45	0.41	硫酸盐
	2	170.2	393.68	1.4	0.29	硫酸盐
	3	167.35	55.85	1.05	0.04	砜
	4	166.5	22.54	1.05	0.02	亚砜
	5	165.6	61.93	1.05	0.05	噻吩
	6	165.15	81.25	1.05	0.06	硫醇硫醚
	7	164.1	198.29	1.05	0.14	硫化物
中煤	1	168.4	848.47	1.4	0.51	硫酸盐
	2	169.6	445.776	1.4	0.27	硫酸盐
	3	167	25.941	1	0.02	砜
	4	166.2	17.748	1	0.01	亚砜
	5	164.8	81.742	1	0.05	噻吩
	6	164.35	41.998	1	0.03	硫醇硫醚
	7	163.4	213.707	1	0.13	硫化物
尾煤	1	168.45	1 125.75	1.3	0.5	硫酸盐
	2	169.65	562.877	1.15	0.25	硫酸盐
	3	167	56.568	1	0.03	砜
	4	166.2	19.073	1	0.01	亚砜
	5	165	101.679	1	0.05	噻吩
	6	164.2	36.203	1	0.02	硫醇硫醚
	7	163.5	221.674	1	0.1	硫化物
	8	162.3	111.603	0.8	0.05	硫化物
6～13 mm 原煤	1	169.2	1 117.37	1.45	0.5	硫酸盐
	2	170.4	558.69	1.4	0.25	硫酸盐
	3	167.75	71.68	1.15	0.03	砜
	4	166.65	50.12	1.05	0.02	亚砜
	5	165.7	114.93	1.05	0.05	噻吩
	6	165.15	53.71	1.05	0.02	硫醇硫醚
	7	164.25	260.28	1.05	0.12	硫化物

6.5　有害元素的成因类型与脱除率的关系

6.5.1　分层样中有害元素的脱除率

热水河煤具有高 As 和 Hg 的特点，As 和 Hg 的含量远远超过了世界煤和中国煤的均值，而且它们在燃煤过程中会排放到大气中，引起环境污染，因此有必要对煤中的 As 和 Hg 进行深度脱除，但是目前关于 As 和 Hg 的脱除机理方面的报道较少，因此本章重点对 As 和 Hg 在分选过程中的地球化学控制因素进行研究。煤层不同部位的微量元素的成因机制是不相同的，因此对热水河煤 C_5^b 煤从上到下选择了 6 个分层样（R1、R2、R4、R6、R7、R9），首先把这些分层样破碎到<0.5 mm 粒度级，使用 1.4 kg/L、1.5 kg/L、1.6 kg/L 和 1.8 kg/L 的重液进行了小浮沉试验并对每个分层样中的浮沉试验产品进行灰分、硫分和 As、Hg 的测试，按照公式(6-1)进行脱除率的计算，A_d、$S_{t,d}$、$S_{p,d}$和 As、Hg 在 1.8 kg/L 密度级的脱除率见表 6-8，浮沉试验的结果见表 6-9。

表 6-8　热水河煤分层样中 A_d、$S_{t,d}$、$S_{p,d}$和 As、Hg 的脱除率　　单位：%

样品号	密度级	A_d	$S_{t,d}$	$S_{p,d}$	As	Hg
R1	1.8 kg/L	77.03	88.57	89.43	90.03	88.76
R2	1.8 kg/L	56.37	75.89	78.32	75.16	56.38
R4	1.8 kg/L	77.81	92.58	93.74	92.69	93.62
R6	1.8 kg/L	68.36	60.79	74.01	71.07	48.44
R7	1.8 kg/L	32.97	61.34	80.69	76.93	42.38
R9	1.8 kg/L	38.93	76.54	84.41	88.94	67.86

6.5.2　有害元素的成因类型与脱除率的关系

(1) 煤中 As 和 Hg 的成因类型与脱除率的关系

煤中的 As 和 Hg 一般赋存在黄铁矿中[9,70,237,260-261,272-274]，由于 As 与 S 的性质类似，会以不同的方式赋存在黄铁矿中，可以以类质同象置换黄铁矿中的硫，或者以固溶体的形式或者超微细状态存在于黄铁矿晶格内部的缺陷或者是吸附在黄铁矿的次生加长边上[171]，Diehl 等[271]对黄铁矿中的 As 使用电子探针进行面扫发现(图 6-8)，在黄铁矿的加长环边上，亮度较大，说明 As 含量最高，

表 6-9 煤层分层样浮沉试验测试结果

样品号	密度级/(kg·L^{-1})	产率/%	A_d/%	$S_{t,d}$/%	$S_{p,d}$/%	As/(μg·g^{-1})	Hg/(μg·g^{-1})	样品号	密度级/(kg·L^{-1})	产率/%	A_d/%	$S_{t,d}$/%	$S_{p,d}$/%	As/(μg·g^{-1})	Hg/(μg·g^{-1})
R1	<1.4	1.2	10.22	2.18	1.47	1.8	0.6	R6	<1.4	25.8	8.57	0.8	0.26	0.3	0.1
	1.4~1.5	1.4	11.96	2.04	1.27	1.8	0.5		1.4~1.5	12.9	13.8	0.65	0.26	0.6	0.1
	1.5~1.6	9.4	18.69	2.49	1.85	1.8	0.4		1.5~1.6	17.9	20.57	0.76	0.39	0.9	0.2
	1.6~1.8	27.0	28.3	4.8	4.03	4.8	0.8		1.6~1.8	11.0	28.15	1.19	0.91	1.1	0.2
	>1.8	61.0	53.88	20.45	19.11	21.0	3.8		>1.8	32.5	71.02	2.59	2.28	1.6	0.4
	原料煤		42.15	13.86	12.27	12.9	2.6		原料煤		34	1.42	1.04	1.2	0.2
R2	<1.4	5.2	8.58	1.29	0.8	0.4	0.2	R7	<1.4	24.3	8.39	0.66	0.18	0.1	0.1
	1.4~1.5	4.6	10.51	1.28	0.78	0.1	0.3		1.4~1.5	19.0	12.4	0.56	0.13	0.2	0.1
	1.5~1.6	10.6	20.67	1.51	1.09	0.9	0.2		1.5~1.6	30.6	19.6	0.54	0.17	0.5	0.1
	1.6~1.8	39.8	33.68	2.02	1.7	1.2	0.2		1.6~1.8	14.0	29.42	0.7	0.45	1.3	0.2
	>1.8	39.8	53.11	8.5	8.25	5.2	0.6		>1.8	12.2	53.81	7	6.54	4.1	1.2
	原料煤		37.87	4.52	4.01	2.3	0.2		原料煤		21.64	1.37	0.95	1.1	0.2
R4	<1.4	2.0	5.08	1.19	0.59	2.4	0.4	R9	<1.4	37.0	5.55	0.72	0.29	1.8	0.1
	1.4~1.5	3.4	11.88	2.05	1.42	6.0	0.4		1.4~1.5	33.7	11.54	0.81	0.38	2.6	0.1
	1.5~1.6	10.1	19.31	2.36	1.74	7.3	0.3		1.5~1.6	16.2	18.58	1.17	0.8	5.0	0.3
	1.6~1.8	24.1	29.97	3.33	2.68	9.4	0.5		1.6~1.8	3.3	26.32	3.21	2.93	13.8	1.0
	>1.8	60.4	56.67	23.62	21.92	48.4	4.3		>1.8	9.9	55.13	26.83	25.94	238.7	3.7
	原料煤		43.64	15.29	14.09	31.6	2.8		原料煤		16.05	3.55	2.95	27.8	0.5

注:数据引自刘筱华(2015)[177]。

对后生脉状黄铁矿的 As 和 S 进行面扫描，As 的亮度在后生脉状黄铁矿的中心区域最大，说明中心 As 的含量比边缘要高。

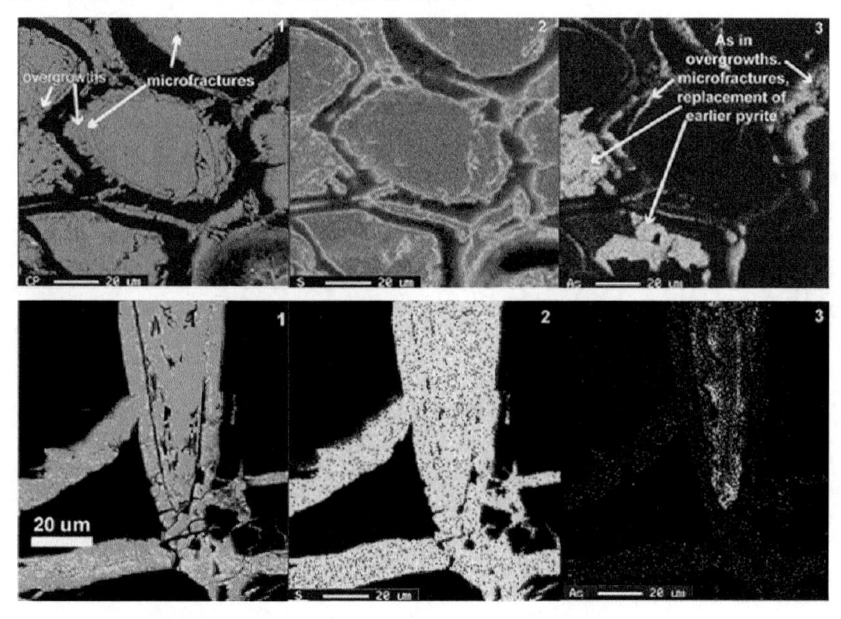

图 6-8　黄铁矿中 As 和 S 的面分布结果[271]

为了探讨煤中微量元素的成因与其脱除率的关系，对煤分层中有害元素的脱除率进行对比，热水河煤中的 $S_{t,d}$、$S_{p,d}$和 As、Hg 的脱除率对比结果见图6-9。刘筱华[177]对热水河 C_5^b 煤进行 XRD 分析，矿物组合中包括黄铁矿、高岭石、方解石和闪锌矿，这些矿物是低温热液组合矿物，证明热水河 C_5^b 煤受到热液影响，热水河煤中的 As 和 Hg 赋存在黄铁矿中，热水河有些煤分层中的高 As 和 Hg 是由热液造成的，另外，前文研究得到如下结论，热水河煤中受到了后生热液的影响，由于底板、夹矸和顶板的差异，顶板、底板和夹矸都是致密泥岩和灰岩，其孔隙度、透水性和裂隙数量远远低于煤层，导致后生低温热液侵入煤层比较容易，因此，靠近顶板、夹矸和底板的煤层受到热液影响较大，远离顶板、夹矸和底板的煤分层受到的热液影响更大。在黄铁矿中的 As 含量与其成因有关系，一般来讲，后生黄铁矿中的 As 含量相对较高，同生黄铁矿中的 As 含量较低[171]，因此，靠近煤层夹矸和底板的 R2、R6 和 R7 中的 As 和 Hg 大部分赋存在后生黄铁矿中，而远离夹矸和底板的 R1、R4 和 R9 由于受到热液影响较少，因此赋存在同生黄铁矿中。

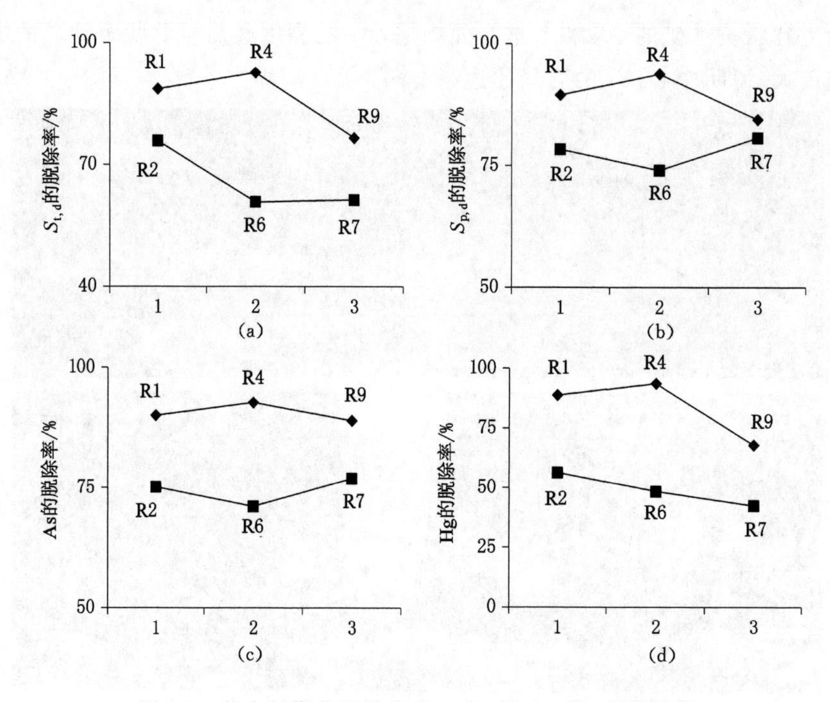

图 6-9　热水河煤分层样中 $S_{t,d}$、$S_{p,d}$和 As、Hg 的脱除率

对热水河煤中分层样的全硫和黄铁矿硫的脱除率对比发现如下规律：

① 分层样 R1、R4 和 R9 的全硫和黄铁矿硫的脱除率要高于分层样 R2、R6 和 R7，其中 R4 距离夹矸或顶板或者底板的距离最远，因此受到热液影响最严重，说明了后生成因的黄铁矿使用重选更容易脱除。

② As 和 Hg 元素的脱除率与全硫和黄铁矿的表现形式一样，它们在分层样 R4 的脱除率最高，As 和 Hg 在该煤分层中的脱除率分别高达 92.69%和 93.62%，但是 As 在接近夹矸的 R6 分层样中的脱除率最低，为 71.07%，Hg 的脱除率在靠近夹矸的 R7 分层样中最低，为 42.38%。

③ 在每一个分层中，As 的脱除率接近或者高于黄铁矿硫，因此 As 是可以通过脱硫脱除的，但是 Hg 的脱除率要低于黄铁矿硫，说明 Hg 虽然大部分赋存在黄铁矿中，但是也有部分 Hg 以其他的形式赋存。

(2) 煤中 V、Cr、Mo 和 U 的成因类型与脱除率的关系

Dai 等[8]总结了富 U 煤（伴生 Se、Mo、Re 和 V）的成因类型为后生渗入类型（类型 I）和同生或早期成岩渗出类型（类型 II）。

类型 I 与砂岩型筒式铀矿有关，例如新疆伊犁煤田（硫含量为 1.32%），该

地区的煤具有高含量的U、Se、Mo、Re和As、Hg。类型II可以分为两个亚型。亚型1的特点是煤富集U、Se、Mo、Re、V和Cr；属于高有机硫煤，煤层位于石灰岩中间并且保存在碳酸盐层序中。煤中的U和一些微量元素来自于静海环境泥炭堆积过程中的渗出热液。例如中国西南部的贵州贵定煤田[12]、云南的砚山煤田[13]、广西的合山煤田[16]的晚二叠煤都属于亚型1。亚型2中的U赋存于煤锗矿床(例如云南的临沧锗矿)，并且煤也富集Be、Nb和Ge、W，其他元素例如V、Cr、Mo和Se在煤中是亏损的。煤中的Ge和U来源于富Ge、U花岗岩在泥炭堆积过程中热液的淋滤作用。

西南地区的的成煤环境见图6-10。荣阳煤具有高硫和高U、V、Mo、Se、Cr的特点。该地区的晚二叠煤下层是燧石灰岩，上层是不透水黏土。煤中的有机硫和元素U—V—Mo—Se—Cr低于贵定煤、砚山煤和合山煤，是由于贵定煤、砚山煤、合山煤在泥炭堆积时期处于静海环境，强烈的海水影响或热液导致煤中有机硫高，荣阳地区的成煤环境处于海陆交互相，属于弱氧化环境，因此有机硫含量偏低。荣阳龙潭组煤形成于开阔碳酸盐台地上的潮坪环境，热液流体在成煤过程中会随着潮水的涨落被不断稀释和流失，导致U元素在荣阳煤中低于贵定、合山和砚山煤。因此，可以判断荣阳煤中U来源于泥炭聚集时期或成岩作用早期的热液流体。

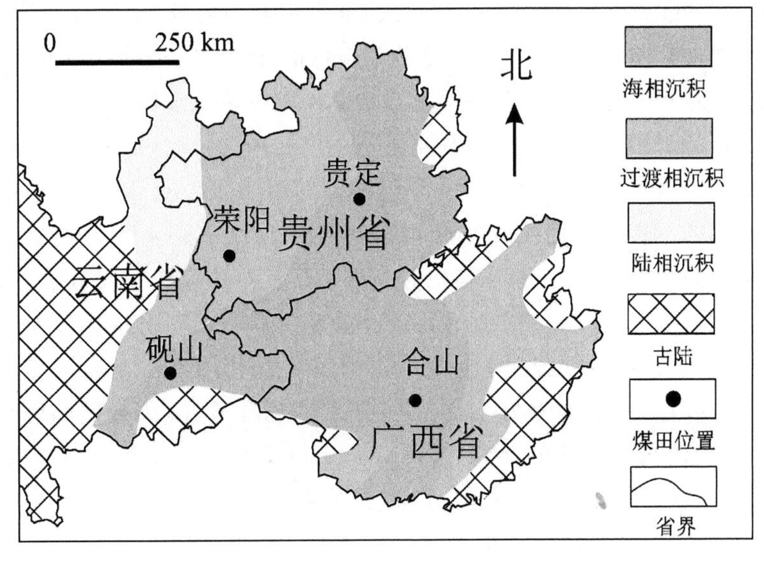

图6-10　荣阳、贵定、砚山和合山煤田的古环境和地理位置[13]

荥阳煤中的U元素经过重液脱除之后仍然远远高于世界煤，荥阳精煤经过浮选，得到的浮选精煤中U含量更加富集，而砚山干河煤的V、Cr、Mo和U经过浮选，精煤含量与原煤相差不大，表明受到泥炭聚集阶段或成岩作用早期的热液影响而富集的V、Cr、Mo和U元素难以通过重选脱除。

6.6 成煤环境与有害元素脱除率的关系

6.6.1 地球化学相分析

(1) 指相元素及其地球化学参数

沉积物在不同环境条件下具有不同的元素组合特征，氧化还原性、盐度，酸碱程度等都会影响沉积物的元素特征，研究区煤层形成于海陆交互相的沉积背景，海水的周期性进退，陆源碎屑的加入以及海水的扰动等同样会导致泥炭沼泽中元素的富集和迁移，利用某些在海相及陆相存在含量上显著差异的元素能够为研究区的沉积背景变化推测提供依据。

Sr元素能够指示沉积物所处沉积环境的干湿程度，含Sr高的沉积物表示当时所处的环境整体相对干燥，具有陆相成因，反之，低Sr则指示了海相沉积，从图6-11中可以看出，该煤层夹矸和顶底板具有相对高的Sr含量，表明是受到了陆源物质的影响，R2和R8则表现为相对低的Sr含量，表明在这两个时期以海相沉积为主；Ga元素在风化作用形成的黏土矿中表现出明显的富集现象，Ga在淡水成因的岩石中较在海洋条件下形成的岩石中含量高，从图6-11中可以看出，在Ga的变化中出现了明显的4个低值，对应R1，R2，R8和R11，指示了这4个分层代表的沉积环境更接近海相，相反的夹矸和顶底板呈现了高值Ga，然而值得注意的是R10煤分层也具有相对高的Ga，表明该期煤层受陆源物质影响较大，这与煤层灰分反映的规律一致；Ba元素在不同沉积岩中的含量较大，一般在海洋中含量少，在陆源或者生物成因的沉积岩中含量较高，经测定，河水含Ba量为45 μg/g，海水中为20 μg/g，图6-11呈现出了与Ga相同的变化规律，根据Sr、Ga和Ba的分布规律，可以得到，虽然该煤层形成于海陆过渡相得沉积环境中，但是在其演化过程中经历了明显的海进海退现象，导致这些指相元素发生规律性的变化，从图中至少可以划分出4期海进过程。

一般来说，锰结核形成于大洋底部，因此将其与深海环境联系在一起，然而最新的研究表明在浅海、湖泊和沼泽环境中同样可以见到一定量的锰，因此并

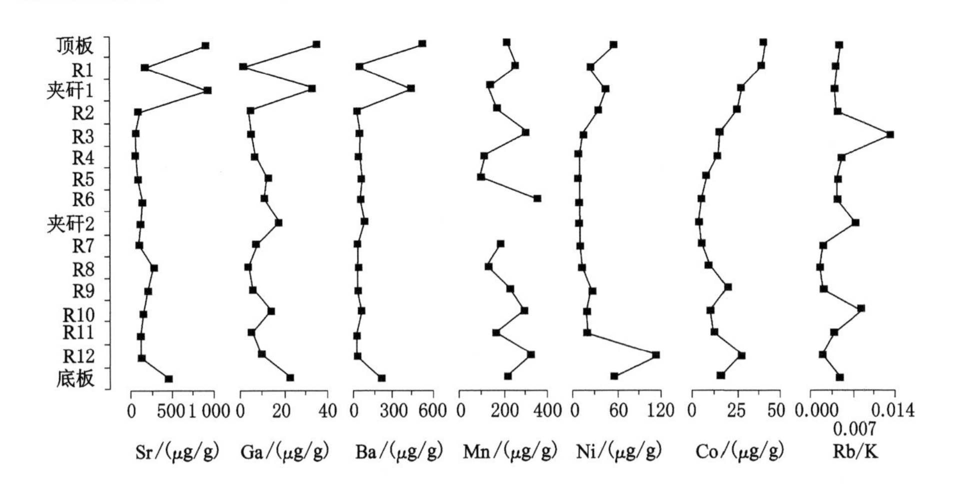

图 6-11　指相元素及相关地球化学参数分布图

不是良好的指相元素。然而，与锰结核相关的微量元素浓度会随着水深和离岸距离发生变化，其原因主要是这些元素在沉积作用中发生的分异作用的结果，其中 Mn、Ni 和 Co 元素含量随着离岸距离越远，升高趋势明显，海洋沉积物中 Mn 含量一般均大于 1 000 μg/g，陆相沉积物中 Mn 含量小于 300 μg/g，该煤层整体 Mn 含量小于 300 μg/g，但是从其含量上的变化上来看，显然受到多期海进过程的影响，在 Ni 和 Co 的变化中，显然在煤层中部变化趋势不明显，但是仍然在夹矸处表现了相对低值。

Rb/K 值能够指示受海水影响程度，Sr/Ba 值能够指示煤层古盐度总体变化趋势，而煤中的 Th/U 值能指示泥炭沼泽受海水影响的程度。Rb/K 值随盐度变化而变化，海相页岩其值大于 0.006，而在河流沉积物中为 0.002 8，在 Rb/K值分布变化图中，Rb/K 值在 0.001 5～0.013 之间，指示了海陆过渡相沉积环境。一般认为，Sr/Ba 值大于 1 为海相沉积，小于 0.6 为陆相沉积，Th/U 大于 7 为陆相沉积，小于 7 为海相环境。因此从 Th/U-Sr/Ba 关系图（图 6-12）中可以判断该煤层形成于受海水影响明显的海陆过渡相沉积环境。

（2）稀土元素分布特征

煤层剖面上稀土元素的富集和迁移与成煤环境密切相关，尤其是海陆过渡相环境，海陆条件的交替变化使得稀土元素呈现不同的富集模式，为了反映成煤环境与稀土元素之间的关系，本书选取部分稀土元素参数进行比较分析。

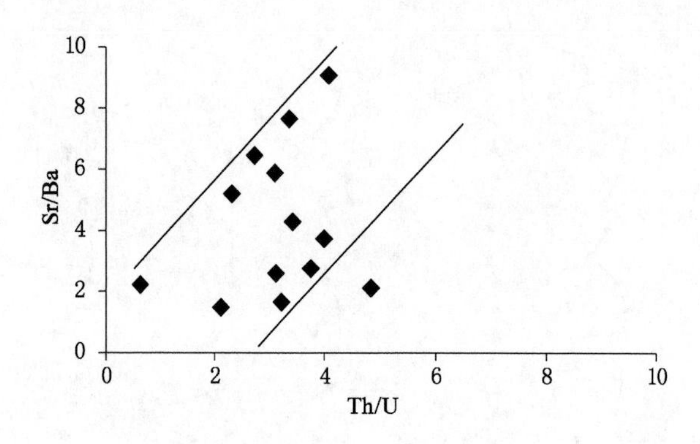

图 6-12　Th/U-Sr/Ba 的相关性分析

图 6-13 显示，稀土元素参数随分层变化曲线而变化，但是在 R1，R2，R7 和 R11 处存在较大幅度的突变现象，表明在该煤层沉积过程中至少经历了 4 次较为显著的海陆变化，结合前文指相元素的曲线特征，可能是由于陆源物质的加入和海水进退导致的稀土元素富集和迁移，总稀土含量在 34.7～423.3 μg/g，除去顶底板和夹矸，煤层的平均含量在 120 μg/g 左右，这与中国煤的总稀土含量平均值一致，是世界煤平均值的两倍，表明该煤层与我国大多数煤层形成环境相同，属于海陆过渡相沉积体系。陆源碎屑物质来源丰富。另一方面如第 4 章所述，其球粒陨石标准化的稀土分配形式图整体呈现轻微的右倾趋势（La_N/Yb_N＝2.56～13.43，煤中平均值 5.55），表明轻重稀土存在一定程度的分馏，说明该煤层受海水影响同样明显。铈异常（δCe）通常可作为判断古海洋的环境，海水中往往贫 Ce，δCe 变小代表海平面上升，海洋向陆地推进，反之代表

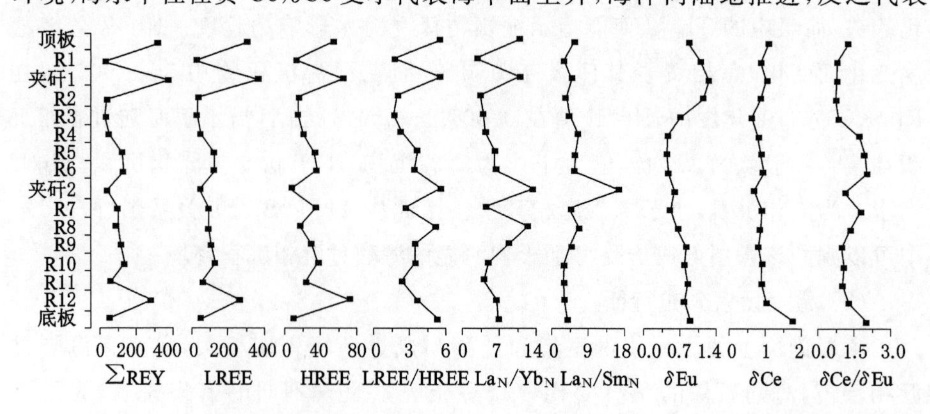

图 6-13　稀土元素及其参数随各分层的分布曲线图

海平面下降，陆地向海洋推进，煤层整体上显示轻微或无 Ce 负异常，变化不明显，而另一个稀土元素参数铕异常（δ Eu），一般认为煤中 Eu 是由于陆源碎屑的加入，代表了陆相环境，图中 δ Eu呈现两头高中间低的分布特征，在夹矸和顶底板表现为相对高值，这与岩相显示的结果相同，表明在成煤过程中受到过不同程度的海水影响。

（3）指相元素及其伴生元素的成因

根据前人的研究，可以利用某些特征元素对沉积环境的指相元素进行校正，通过这些不相容元素的校正比值可以反映源区的特征，本次研究是利用 Sc 和 Ti 元素进行校正，Sc 元素最能够反映碎屑物源特征，而在讨论海洋自生矿物的时候 Ti 元素能够当作有效的量化指标，用以反映沉积物中的碎屑组分，而不活泼元素 $\sum$REE、Y、Sc、Ti、Zr 等主要来自陆源碎屑，这些元素在风化、搬运的过程中具有类似的地球化学特性，在经过校正后可以用来反映陆源碎屑的影响。

图 6-14 为不活泼元素与亲石元素（Si、Al、Mo、Cr 等）经过 Sc 标准化后随不同分层的变化关系。总体上看，经过 Sc 标准化的数据仍然显示跌宕不平的变化特征，显然夹矸处元素都呈现出较高的异常，表现出截然不同的沉积微相，此外 R1、R3、R7、R10、R12 煤层也表现出不同程度的幅度变化，而且这种变化幅度并不一致，对于划分不同的沉积微相比较困难。

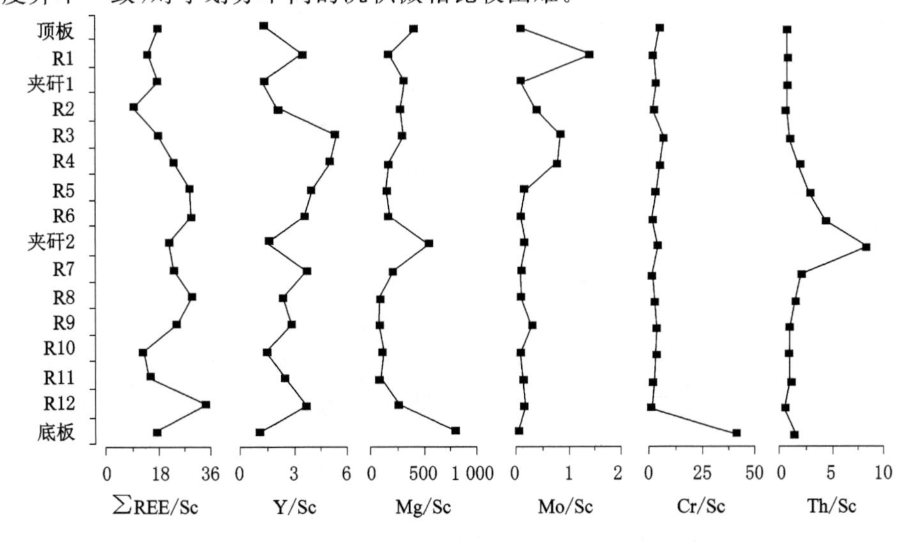

图 6-14 经元素 Sc 标准化的亲石元素及有关参数在垂向的变化

图 6-15 所示为经 Ti 元素校正的部分不相容元素和亲石元素的变化图，可以看到相较于 Sc 的校正，Ti 校正后的结果更具有优势，在元素的变化趋势上具有一致性的结果，在顶底板和夹矸处呈现一致的负向偏移，对于煤层来说 R1、R2、R9、R12 分层表现出相对高的峰值，这与指相元素和稀土元素的指示基本一致，表明在成煤过程中，陆源碎屑和海水的周期性侵入是造成煤层地层中元素变化的主要原因。对于煤层中的夹矸，由于海退造成陆源碎屑成分增加，灰分增加，稀土元素同样也会增加，而对于煤层来说，受海水影响小的分层海相自生矿物含量增加，陆源碎屑则相对减少。

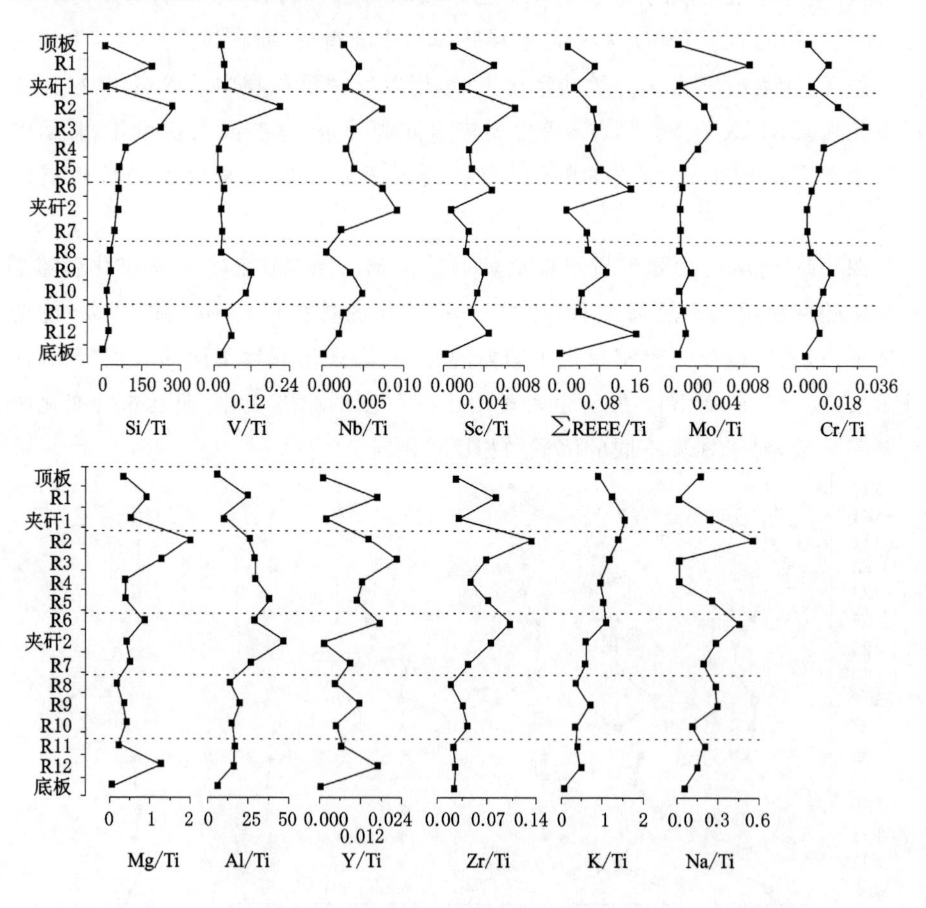

图 6-15 经元素 Ti 标准化的亲石元素及有关参数在垂向上的变化

(4) 沉积微相的划分与海水周期性变化

根据指相元素、稀土元素及相关伴生元素的垂向分层关系，对研究区龙潭组煤层海陆相变化，海平面升降进行如下总结：

① 从煤层底板到 R11 煤分层沉积期，R12 煤分层处为第 1 次显著的海进过程；

② 从 R10 到 R8 煤分层沉积期，R8 煤分层附近为第 2 次较为显著的海进过程；

③ 从 R7 到 R6 煤分层沉积期，为相对干燥环境下陆源碎屑相对加入较多的泥炭沼泽沉积时期；

④ 从 R5 到 R2 煤分层沉积期，由前期的较为干燥的环境逐渐转变为潮湿的环境，在 R2 煤分层处显示了第 3 次较为显著的海进过程。

⑤ R2 煤分层后沉积期，R1 煤分层经历第 4 个显著的海进过程；

⑥ 由于该煤层除顶底板外还存在两处夹矸，岩相的变化能够直接指示沉积环境的变化，在稀土元素及指相元素上均有所指示，δ Eu从 R4 到 R8 出现的明显负异常指示了偏陆相的环境特征，而在煤层形成的早期和晚期则具有相对较大的海进过程。

6.6.2 有害元素的脱除率与成煤环境的关系

热水河分层中样中的灰分的脱除率见图 6-16，其中 R1、R4 和 R6 分层的灰分脱除率较高。热水河煤中大部分微量元素的赋存都是与矿物有关，因此通过灰分的脱除率可以推断成煤环境与有害元素脱除的关系。王文峰和秦勇[168]认为，煤中的微量元素在不受海水影响的煤分层中比受到海水影响的煤层中更容易脱除，主要是受到海水影响的煤分层中自生矿物与有机质结合、微细粒黄铁矿难以脱除，从图 6-16 可以看出，R4 和 R6 分层处于海退阶段，煤中的自生矿物减少，陆源碎屑物增加，因此这两个煤分层的脱除率最高，而 R7 分层处于最

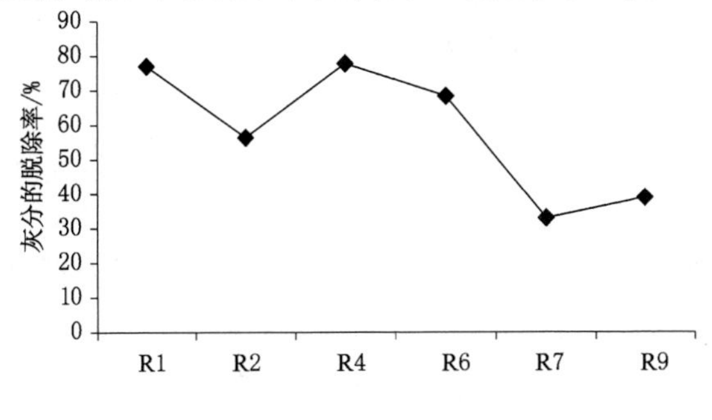

图 6-16 分层样中灰分的脱除率

大海进阶段，因此可以推断R7和R9分层也受到了海水影响，煤中矿物以自生矿物为主，并且存在一些微细粒黄铁矿，因此脱除率较低。R2分层处于海进阶段，因此分层中的灰分脱除率较低。虽然R1分层处于海进期，但是由于上覆分层是顶板、下伏分层是夹矸，因此该分层受到陆源影响较大。

6.7 本章小结

本章分析了西南高硫煤的可选性和有害元素的脱除效果，并且探讨了有害元素的脱除率与矿物粒度、赋存状态、成因类型以及成煤环境的关系，得出如下结论：

(1) 对热水河高硫煤进行可选性评价，热水河煤属于难选煤，而且进行重选的难易程度跟粒度级有关，细粒煤比粗粒煤的可选性程度高。

(2) 通过重选，对各粒度级精煤中的元素与世界煤进行对比发现，精煤中的As、Hg、Co、Ni、Cu、Se、Sb、和Tl可以有效脱除，U、V、Cr和Mo的含量还是高于世界煤，说明重选可以减少U的含量，但是不能脱除至较低水平。而V和Mo通过重选基本不可脱除。浮选可以脱除精煤中大部分亲硫性元素，而V、Cr、Mo和U难以通过浮选脱除，大部分亲石性元素Be、F、V、Cr、U和Co、Ni的浮选脱除效果要好于重选，亲硫性元素Cu、As、Se、Cd、Sb、Tl、Pb的重选脱除效果更好。

(3) 有害元素的脱除率与煤的粒度级有关，热水河煤中大部分元素在6～13 mm和<0.5 mm粒度级脱除率最高，在3～6 mm和0.5～3 mm粒度级的脱除率较低，因此，为了充分脱除煤中的有害元素，建议在重选之前把3～6 mm和0.5～3 mm粒度级的煤破碎到0.5 mm以下。荥阳煤中的U元素的脱除率在3～6 mm和0.5～3 mm粒度级最高，与黄铁矿有关的元素在6～13 mm和<0.5 mm粒度级最高。微细粒矿物一般嵌布在有机质中，通过普通的物理选煤是难以脱除的，煤中的U、V、Cr和Mo有一部分赋存在微细粒矿物中，因此分选难以脱除。

(3) 有害元素的赋存状态是影响其脱除效果的重要因素，赋存在黄铁矿中的Co、Ni、Cu、As、Se、Sb、Hg和Tl等元素比较容易脱除，Be、F、V、Cr、Mo、Th和U的脱除率较低是因为它们的赋存状态比较复杂，既存在于无机组分，也存在于有机组分中；高硫煤中的硫由硫酸盐硫、硫化物硫、砜、亚砜、噻吩、硫醇硫醚组成，通过重选，可以不同程度脱除精煤中的硫化物硫和硫酸盐硫，但是有机硫难以通过重选脱除。

(4) 赋存在后生热液成因的矿物中的微量元素容易被脱除，热水河煤中的As和Hg在受到后生低温热液影响严重的煤分层的脱除率较高，在靠近夹矸、顶板或者底板的煤分层，由于受到热液影响较小，它们赋存在同生矿物中，其脱除率相对较低；来源于泥炭聚集阶段或成岩作用早期热液流体的元素脱除率较低，荣阳和干河煤中的U、V、Cr和Mo元素来源于泥炭聚集阶段或成岩作用早期的热液流体，U通过重选后在精煤中富集。

(5) 成煤环境对有害元素的脱除有一定的控制作用，由于受到海水影响的煤分层中自生矿物与有机质结合、微细粒黄铁矿含量较高，有害元素在不受海水影响的煤分层比受到海水影响的煤层更容易脱除。

7 研究结论

本书以云南热水河煤矿的龙潭组 C_5^b 煤、砚山县干河煤矿的吴家坪组煤和贵州荣阳煤矿的龙潭组全煤层样品为研究对象，结合重选试验和浮选试验，采用 ICP-MS、ISE、AAS、XRD、XRF、SEM-EDX、TEM、EMPA 等测试方法，分析了煤中硫和 As、Hg 等有害微量元素在煤层剖面上的分布特征，并且从矿物学、有害元素成因类型、赋存状态以及成煤环境等方面对分选过程中有害元素分选分配的地球化学控制进行了研究，得出以下结论。

7.1 揭示了高硫煤的矿物学特征和矿物在分选过程中的分配规律

(1) 西南高硫煤中的矿物从成因类型上来讲包括为自生矿物、后生热液成因矿物、泥炭聚集阶段或成岩作用早期热液成因矿物。荣阳煤中的矿物类型主要为石英、黄铁矿、白铁矿、方解石、锐钛矿、伊利石、高岭石，另外还有少量的针绿矾、烧石膏、粒铁矾、石膏、白云石、金红石、菱铁矿等，其中黄铁矿的含量最高，黄铁矿类型比较多样，包括鲕状、莓粒状、自形晶状和半自形晶状、细粒状、胞腔充填型、放射状、脉状等。热水河煤中的矿物主要包括黄铁矿、白铁矿、石英、方解石、石膏和黏土等。干河煤中的矿物包括黄铁矿、黏土、铀钛铁矿、白云石等。

(2) 对煤的显微组分进行微区分析发现，有害元素大部分赋存在矿物中，U 主要赋存在黏土矿物、锐钛矿、铀钛铁矿中；As 和 Hg 主要赋存在黄铁矿中；V 和 La 赋存在黏土矿物和黄铁矿中；Sc 与黄铁矿伴生；Pb、Zr 与黏土矿物伴生，这些矿物的粒度为 10 μm 或者 50 nm 以下，属于微细粒矿物。

(3) 通过 XRD 测试表明，＜0.5 mm 粒度级原煤的矿物含量高于 6～13

mm 粒度级，<0.5 mm 粒度级的精煤和中煤的矿物如石英、方解石、高岭石、伊利石、锐钛矿、白铁矿都得到有效脱除；6～13 mm 粒度级的矿物如石英、黄铁矿、白铁矿、高岭石、伊利石等富集在中煤和尾煤中，精煤的矿物含量降低。通过重选，后生热液成因矿物容易脱除，同生矿物和泥炭聚集或成岩作用早期热液成因的微细粒矿物难以脱除。

7.2 阐释了有害元素在煤层剖面的分布规律和地球化学特征

（1）热水河 C_5^b 煤属于高灰、高硫无烟煤，以黄铁矿硫为主。煤中的 Hg、As、V、Co、Cu、Se 和 Th 比较富集。干河吴家坪组煤为中灰超高有机硫煤，元素 U 超常富集，元素 V、Cr、Mo 高度富集。荣阳龙潭组煤为中灰、高硫煤，煤以黄铁矿硫为主，其次是有机硫，硫酸盐硫占的含量很低，荣阳煤中的 V、Mo 和 U 为高度富集，元素 Cr、Co、Cu、Se 和 Ba 在荣阳煤中富集，荣阳煤具有高 U—V—Mo—Cr—Se 元素组合的特征。

（2）热水河 C_5^b 煤层受到了后生低温热液的影响，煤层中的全硫、黄铁矿硫和 Fe、As、Hg、Tl 等元素在垂向上呈现同步的变化，由于岩性的差异，C_5^b 煤层远离顶板、底板和夹矸的煤分层受到热液的影响较大，因此煤层中的硫、As、Hg 等含量要高于顶板、底板和夹矸。煤中的 Cu、Co、Ni 和 Se 的分布模式与全硫和黄铁矿硫并非完全相似，说明这些元素不是全部赋存在黄铁矿中，也有部分赋存在黏土矿物中；Be、F、V 和 Cr 除了赋存在黏土矿物中，也有一部分赋存在有机质中；Th 和 U 均匀分布在有机物和黏土矿物中。

（3）聚类分析和相关性分析表明，$S_{t,d}$、$S_{p,d}$、As、Tl、Fe_2O_3、F、Hg、Pb、Se 位于一个组群，而且 As、Tl、Hg、Pb、Se、Co、Ni、Cu 与黄铁矿硫的相关性较强，说明这些元素大部分赋存在黄铁矿中；F 元素主要赋存在黏土矿物和氟磷灰石中；Th、U、Be、Cs 主要赋存在黏土矿物等无机矿物中；V 和 Cr 既赋存在有机质，也有一部分赋存在无机矿物中。

（4）干河精煤中，V 和 Mo 的有机亲和性较差；Cr 和 U 的有机亲和性较强；通过酸洗，大部分有机官能团减少，矿物基本被脱除，但是铀氧化物依然存在有机质残渣中；西南地区煤中有机态的 V 和 Mo 与有机硫呈负相关，有机态的 Cr 和 U 与有机硫呈高度正相关，说明有机态的 V、Mo 的赋存与有机硫没有相关关系，而有机态的 Cr 和 U 的赋存与有机硫关系密切。

(5) 热水河 C_5^b 煤中稀土元素总含量的变化范围为 34.7～336.8 μg/g，绝大部煤分层的含量高于世界煤的平均含量。顶板和夹矸 1 的稀土元素含量在整个煤层都相对较高，煤与围岩相比，煤中的矿物含量要低很多，说明了煤中的稀土元素以无机相赋存，也可能以吸附状态附着在黏土上。

7.3 查明了西南高硫煤中有害微量元素在分选过程中的分配规律

(1) 对热水河高硫煤进行可选性评价，发现进行重选的难易程度跟粒度级有关，细粒煤比粗粒煤的可选性程度高。

(2) 浮沉试验表明，硫分、灰分与有害元素的分布与粒度级和密度级有关，煤中的硫分、灰分和大部分有害元素的含量随着粒度级的增加而增加；硫分、灰分与大部分有害元素的分布与煤的密度级有关，大部分与黄铁矿有关的元素(Co、Ni、Cu、As、Se、Cd、Sb、Hg、Tl、Pb)富集在高密度级煤中，元素 F、V、Cr、Mo、Th 和 U 随密度级的变化趋势不明显，说明这些元素赋存模式比较复杂，可能赋存在无机矿物和有机组分中。

(3) 使用重选方法，精煤中的 As、Hg、Co、Ni、Cu、Se、Sb、和 Tl 可以有效脱除，元素 U、V、Cr 和 Mo 的含量高于世界煤，说明重选无法脱除这些有害元素。浮选可以脱除精煤中大部分亲硫性元素，而 V、Cr、Mo 和 U 难以通过浮选脱除，大部分亲石性元素 Be、F、V、Cr、U 和 Co、Ni 的浮选脱除效果要好于重选，因为黄铁矿的密度要高于煤，所以重选可以根据密度的差异把黄铁矿和煤进行分离，因此亲硫性元素 Cu、As、Se、Cd、Sb、Tl、Pb 的重选脱除效果更好。

(4) 粗粒度煤中轻稀土的分异程度高于中稀土和重稀土，随着煤粒度级降低，中稀土和重稀土的分异程度变化不明显，但是轻稀土的分异明显降低；轻稀土的赋存与有机组分相关，中稀土和重稀土趋向于赋存在铝硅酸盐矿物中，经过物理分选，轻稀土(中稀土和重稀土)赋存在低密度级(高密度级)的粗粒度(细粒度)煤中。

7.4 揭示了高硫煤中伴生有害微量元素分选脱除的控制机理

(1) 有害元素的脱除率与煤的粒度级有关，一般来说在粗粒度级的煤中脱除率较高，热水河煤中大部分元素在 6～13 mm 和<0.5 mm 粒度级脱除率最高，为了充分脱除煤中的有害元素，建议在重选之前把 3～6 mm 和 0.5～3 mm 粒度级的煤破碎到 0.5 mm 以下。荥阳煤中的 U 元素的脱除率在 3～6 mm 粒度级煤样中最高，赋存在黄铁矿中的元素在 6～13 mm 和<0.5 mm 粒度级煤样中最高。微细粒矿物通过普通的物理选煤是难以脱除，煤中的 U、V、Cr 和 Mo 难以脱除是因为有一部分赋存在微细粒矿物中。

(2) 有害元素的赋存状态是影响其脱除效果的重要因素，赋存在黄铁矿中的元素 Co、Ni、Cu、As、Se、Sb、Hg 和 Tl 等比较容易脱除。Be、F、V、Cr、Mo、Th 和 U 的脱除率较低是因为它们既存在于无机组分，也存在于有机组分中；重选可以不同程度地脱除精煤中的硫化物硫和硫酸盐硫，但是有机硫难以通过重选脱除。

(3) 赋存在后生热液成因的矿物中的微量元素容易被脱除，热水河煤中的 As 和 Hg 在受到后生低温热液影响严重的煤分层的脱除率较高，在靠近夹矸、顶板或者底板的煤分层，由于受到热液影响较小，它们赋存在同生矿物中，其脱除率相对较低；受泥炭聚集阶段或成岩作用早期的热液影响而富集的元素脱除率较低，荥阳和干河煤中的 U、V、Cr 和 Mo 元素来源于泥炭聚集阶段或成岩作用早期的热液流体，U 通过重选后在精煤中富集。

(4) 成煤环境对有害元素的脱除有一定的控制作用，受到海水影响的煤分层中由于自生矿物与有机质结合，而且微细粒黄铁矿含量较高，因此，微量元素在不受海水影响的煤分层比在受到海水影响的煤层中更容易脱除。

参考文献

[1] 任德贻,赵峰华,代世峰,等.煤的微量元素地球化学[M].北京:科学出版社,2006.

[2] FINKLEMAN R B. Modes of occurrence of potentially hazardous elements in coal:levels of confidence[J]. Fuel processing technology,1994,39(1-3):21-34.

[3] 夏筱红.煤中有害元素直接液化迁移行为及其环境效应[D].徐州:中国矿业大学,2009.

[4] FINKLEMAN R B. Modes of occurrence of environmentally-sensitive trace elements in coal[M]. Dordrecht:Springer Netherlands,1995.

[5] 赵峰华.煤中有害微量元素分布赋存机制及燃煤产物淋滤实验研究[D].北京:中国矿业大学(北京),1997.

[6] FINKLEMAN R B,GROSS P M K. The types of data needed for assessing the environmental and human health impacts of coal[J]. International journal of coal geology,1999,40(2-3):91-101.

[7] SWAINE D J. Trace elements in coal[M]. Landon:Butterworths,1990.

[8] DAI S,YAN X,WARD C R,et al. Valuable elements in Chinese coals:a review[J]. International geology review,2018,60(5-6):590-620.

[9] DAI S F,ZENG R S,SUN Y Z. Enrichment of arsenic,antimony,mercury, and thallium in a Late Permian anthracite from Xingren,Guizhou,Southwest China[J]. International journal of coal geology,2006,66(3):217-226.

[10] 陶振鹏,杨瑞东,程伟,等.贵州贞丰龙头山煤矿晚三叠世煤的元素地球化学特征及富集成因分析[J].中国煤炭,2015,41(4):45-50.

[11] 邵龙义,王娟,侯海海,等.云南宣威晚二叠世末生物灭绝期 C1 煤的地球

化学特征[J]. 地质学报,2015,89(1):163-179.

[12] DAI S,SEREDINV V,WARD C R,et al. Enrichment of U-Se-Mo-Re-V in coals preserved within marine carbonate successions: geochemical and mineralogical data from the Late Permian Guiding Coalfield, Guizhou, China[J]. Mineralium deposita,2015,50(2):159-186.

[13] DAI S F,REN D Y,ZHOU Y P,et al. Mineralogy and geochemistry of a superhigh-organic-sulfur coal, YANshan Coalfield, Yunnan, China: Evidence for a volcanic ash component and influence by submarine exhalation[J]. Chemical geology,2008,255(1-2):182-194.

[14] DAI S F,WANG P P,WARD C R,et al. Elemental and mineralogical anomalies in the coal-hosted Ge ore deposit of Lincang, Yunnan, Southwestern China: Key role of N_2-CO_2-mixed hydrothermal solutions[J]. International journal of coal geology,2015,152:19-46.

[15] DAI S F,ZHANG W G,WARD C R,et al. Mineralogical and geochemical anomalies of late Permian coals from the Fusui Coalfield, Guangxi Province, southern China: Influences of terrigenous materials and hydrothermal fluids[J]. International journal of coal geology,2013,105:60-84.

[16] DAI S F,ZHANG W G,SEREDINV V,et al. Factors controlling geochemical and mineralogical compositions of coals preserved within marine carbonate successions: A case study from the Heshan Coalfield, southern China[J]. International journal of coal geology,2013,109:77-100.

[17] DAI S F,LIU J J,WARD C R,et al. Mineralogical and geochemical compositions of Late Permian coals and host rocks from the Guxu Coalfield, Sichuan Province, China, with emphasis on enrichment of rare metals[J]. International journal of coal geology,2016,166:71-95.

[18] 中国煤炭地质总局. 中国煤炭资源赋存规律与资源评价[M]. 北京:科学出版社,2016.

[19] 盛明,蒋翠蓉. 浅谈高硫煤资源及其利用[J]. 煤质技术,2008(6):4-6.

[20] 胡军,郑宝山,王明仕,等. 中国煤中硫的分布特征及成因[J]. 煤炭转化,2005,28(4):5-10.

[21] 李大华,唐跃刚,陈坤,等. 中国西南地区煤中 12 种有害微量元素的分布[J]. 中国矿业大学学报,2006,35(1):15-20.

[22] 李文华,翟炯. 中国煤中硫的分布及控制硫污染对策[J]. 煤炭转化,1994,17(4):1-10.

[23] DING Z H, ZHENG B S, ZHANG J P, et al. Geological and geochemical characteristics of high arsenic coals from endemic arsenosis areas in Southwestern Guizhou Province, China[J]. Applied geochemistry, 2001, 16 (11-12):1353-1360.

[24] FINKLEMAN R B, OREM W, CASTRANOVA V, et al. Health impacts of coal and coal use: possible solutions[J]. International journal of coal geology, 2002, 50(1-4):425-443.

[25] Yuan Z M, Yao J, WANG F, et al. Potentially toxic trace element contamination, sources, and pollution assessment in farmlands, Bijie City, Southwestern China[J]. Environmental monitoring and assessment, 2017, 189 (1):25.

[26] ZHENG B S, WU D S, WANG B B, et al. Fluorosis caused by indoor coal combustion in China: discovery and progress[J]. Environmental geochemistry and health, 2007, 29(2):103-108.

[27] 刘桂建,郑刘根,高连芬. 煤中某些有害微量元素与人体健康[J]. 中国非金属矿工业导刊,2004(5):78-80.

[28] 雒昆利,李会杰,陈同斌,等. 云南昭通氟中毒区煤、烘烤粮食、黏土和饮用水中砷、硒、汞的含量[J]. 煤炭学报,2008,33(3):289-294.

[29] BELKIN H E, TEWALT S J, HOWER J C, et al. Geochemistry and petrology of selected coal samples from Sumatra, Kalimantan, Sulawesi, and Papua, Indonesia[J]. International journal of coal geology, 2009, 77(3-4):260-268.

[30] DAI S, ZOU J, JIANG Y, et al. Mineralogical and geochemical compositions of the Pennsylvanian coal in the Adaohai Mine, Daqingshan Coalfield, Inner Mongolia, China: modes of occurrence and origin of diaspore, gorceixite, and ammonian illite [J]. International journal of coal geology, 2012, 94:250-270.

[31] DAI S F, LI T, SEREDINV V, et al. Origin of minerals and elements in the Late Permian coals, tonsteins, and host rocks of the Xinde Mine, Xuanwei, eastern Yunnan, China[J]. International journal of coal geology,

2014,121:53-78.

[32] GOODARZI F,GRIEVE D A,SANEI H,et al. Geochemistry of coals from the Elk Valley coalfield,British Columbia,Canada[J]. International journal of coal geology,2009,77(3-4):246-259.

[33] OLIVEIRA M L S,WARD C R,Izquierdo M,et al. Chemical composition and minerals in pyrite ash of an abandoned sulphuric acid production plant[J]. Science of the total environment,2012,430:34-47.

[34] SUN Y Z,YANG J J,ZHAO C L. Minimum mining grade of associated Li deposits in coal seams[J]. Energy exploration & exploition,2012,30(2):167-170.

[35] SUN Y Z,ZHAO C L,LI Y H,,et al. Further information of the associated Li deposits in the No. 6 Coal Seam at Jungar Coalfield,Inner Mongolia,Northern China[J]. Acta geol sinica,2013,87(4):1097-1108.

[36] SUN Y Z,ZHAO C L,ZHANG J Y,et al. Concentrations of valuable elements of the coals from the Pingshuo Mining District,Ningwu Coalfield,northern China[J]. Energy exploration & exploition, 2013, 31(5):727-744.

[37] 邵龙义,王娟,侯海海,等.云南宣威晚二叠世末生物灭绝期C1煤的地球化学特征[J].地质学报,2015,89(1):163-179.

[38] 王文峰,秦勇,刘新花,等.内蒙古准格尔煤田煤中镓的分布赋存与富集成因[J].中国科学:地球科学,2011,41(2):181-196.

[39] 郑刘根.煤中汞的环境地球化学研究[D].合肥:中国科学技术大学,2008.

[40] 薛程.艾士卡-离子色谱法测定煤中全硫[J].洁净煤技术,2015,21(3):11-13.

[41] 陈广志,苏明跃,王昊云.微波消解-电感耦合等离子体发射光谱法测定煤中磷[J].岩矿测试,2011,30(4):477-480.

[42] DAI S F,LIU J J,WARD C R,et al. Petrological,geochemical,and mineralogical compositions of the low-Ge coals from the Shengli Coalfield,China:A comparative study with Ge-rich coals and a formation model for coal-hosted Ge ore deposit[J]. Ore geology reviews,2015,71:318-349.

[43] DAI S F,GRAHAM I T,WARD C R. A review of anomalous rare earth elements and yttrium in coal[J]. International journal of coal geology,

2016,159:82-95.

[44] LI X,DAI S F,ZHANG W G,et al. Determination of As and Se in coal and coal combustion products using closed vessel microwave digestion and collision/reaction cell technology (CCT) of inductively coupled plasma mass spectrometry (ICP-MS)[J]. International journal of coal geology,2014,124:1-4.

[45] 龙小玲,邓晃,李治良,等. 原子荧光测定煤中砷、汞的溶矿方法对比及形态分析研究[J]. 煤质技术,2009,6:1-4.

[46] 魏宁. 煤中砷含量砷钼蓝分光光度法的影响因素[J]. 煤质技术,2008(6):17-20.

[47] 冯立品. 煤中汞的赋存状态和选煤过程中的迁移规律研究[D]. 北京:中国矿业大学(北京),2009.

[48] 葛涛. 淮南煤田煤中有害元素特征研究[D]. 淮南:安徽理工大学,2009.

[49] 刘东娜. 大同煤田石炭二叠纪煤的煤岩学和煤地球化学研究[D]. 太原:太原理工大学,2007.

[50] 宋党育,张军营,郑楚光. 贵州省煤中有害微量元素的地球化学特性[J]. 煤炭转化,2007(4):13-17.

[51] 齐翠翠. 锑在中国煤及典型矿区中的环境地球化学研究[D]. 合肥:中国科学技术大学,2010.

[52] 王西勃,李丹,逯雁峰,等. 重庆长河碥矿煤的微量元素地球化学特征[J]. 煤田地质与勘探,2007,35(3):4-9.

[53] 严智操. 微量元素在两淮矿区的环境地球化学及其在光催化中的应用研究[D]. 合肥:中国科学技术大学,2014.

[54] 赵巧静,唐跃刚. 不同变质程度的高硫煤的有机地球化学特征[C]//中国矿物岩石地球化学学会第14届学术年会论文集. 江苏南京,2013:621.

[55] DUAN P P,LI Y H,GUAN T. Trace elements of Carboniferous-Permian coal from the Adaohai Mine,Daqingshan Coalfield,Inner Mongolia,China [J]. Chinese journal of geochemistry,2015,34(3):379-390.

[56] EBLE C F,HOWER J C. Coal quality trends and distribution of potentially hazardous trace elements in Eastern Kentucky coals[J]. Fuel,1997,76(8):711-715.

[57] HOWER J C,ROBERTSON J D,WONG A S,et al. Arsenic and lead con-

centrations in the Pond Creek and Fire Clay coal beds, eastern Kentucky coal field[J]. Applied geochemistry, 1997, 12(3): 281-289.

[58] HU J, ZHENG B S, FINKLEMAN R B, et al. Concentration and distribution of sixty-one elements in coals from DPR Korea[J]. Fuel, 2006, 85(5-6): 679-688.

[59] KARAYIGIT A I, SPEARS D A, BOOTH C A. Distribution of environmental sensitive trace elements in the Eocene Sorgun coals, Turkey[J]. International journal of coal geology, 2000, 42(4): 297-314.

[60] TOZSIN G. Hazardous elements in soil and coal from the Oltu coal mine district, Turkey[J]. International journal of coal geology, 2014, 131: 1-6.

[61] SIA S, ABDULLAH W H. Concentration and association of minor and trace elements in Mukah coal from Sarawak, Malaysia, with emphasis on the potentially hazardous trace elements[J]. International journal of coal geology, 2011, 88(4): 179-193.

[62] SUN Y Z, LI Y H, ZHAO C L, et al. Concentrations of lithium in Chinese coals[J]. Energy exploration & exploition, 2010, 28(2): 97-104.

[63] ZHANG J Y, ZHENG C G, REN D Y, et al. Distribution of potentially hazardous trace elements in coals from Shanxi province, China[J]. Fuel, 2004, 83(1): 129-135.

[64] 白向飞，李文华，陈文敏. 中国煤中铍的分布赋存特征研究[J]. 燃料化学学报，2004，32(2)：155-159.

[65] ZHANG J Y, REN D Y, ZHENG C G, et al. Trace element abundances in major minerals of Late Permian coals from Southwestern Guizhou Province, China[J]. International journal of coal geology, 2002, 53(1): 55-64.

[66] ZHANG J Y, REN D Y, ZHU Y M, et al. Mineral matter and potentially hazardous trace elements in coals from Qianxi Fault Depression Area in southwestern Guizhou, China[J]. International journal of coal geology, 2004, 57(1): 49-61.

[67] 陈健，陈萍，姚多喜，等. 云南省临沧市勐托新近系褐煤的微量元素地球化学特征[J]. 地学前缘，2016，23(3)：83-89.

[68] 陈吉，李仲根，唐黎. 贵州省煤炭铅含量水平及空间分布特征[J]. 吉林大学学报(地球科学版)，2015，45(S1)：990.

[69] HUGGINS F E,HUFFMAN G P. Modes of occurrence of trace elements in coal from XAFS spectroscopy[J]. International journal of coal geology,1996,32(1-4):31-53.

[70] KANG Y,LIU G J,CHOU C L,et al. Arsenic in Chinese coals:distribution,modes of occurrence,and environmental effects[J]. Science of the total environment,2011,412-413:1-13.

[71] REN D Y,XU D W,ZHAOF H. A preliminary study on the enrichment mechanism and occurrence of hazardous trace elements in the Tertiary lignite from the Shenbei coalfield,China[J]. International journal of coal geology,2004,57(3-4):187-196.

[72] SILVA L F O,DABOIT K,SAMPAIO C H,et al. The occurrence of hazardous volatile elements and nanoparticles in Bulgarian coal fly ashes and the effect on human health exposure[J]. Science of the total environment,2012,416:513-526.

[73] ZHENG L G,LIU G J,CHOU C L. Abundance and modes of occurrence of mercury in some low-sulfur coals from China[J]. International journal of coal geology,2008,73(1):19-26.

[74] 张军营,任德贻,赵峰华,等.煤中微量元素赋存状态研究方法[J].煤炭转化,1998,21(4):12-17.

[75] KOLKER A,SENIOR C,ALPHEN V C,et al. Mercury and trace element distribution in density separates of a South African Highveld (#4) coal: Implications for mercury reduction and preparation of export coal[J]. International journal coal geology,2017,170:7-13.

[76] 曹娜.贵州典型煤种中汞赋存状态分析及温和热解释放研究[D].武汉:华中科技大学,2009.

[77] 傅丛,白向飞,姜英.中国典型高砷煤中砷与煤质特征之间的关系及砷的赋存状态[J].煤炭学报,2012,37(1):96-102.

[78] CHEN J,CHEN P,YAO D X,et al. Abundance,distribution,and modes of occurrence of uranium in Chinese coals[J]. Minerals,2017,7(12):239.

[79] DAI S F,REN D Y,CHOU C L,et al. Geochemistry of trace elements in Chinese coals:A review of abundances,genetic types,impacts on human health,and industrial utilization[J]. International journal of coal geology,

2012,94(3):3-21.

[80] 刘桂建,彭子成,杨萍玥,等.煤中微量元素富集的主要因素分析[J].煤田地质与勘探,2001,29(4):1-4.

[81] 刘桂建,张浩原,郑刘根,等.济宁煤田煤中氯的分布、赋存及富集因素研究[J].地球科学,2004,29(1):85-92.

[82] 陆佳佳.重庆东林矿煤中有害元素砷、汞的研究[D].淮南:安徽理工大学,2015.

[83] 申晓强.内蒙古某矿区煤中砷的赋存特征及其析出规律研究[D].阜新:辽宁工程技术大学,2013.

[84] 唐黎,李仲根,刘鸿雁,等.贵州省煤中硫形态分布特征及与汞的相关性[C]//中国矿物岩石地球化学学会第15届学术年会论文集.吉林长春,2015:47.

[85] 郑刘根,刘桂建,高连芬,等.中国煤中砷的含量分布、赋存状态、富集及环境意义[J].地球学报,2006,27(4):355-366.

[86] 吴艳艳,秦勇,易同生,等.凯里高硫煤中某些微量元素的富集及成因分析[J].地球化学,2008,37(6):615-622.

[87] 吴艳艳,秦勇,易同生.贵州凯里梁山组高硫煤中稀土元素的富集及其地质成因[J].地质学报,2010,84(2):280-285.

[88] 程伟,杨瑞东,张覃,等.毕节地区晚二叠世煤中微量元素的分布赋存规律及控因分析[J].煤炭学报,2013,38(1):103-113.

[89] SEREDIN V,FINKLEMAN R B. Metalliferous coals: a review of the main genetic and geochemical types[J]. International journal of coal geology,2008,76(4):253-289.

[90] DAI S F,Xie P P,WARD C R,et al. Anomalies of rare metals in Lopingian super-high-organic-sulfur coals from the Yishan Coalfield,Guangxi,China[J]. Ore geology reviews,2017,88:235-250.

[91] TIAN H Z,LIU K Y,ZHOU J R,et al. Atmospheric emission inventory of hazardous trace elements from China's coal-fired power plants—temporal trends and spatial variation characteristics[J]. Environmental science & technology,2014,48(6):3575-3582.

[92] CHENG W,ZHANG Q,YANG R D,et al. Occurrence modes and cleaning potential of sulfur and some trace elements in a high-sulfur coal from

Pu′an coalfield, SW Guizhou, China[J]. Environmental earth science, 2014,72(1):35-46.

[93] QUISPE D,PéREZ-LóPEZ R,SILVA L F O,et al. Changes in mobility of hazardous elements during coal combustion in Santa Catarina power plant (Brazil)[J]. Fuel,2012,94:495-503.

[94] STEFANIAK S,KMIECIK E,MISZCZAK E,et al. Effect of weathering transformations of coal combustion residuals on trace elements mobility in view of the environmental safety and sustainability of their disposal and use. II. Element release[J]. Journal of environmental management, 2015,156:167-180.

[95] SWANSON S M,ENGLE M A,RUPPERT L F,et al. Partitioning of selected trace elements in coal combustion products from two coal-burning power plants in the United States[J]. International journal of coal geology,2013,113:116-126.

[96] TIAN H Z,LU L,HAO J M,et al. A Review of key hazardous trace elements in Chinese coals:abundance,occurrence,behavior during coal combustion and their environmental impacts[J]. Energy & fuels,2013,27(2):601-614.

[97] YOSHIIE R,TAYA Y,ICHIYANAGI T,et al. Emissions of particles and trace elements from coal gasification[J]. Fuel,2013,108(11):67-72.

[98] ZHANG J,HAN C L,XU Y Q. The release of the hazardous elements from coal in the initial stage of combustion process[J]. Fuel processing technology,2003,84(1-3):121-133.

[99] TANG Q,LIU G J,ZHOU C C,et al. Distribution of environmentally sensitive elements in residential soils near a coal-fired power plant:Potential risks to ecology and children′s health[J]. Chemosphere,2013,93(10):2473-2479.

[100] TANG Q,LIU G J,ZHOU C C,et al,et al. Distribution of trace elements in feed coal and combustion residues from two coal-fired power plants at Huainan,Anhui,China[J]. Fuel,2013,107:315-322.

[101] YI H H,HAO J M,DUAN L,et al. Fine particle and trace element emissions from an anthracite coal-fired power plant equipped with a bag-

house in China[J]. Fuel,2008,87(10-11):2050-2057.

[102] ZHAO Y C,ZHANG J Y,CHOU C L,et al. Trace element emissions from spontaneous combustion of gob piles in coal mines,Shanxi,China [J]. International journal of coal geology,2008,73(1):52-62.

[103] 甘一民. 选煤副产品燃烧时有害元素的迁移规律及其控制机制[D]. 南昌:南昌大学,2014.

[104] 秦勇,王文峰,宋党育. 太西煤中有害元素在分选过程中的迁移行为与机理[J]. 燃料化学学报,2002,30(2):147-150.

[105] 唐书恒,秦勇,姜尧发,等. 中国洁净煤地质研究[M]. 北京:地质出版社,2006.

[106] 张军营,赵永椿,李扬,等. 太原西山煤矿矸石山中有害微量元素环境释放研究[C]// 中国矿物岩石地球化学学会第 11 届学术年会论文集. 北京,2007:452.

[107] 王钦. 煤燃烧过程中易挥发元素(Hg、As、Se)迁移规律研究[D]. 天津:天津大学,2014.

[108] 魏晓飞,张国,李玲,等. 黔西南有毒煤燃烧过程中微量元素特征及释放规律的研究[C]// 中国矿物岩石地球化学学会第 13 届学术年会论文集. 广东广州,2011:451.

[109] 陈健. 涡阳花沟西 10 煤中微量元素的赋存状态及环境效应[D]. 淮南:安徽理工大学,2010.

[110] 王文峰,宋党育,秦勇. 煤中有害元素对环境和人体健康影响的评价参数[J]. 煤矿环境保护,2002,16(1):8-14.

[111] 王文峰,秦勇,傅雪海. 煤中有害元素潜在污染综合指数及洁净等级研究[J]. 自然科学进展,2005,15(8):973-980.

[112] ZHANG Y S,SHI M L,WANG J W,et al. Occurrence of uranium in Chinese coals and its emissions from coal-fired power plants[J]. Fuel,2016,166:404-409.

[113] SMOLKA-DANIELOWSKA D. Rare earth elements in fly ashes created during the coal burning process in certain coal-fired power plants operating in Poland-Upper Silesian Industrial Region[J]. Journal of Environmental Radioactivity,2010,101(11):965-968.

[114] SUN Y L,QI G X,LEI X F,et al. Distribution and mode of occurrence

of uranium in bottom ash derived from high-germanium coals[J]. Journal of environmental sciences,2016,43(5),91-98.

[115] LAUER N,VENGOSH A,DAI S F. Naturally occurring radioactive materials in uranium-rich coals and associated coal combustion residues from China[J]. Environmental science & technology,2017,51(22):13487-13493.

[116] ZIVOTIĆ D,GRZETIĆ I,LORENZ H,et al. U and Th in some brown coals of Serbia and Montenegro and their environmental impact[J]. Environmental science & pollution research,2008,15(2):155-161.

[117] 喻亦林. 滇西临沧褐煤放射性水平及区域污染分析[J]. 地球与环境,2007,35(2):147-153.

[118] 刘福东,潘自强,刘森林,等. 全国煤矿中煤、矸石天然放射性核素含量调查分析[J]. 辐射防护,2007,27(3):171-180.

[119] Chou C-L. Sulfur in coals:A review of geochemistry and origins[J]. International journal of coal geology,2012,100:1-13.

[120] 焦东伟,胡廷学,金会心,等. 高硫煤脱硫技术及展望[J]. 能源工程,2010,(4):55-58.

[121] 戴和武,李连仲,谢可玉,等. 谈高硫煤资源及其利用[J]. 中国煤炭,1999,25(11):26-30.

[122] 王显政. 关于高硫煤开采和分选加工的政策建议[J]. 煤矿环境保护,1997,11(2):5-8.

[123] 陈鹏. 中国煤中硫的赋存特征及脱硫[J]. 煤炭转化,1994,17(2):1-9.

[124] 刘英杰,陈鹏,袁家源,等. 中国煤中硫分分布特征的研究[J]. 煤炭科学技术,1985,7:8-12.

[125] 戴和武,陈文敏. 中国高硫煤的特征和利用[J]. 煤炭科学技术,1989,17(5):30-35.

[126] BARUAH M K,KOTOKY P,BARUAH J,et al. Extent of lead in high sulphur Assam coals[J]. Fuel processing technology,2005,86(6):731-734.

[127] HAMAMCI C,KAHRAMAN F,DÜZ M Z. Desulfurization of southeastern Anatolian asphaltites by the Meyers method[J]. Fuel processing technology,1997,50:171-177.

[128] ZILBERCHMIDT M, SHPIRT M, KOMNITSAS K, et al. Feasibility of thermal treatment of high sulfur coal wastes[J]. Minerals engineering, 2004, 17(2): 175-182.

[129] 蔡昌凤,王晓婷,郑明东,等. 高硫煤脱硫技术的模糊综合评价[J]. 煤炭科学技术,2004,32(3):60-62.

[130] 路迈西,刘文礼. 高硫煤中硫的分布和燃前脱硫可行性的研究[J]. 煤炭科学技术,1999,27(2):42-45.

[131] 吕录仕,夏培兴,邱有前,等. 川渝地区高硫煤加工脱硫潜力分析[J]. 矿产保护与利用,2001(2):34-37.

[132] 么秋香,杜美利,王水利,等. 高硫煤中硫的赋存形态及其可选性评价[J]. 煤炭转化,2013(1):24-27.

[133] 王勇,程宏志,马杰,等. 因地制宜发展西部地区煤炭分选脱硫[J]. 煤炭加工与综合利用,1999,4(4):13-15.

[134] 仙麦龙,马向平. 重庆燃用高硫煤的环境污染及防治[J]. 中国煤炭,1998,24(7):12-13.

[135] 杨云松,张少鹏,沈义明. 高硫煤分选脱硫技术的研究及进展[J]. 煤炭科学技术,1985(7):18-24.

[136] 叶大武. 高硫煤限产的政策建议及分选加工的环保效益[J]. 选煤技术,1998,2:37-40.

[137] 周平,雷哲毅. 兖州矿区高硫煤赋存特征与加工利用工艺分析[J]. 煤炭加工与综合利用,2000,(5):22-24.

[138] 徐建平. 高效的高硫煤物理分选脱硫技术[J]. 中国煤炭,2001,27(3):15-17.

[139] 张文军,欧泽深. 高硫煤的合理降硫利用途径探讨[J]. 矿产综合利用,2001(2):31-35.

[140] 谢广元,欧泽深. 煤炭分选脱硫研究[J]. 中国矿业大学学报,1999,28(5):502-505.

[141] 谢广元,张明旭,边炳鑫,等. 选矿学[M]. 徐州:中国矿业大学出版社,2010.

[142] 陶有俊,高敏,左永升,等. 中梁山煤强化重力分选脱硫试验研究[J]. 煤炭科学技术,2006,34(8):66-69.

[143] 邵绪新,任守政,李军,等. 细粒煤的浮选法脱硫研究[J]. 煤炭学报,1997,

22(2):72-76.

[144] 刘登朝.西曲8#高硫煤浮选特性及脱硫可行性研究[D].太原:太原理工大学,2004.

[145] 岳紫龙.采用浮选法分离煤中硫的试验研究[D].贵阳:贵州大学,2007.

[146] 朱红,杨玉芬,赵炜,等.电解还原法强化高硫煤浮选脱硫机理研究[J].中国矿业大学学报,2003,32(6):650-654.

[147] 丁华琼,熊振涛,李延锋,等.滇东北高硫煤的TBS干扰床脱硫试验研究[J].煤炭工程,2010,42(7):86-89.

[148] 左伟,骆振福,吴万昌,等.高硫煤的干法分选技术[J].煤炭加工与综合利用,2009,(6):17-21.

[149] 罗万江,兰新哲,宋永辉.煤的电化学脱硫技术研究及进展[J].选煤技术,2009(3):64-67.

[150] Tsai S C. Chemical desulfurization of West Kentucky coal using air and steam[J]. Industrial & engineering chemistry process design and development,1986,25(1):126-132.

[151] SYDOROVYCH Y Y E,GAIVANOVYCH V I,MARTYNETS E V. Desulfurization of donetsk basin coals by air-steam mixture[J]. Fuel,1996,75(1):78-80.

[152] MUKHERJEE S,MAHIUDDIN S,BORTHAKUR P C. Demineralization and desulfurization of subbituminous coal with hydrogen peroxide[J]. Energy & Fuels,2001,15(6):1418-1424.

[153] LI W D,CHO E H. Coal desulfurization with sodium hypochlorite[J]. Energy & fuels,2005,19(2):499-507.

[154] 程建光,薛彦辉,张培志.化学脱硫方法初探[J].选煤技术,2001,(5):14-17.

[155] 王瑞.山西高硫煤微生物脱硫的初步研究[D].长沙:中南大学,2013.

[156] 张杰芳,桑树勋,王文峰.贵州高硫煤的微生物浮选脱硫实验研究[J].科学技术与工程,2015,15(14):16-23.

[157] DEMIR I,RUCH R R,DAMBERGER H H,et al. Environmentally critical elements in channel and cleaned samples of Illinois coals[J]. Fuel,1998,77(1-2):95-107.

[158] PAN J H,ZHOU C C,CONG L F,et al. Mercury in Chinese coals:

modes of occurrence and its removal statistical laws during coal separation[J]. Energy & Fuels,2017,31(1):986-995.

[159] ZHOU C C,ZHANG N N,PENG C B,et al. Arsenic in coal:modes of occurrence,distribution in different fractions,and partitioning behavior during coal separation—A case study[J]. Energy & fuels,2016,30(4):3233-3240.

[160] ZHOU C C,LIU C,ZHANG N N,et al. Fluorine in coal:the modes of occurrence and its removability by froth flotation[J]. International journal of coal preparation and utilization,2018,38(3):149-161.

[161] WANG W F,Qin Y,WANG J Y,et al. Partitioning of hazardous trace elements during coal preparation[J]. Procedia earth and planetary science,2009,1(1):838-844.

[162] 代世峰,唐跃刚,常春祥,等. 开滦煤分选过程中稀土元素的迁移和分配特征[J]. 燃料化学学报,2005,33(4):416-420.

[163] 冯立品,路迈西,刘红缨,等. 汞在选煤过程中的迁移规律研究[J]. 洁净煤技术,2008,14(4):16-18.

[164] 刘雪锋,刘晶,张军营,等. 贵州水城煤样中氟和氯在分选过程中的迁移与可脱除性研究[J]. 动力工程,2009,29(10):970-976.

[165] 宋党育,张晓逵,张军营,等. 煤中有害微量元素的分选迁移特性[J]. 煤炭学报,2010,35(7):1170-1176.

[166] 唐跃刚,常春祥,张义忠. 河北开滦矿区煤分选过程中 15 种主要有害微量元素的迁移和分配特征[J]. 地球化学,2005,34(4):366-372.

[167] 王琳,李军. 平朔煤中有害元素在选煤过程中的迁移规律[J]. 煤炭科学技术,2007,35(6):77-79.

[168] 王文峰,秦勇. 煤洁净过程中有害元素和矿物的分配规律[M]. 徐州:中国矿业大学出版社,2011.

[169] 王明仕,郑宝山,R B. FINKLEMAN,等. 煤中砷赋存状态与其脱洗率的关系[J]. 燃料化学学报,2005,33(2):253-256.

[170] 王琳. 煤炭分选脱除煤中有害微量元素的实验研究[J]. 洁净煤技术,2007,13(3):13-17.

[171] 谢宏,聂爱国. 贵州西部地区煤中砷的赋存状态及其分选特性[J]. 煤炭学报,2010,35(1):117-121.

[172] WANG W F, Qin Y, Sang S X, et al. Partitioning of minerals and elements during preparation of Taixi coal, China[J]. Fuel, 2006, 85(1): 57-67.

[173] HOWER J C, BAN H, SCHAEFER J L, et al. Maceral/microlithotype partitioning through triboelectrostatic dry coal cleaning[J]. International journal of coal geology, 1997, 34: 277-286.

[174] 李沙，焦红光. 煤中微量有害元素分选洁净的研究进展[J]. 煤炭转化，2011，34(1)：87-91.

[175] BRANDER E D, ORER R R, JAMISON R E. Removal of selected hazardous air pollutant precursors by dry magnetic separation[C]//Proceedings of the 25th International Conference on Coal Utilization and Fuel Systems, Cleanwater, 2000, 6: 187-194.

[176] ODER R R, BRANDER E D, JAMISON R E. Removal of selected hazardous air pollutant precursors by dry magnetic separation[R]//Final Report, the Quarterly Technical Report for Report Period, 2000, 30: 1-83.

[177] 刘筱华. 滇东镇雄上二叠统煤中砷的分布赋存与分选脱除研究[D]. 徐州：中国矿业大学，2015.

[178] 贵州省煤田地质局. 贵州煤田地质[M]. 徐州：中国矿业大学出版社，2003.

[179] XU Y G, HE B, HUANG X L, et al. Late permian emeishan flood basalts in Southwestern China[J]. Earth science frontiers, 2007, 14(2): 1-9.

[180] 李大华，唐跃刚. 中国西南地区煤中微量元素的分布和富集成因[M]. 北京：地质出版社，2008.

[181] 谢学锦. 中国西南地区 76 种元素地球化学图集[M]. 北京：地质出版社，2008.

[182] 韩至钧. 黔西南金矿地质与勘查[M]. 贵阳：贵州科技出版社，1999.

[183] 贵州省地质矿产局. 贵州省区域地质志[M]. 北京：地质出版社，1982.

[184] 林盛表. 中国西南二叠系玄武岩微量元素地球化学和岩浆起源模式研究[J]. 地球科学进展，1991，6(6)：87-87.

[185] 韩德馨. 中国煤岩学[M]. 徐州：中国矿业大学出版社，1996.

[186] 代世峰,任德贻,周义平,等.煤型稀有金属矿床:成因类型、赋存状态和利用评价[J].煤炭学报,2014,39(8):1707-1715.

[187] 孙玉壮,赵存良,李彦恒,等.煤中某些伴生金属元素的综合利用指标探讨[J].煤炭学报,2014,39(4):744-748.

[188] 中华人民共和国国家质量监督检验检疫总局,中国国家标准化管理委员会.显微煤岩类型测定方法:GB/T 15590—2008[S].北京:中国标准出版社,2008.

[189] WANG W F,SANG S X,BIAN Z F,et al. Fine-grained pyrite in some Chinese coals[J]. Energy exploration & exploitation,2016,34(4):543-560.

[190] BERNER R A. Sedimentary pyrite formation:An update[J]. Geochimica et cosmochimica acta,1984,48(4):605-615.

[191] 中国煤田地质总局.中国煤岩学图鉴[M].徐州:中国矿业大学出版社,1996.

[192] RUPPERT L R,HOWER J C,EBLE C F. Arsenic-bearing pyrite and marcasite in the Fire Clay coal bed,Middle Pennsylvanian Breathitt Formation,eastern Kentucky[J]. International journal of coal geology,2005,63(1-2):27-35.

[193] 陈飞,张杰.贵州兴仁地区煤中粘土矿物研究[J].现代矿业,2010,26(5):51-54.

[194] DAI S F,REN D Y,HOU X Q,et al. Geochemical and mineralogical anomalies of the late Permian coal in the Zhijin coalfield of southwest China and their volcanic origin[J]. International journal of coal geology,2003,55(2-4):117-138.

[195] HOWER J C,O'KEEFE J M K,WAGNER N J,et al. An investigation of Wulantuga coal (Cretaceous,Inner Mongolia) macerals:Paleopathology of faunal and fungal invasions into wood and the recognizable clues for their activity[J]. International journal of coal geology,2013,114:44-53.

[196] 杨建业.煤微量元素地球化学的一个重要规律——以渭北5号煤层为例[J].中国科学:地球科学,2011,41(10):1444-1453.

[197] BELKIN H E,ZHENG B S,ZHOU D X,et al. Chronic arsenic poisoning

from domestic combustion of coal in rural China:A case study of the relationship between earth materials and human health[J]. Environmental geochemistry,2008,401-420.

[198] DAI S F,XIE P P,JIA S H,et al. Enrichment of U-Re-V-Cr-Se and rare earth elements in the Late Permian coals of the Moxinpo Coalfield, Chongqing,China: Genetic implications from geochemical and mineralogical data[J]. Ore geology reviews,2017,80:1-17.

[199] 任德贻,赵峰华,张军营,等.煤中有害微量元素富集的成因类型初探[J].地学前缘,1999,6(S1):17-22.

[200] DAI S,CHOU C-L. Occurrence and origin of minerals in a chamosite-bearing coal of Late Permian age,Zhaotong,Yunnan,China[J]. American mineralogist,2007,92(8-9):1253-1261.

[201] US-ASTM. Test Method for Moisture in the Analysis Sample of Coal and Coke:D 3173—2011[S].

[202] US-ASTM. Test Method for Ash in the Analysis Sample of Coal and Coke:D 3174—2011[S].

[203] US-ASTM. Test Method for Volatile Matter in the Analysis Sample of Coal and Coke:D 3175—2011[S].

[204] US-ASTM. Test Methods for Total Sulfur in the Analysis Sample of Coal and Coke: D 3177—2002[S].

[205] US-ASTM. Test Methods for Forms Sulfur in the Analysis Sample of Coal and Coke: D 2492—2002[S].

[206] DAI S F,WANG X B,ZHOU Y P,et al. Chemical and mineralogical compositions of silicic,mafic,and alkali tonsteins in the late Permian coals from the Songzao Coalfield,Chongqing,Southwest China[J]. Chemical geology,2011,282(1-2):29-44.

[207] US-ASTM. Standard Test Method for Total Fluorine in Coal and Coke by Pyrohydrolytic Extraction and Ion Selective Electrode or Ion Chromatograph Methods:D5987—2002[s].

[208] WEI Q,RIMMER S M. Acid solubility and affinities of trace elements in the high-Ge coals from Wulantuga (Inner Mongolia) and Lincang (Yunnan Province),China[J]. International journal of coal geology,

2017,178:39-55.

[209] US-ASTM. Standard Classification of Coals by Rank:D 388—2017[S].

[210] 中华人民共和国国家质量监督检验检疫总局,中国国家标准化管理委员会.煤炭质量分级 第1部分:灰分:GB/T 15224.1—2010[S].

[211] 中华人民共和国国家质量监督检验检疫总局,中国国家标准化管理委员会.煤炭质量分级 第2部分:硫分:GB/T 15224.2—2010[S].

[212] KETRIS M P, YUDOVICH Y E. Estimations of Clarkes for Carbonaceous biolithes: World averages for trace element contents in black shales and coals[J]. International journal of coal geology,2009,78(2):135-148.

[213] 唐跃刚,贺鑫,程爱国,等.中国煤中硫含量分布特征及其沉积控制[J].煤炭学报,2015,40(9):1977-1988.

[214] 袁利.黔西南高硫煤的地质成因——黄铁矿与硫同位素分析[D].徐州:中国矿业大学,2014.

[215] 张杰芳,桑树勋,王文峰,等.黔西南糯东勘探区煤中硫赋存特征及成因机理[J].煤炭科学技术,2014,42(2):101-105.

[216] ESKENAZY G M, VALCEVA S P. Geochemistry of beryllium in the Mariza-east lignite deposit (Bulgaria)[J]. International journal of coal geology,2003,55(1):47-58.

[217] 张军营.煤中潜在毒害微量元素富集规律及其污染性抑制研究[D].徐州:中国矿业大学,1999.

[218] LIU J J, YANG Z, YAN X Y, et al. Modes of occurrence of highly-elevated trace elements in superhigh-organic-sulfur coals[J]. Fuel, 2015, 156:190-197.

[219] ZHAOY Y, ZENG F G, LIANG H Z, et al. Chromium and vanadium bearing nanominerals and ultra-fine particles in a super-high-organic-sulfur coal from Ganhe coalmine, YANshan Coalfield, Yunnan, China [J]. Fuel,2017,203:832-842.

[220] 李薇薇,唐跃刚,邓秀杰,等.湖南辰溪高有机硫煤的微量元素特征[J].煤炭学报,2013,38(7):1227-1233.

[221] 翁诗甫,徐怡庄.傅里叶变换红外光谱分析[M].3版.北京:化学工业出版社,2016.

[222] BARUAH M K,KOTOKY P,BORAH G C. Distribution and nature of organic/mineral bound elements in Assam coals,India[J]. Fuel,2003,82(14):1783-1791.

[223] SONIBARE O O,HAEGER T,FOLEY S F. Structural characterization of Nigerian coals by X-ray diffraction,Raman and FTIR spectroscopy[J]. Energy,2010,35(12):5347-5353.

[224] NAKAMOTO K. Infrared Spectra of lnorganic and Coordination Compounds[M]. New York:Wiley,1963.

[225] 邱林飞,欧光习,张敏,等.利用显微傅里叶变换红外光谱仪原位分析铀矿物[J].矿物学报,2016,36(1):43-47.

[226] SÝKOROVÁ I,KŘÍBEK B,HAVELCOVÁ M,et al. Radiation- and self-ignition induced alterations of Permian uraniferous coal from the abandoned Novátor mine waste dump (Czech Republic)[J]. International journal of coal geology,2016,168:162-178.

[227] 王馨,冯启言,方婷等．滇东地区中-高硫煤中放射性元素铀的地球化学特征[J].煤炭学报,2015,40(10):2451-2457.

[228] SUN S S,MCDONOUGH W F. Chemical and isotopic systematics of oceanic basalts; implications for mantle composition and processes[J]. Geological Society,London,Special Publications,1989,42(1):313-345.

[229] TAYLOR S R,MCLENNAN S H. The continental crust:its composition and evolution[M]. Oxford:Blackwell,1985.

[230] 刘大锰,杨起,汤达祯等.华北晚古生代煤中硫及微量元素分布赋存规律[J].煤炭科学技术,2000,28(9):39-42.

[231] 中华人民共和国国家质量监督检验检疫总局,中国国家标准化管理委员会.煤炭筛分试验方法:GB/T 477—2008[S].

[232] 中华人民共和国国家质量监督检验检疫总局,中国国家标准化管理委员会.煤炭浮沉试验方法:GB/T 478—2008[S].

[233] 中华人民共和国国家质量监督检验检疫总局,中国国家标准化管理委员会. 煤粉(泥)实验室单元浮选试验方法:GB/T 4757—2001[S].

[234] 中华人民共和国煤炭工业部.选煤实验室分步释放浮选试验法:MT 144—1986[S].

[235] RIEDER M,CRELLING J C,ŠUSTAI O,et al. Arsenic in iron disulfides in a brown coal from the North Bohemian Basin,Czech Republic [J]. International journal of coal geology,2007,71(1-2):115-121.

[236] YUDOVICH Y E,KETRIS M P. Arsenic in coal:a review[J]. International journal of coal geology,2005,61(3-4):141-196.

[237] 赵峰华,任德贻,彭苏萍,等. 煤中砷的赋存状态[J]. 地球科学进展,2003,18(2):214-220.

[238] WANG W F,QIN Y,WEI C T,et al. Partitioning of elements and macerals during preparation of Antaibao coal[J]. International journal of coal geology,2008,68(3-4):223-232.

[239] BLACK A,CRAW D. Arsenic,copper and zinc occurrence at the Wangaloa coal mine,Southeast Otago,New Zealand[J]. International journal of coal geology,2001,45:181-193.

[240] KOLKER A. Minor element distribution in iron disulfides in coal:A geochemical review[J]. International journal of coal geology,2012,94:32-43.

[241] LIU G J,ZHENG L G,ZHANG Y,et al. Distribution and mode of occurrence of As,Hg and Se and sulfur in coal Seam 3 of the Shanxi formation,YANzhou Coalfield,China[J]. International journal of coal geology,2007,71(2-3):371-385.

[242] SEREDIN V V,DAI S F. Coal deposits as potential alternative sources for lanthanides and yttrium[J]. International journal of coal geology,2012,94:67-93.

[243] ZHANG W C,YANG X B,HONAKER R Q. Association characteristic study and preliminary recovery investigation of rare earth elements from Fire Clay seam coal middlings[J]. Fuel,2018,215:551-560.

[244] BAU M,DULSKI P. Distribution of yttrium and rare-earth elements in the Penge and Kuruman iron-formations,Transvaal Supergroup,South Africa[J]. Precambrian Research,1996,79(1-2):37-55.

[245] ELDERFIELD H,WHITFIELD M,BURTON J D,et al. The oceanic chemistry of the rare-earth elements[J]. Philosophical transactions of the royal society A:mathematical,physical and engineering sciences,

1988,325(1583):105-126.

[246] BAU M. Rare-earth element mobility during hydrothermal and metamorphic fluid-rock interaction and the significance of the oxidation state of europium[J]. Chemical Geology,1991,93(3-4):219-230.

[247] DAI S F,GUO W M,NECHAEV V P,et al. Modes of occurrence and origin of mineral matter in the Palaeogene coal (No. 19-2) from the Hunchun Coalfield, Jilin Province, China[J]. International journal of coal geology,2018,189:94-110.

[248] Guo W M,DAI S F,NECHAEV V P,et al. Geochemistry of Palaeogene coals from the Fuqiang Mine, Hunchun Coalfield, northeastern China: Composition, provenance, and relation to the adjacent polymetallic deposits[J]. Journal of geochemical exploration,2019,196:192-207.

[249] YAN X Y,DAI S F,GRAHAM I T,et al. Determination of Eu concentrations in coal, fly ash and sedimentary rocks using a cation exchange resin and inductively coupled plasma mass spectrometry (ICP-MS)[J]. International journal of coal geology,2018,191:152-156.

[250] ZHAO L X,DAI S F,GRAHAM I T,et al. New insights into the lowest Xuanwei Formation in eastern Yunnan Province, SW China: Implications for Emeishan large igneous province felsic tuff deposition and the cause of the end-Guadalupian mass extinction[J]. Lithos,2016,264:375-391.

[251] HAYASHI K I,FUJISAWA H,HOLLAND H D,et al. Geochemistry of ~1. 9 Ga sedimentary rocks from northeastern Labrador,Canada[J]. Geochimica et cosmochimica acta,1997,61(19):4115-4137.

[252] CHUNG S L,JAHN B-M. Plume-lithosphere interaction in generation of the Emeishan flood basalts at the Permian-Triassic boundary[J]. Geology,1995,23(10):889-892.

[253] SONG X Y,ZHOU M F,TAO Y. Controls on the metal compositions of magmatic sulfide deposits in the Emeishan large igneous province, SW China[J]. Chemical geology,2008,253(1-2):38-49.

[254] XIAO L,XU Y G. ,MEI H J,et al. Distinct mantle sources of low-Ti and high-Ti basalts from the western Emeishan large igneous province,

SW China: implications for plume-lithosphere interaction[J]. Earth and planetary science letters, 2004, 228(3-4): 525-546.

[255] DAI S F, LI D, CHOU C-L, et al. Mineralogy and geochemistry of boehmite-rich coals: new insights from the Haerwusu Surface Mine, Jungar Coalfield, Inner Mongolia, China[J]. International journal of coal geology, 2008, 74(3-4): 185-202.

[256] ESKENAZY G M. Aspects of the geochemistry of rare earth elements in coal: an experimental approach[J]. International journal of coal geology, 1999, 38(3-4): 285-295.

[257] LIN R H, BANK T L, ROTH E A, et al. Organic and inorganic associations of rare earth elements in central Appalachian coal[J]. International Journal of Coal Geology, 2017, 179: 295-301.

[258] DAI S F, JI D P, WARD C R, et al. Mississippian anthracites in Guangxi Province, southern China: Petrological, mineralogical, and rare earth element evidence for high-temperature solutions[J]. International journal of coal geology, 2018, 197: 84-114.

[259] HOWER J C, EBLE C F, O'KEEFE J M K, et al. Petrology, palynology, and geochemistry of Gray Hawk Coal (Early Pennsylvanian, Langsettian) in Eastern Kentucky, USA[J]. Minerals, 2015, 5(3): 592-622.

[260] 王明仕，闫国龙，赵丽，等. 不同砷含量下煤中砷与硫的脱洗研究[J]. 煤炭转化，2008，31(1)：79-81.

[261] 王明仕，郑宝山，胡军，等. 我国煤中砷含量及分布[J]. 煤炭学报，2005，30(3)：344-348.

[262] 秦勇，王文峰，宋党育，等. 煤中有害元素分选迁移的地球化学行为及其环境效应[C]//中国矿物岩石地球化学学会第十届学术年会论文集. 武汉，2005：287.

[263] 王文峰. 煤中微细粒黄铁矿的物理化学赋存特征[C]//中国矿物岩石地球化学学会第 14 届学术年会论文集. 江苏南京，2013：618-619.

[264] 中华人民共和国国家质量监督检验检疫总局，中国国家标准化管理委员会. 煤炭可选性评定方法：GB/T 16417—2011[S].

[265] 程敢，徐宏祥，贾凯，等. 细粒煤分选技术与设备的发展[J]. 矿山机械，2012，40(8)：1-6.

[266] 胡为柏. 浮选[M]. 北京:冶金工业出版社,1989.

[267] LI W W,TANG Y G,ZHAOQ J,et al. Sulfur and nitrogen in the high-sulfur coals of the Late Paleozoic from China[J]. Fuel, 2015, 155: 115-121.

[268] MATTILA S,LEIRO J A,HEINONEN M. XPS study of the oxidized pyrite surface[J]. Surface science,2004,566-568:1097-1101.

[269] PIETRZAK R,GRZYBEK T,WACHOWSKA H. XPS study of pyrite-free coals subjected to different oxidizing agents[J]. Fuel,2007,86(16): 2616-2624.

[270] 代世峰,任德贻,宋建芳,等. 应用 XPS 研究镜煤中有机硫的存在形态[J]. 中国矿业大学学报,2002,31(3):225-228.

[271] DIEHL S F,GOLDHABER M B,KOENIG A E,et al. Distribution of arsenic,selenium,and other trace elements in high pyrite Appalachian coals:Evidence for multiple episodes of pyrite formation[J]. International journal of coal geology,2012,94(94):238-249.

[272] SANDELIN K,BACKMAN R. Trace elements in two pulverized coal-fired power stations[J]. Environmental science & technology,2001,35(5):826-834.

[273] MASTALERZ M,HOWER J C,DROBNIAK A,et al. From in-situ coal to fly ash:a study of coal mines and power plants from Indiana[J]. International journal of coal geology,2004,59(3-4):171-192.

[274] 黄文辉. 煤中有害物质的赋存特征及其对环境的影响研究进展[J]. 地学前缘,2000,7(3):214.